REGARDS SUR LA MATIÈRE

Le temps des sciences

Claude ALLÈGRE	L'écume de la Terre.
Claude ALLÈGRE	Économiser la planète.
Claude ALLÈGRE	Introduction à une Histoire naturelle.
Jean-Pierre CHANGEUX	L'homme neuronal.
Gilles COHEN-TANNOUDJI et Michel SPIRO	La matière espace-temps. La logique des particules élémentaires.
Yves COPPENS	Le singe, l'Afrique et l'homme.
Antoine DANCHIN	L'œuf et la poule. Histoire du code génétique.
Jean-Pierre DIGARD	L'homme et les animaux domestiques. Anthropologie d'une passion.
Pierre DOUZOU	Le chaud et le froid. Les conflits du vivant.
Pierre DOUZOU	Les bricoleurs du septième jour.
Pierre DOUZOU	Nouveaux regards entomologiques.
John C. ECCLES	Évolution du cerveau et création de la conscience.
Stephen Jay GOULD	Quand les poules auront des dents. Réflexions sur l'histoire naturelle.
Claude HAGÈGE	L'homme de paroles.
Émile HÉNOCQ	Un mal étrange : l'allergie.
François JACOB	Le jeu des possibles. Essai sur la diversité du vivant.
Marc JEANNEROD	Le cerveau-machine. Physiologie de la volonté.
Ervin LASZLO	Aux racines de l'univers.
André LEROI-GOURHAN	Mécanique vivante. Le crâne des vertébrés, du poisson à l'homme.
André LEROI-GOURHAN	Le fil du temps. Ethnologie et préhistoire 1920-1970.
André LWOFF	Jeux et combats.
Paolo MAFFEI	La comète de Halley. Une révolution scientifique.
Philippe MEYER	L'homme et le sel.
Philippe MEYER	La révolution des médicaments. Mythes et réalités.
Claude OLIEVENSTEIN	Destin du toxicomane.
Jean-Claude PECKER	Sous l'étoile Soleil.
Jean-Jacques PETTER	Le propre du singe.
David et Ann PREMACK	L'esprit de Sarah.
Jacques RUFFIÉ	Traité du vivant.
Émilio SEGRÉ	Les physiciens classiques et leurs découvertes. De la chute des corps aux ondes hertziennes.
Émilio SEGRÉ	Les physiciens modernes et leurs découvertes. Des rayons X aux quarks.
Pierre THUILLIER	D'Archimède à Einstein. Les faces cachées de l'invention scientifique.
Pierre THUILLIER	Les passions du savoir. Essais sur les dimensions culturelles de la science.
TRINH XUAN THUAN	La mélodie secrète.
Daniel WIDLÖCHER	Les logiques de la dépression.

Le présent ouvrage est publié
dans la collection « Le Temps des sciences »
grâce à la collaboration de Jean Staune.

Bernard d'Espagnat Etienne Klein

REGARDS SUR LA MATIÈRE

Des quanta et des choses

Fayard

Des mêmes auteurs

Etienne Klein

Conversations avec le Sphinx. Les paradoxes en physique, Albin Michel, 1991.

Bernard d'Espagnat

Conceptions de la physique contemporaine, Hermann, 1965.

Conceptual Foundations of Quantum Mechanics, 2d. ed., Addison-Wesley, Reading, Mass., USA, 1976.

A la recherche du réel, le regard d'un physicien, Gauthier-Villars, 1979 (3e éd., poche : Agora, Presse-pocket, 1991).

Un atome de sagesse, propos d'un physicien sur le réel voilé, Seuil, 1982.

Une incertaine réalité, le monde quantique, la connaissance et la durée, Gauthier-Villars, 1985.

Penser la science ou les enjeux du savoir, Dunod, 1990.

Georges d'Espagnat, La Bibliothèque des Arts, 1990.

A paraître :

Analyse des concepts quantiques.

Prolégomènes à deux voix

La dernière chose qu'on trouve en faisant un ouvrage est de savoir celle qu'il faut mettre la première.

Blaise PASCAL, *Pensées*.

L'avènement de l'idée de *quantum* et celui de la relativité déclenchèrent deux violentes tempêtes que même les météorologues les plus avisés de la communauté des physiciens n'avaient pas prévues. L'arbre feuillu de la physique du début de ce siècle fut durement secoué par les vents nouveaux. Sa membrure puissante lui avait pourtant donné un air achevé, dominateur, qui avait fait croire à sa solidité ; ses ramures étaient fécondes et ambitieuses ; elles exhalaient un parfum d'éternité, à la fois fort et doucereux.

A cette époque, on avait pleinement confiance dans les racines de la physique. On les croyait suffisamment enfoncées dans le réel pour supporter tout l'édifice du savoir. Sûre d'elle-même, la science pouvait légitimement prétendre devenir le socle orgueilleux de la connaissance humaine. Ne démontrait-elle pas chaque jour un peu plus l'efficacité de ses méthodes et la vérité de ses discours ?

Considérant qu'elle seule pouvait délivrer des certitudes absolues, certains penseurs éminents, tels Marcelin Berthelot, Hippolyte Taine ou Ernest Renan, allèrent jusqu'à faire de la science, sinon un objet de culte, du moins un dogme indépassable. Ils attendaient d'elle rien de moins que la résolution de tous les problèmes qui se posent à l'humanité souffrante, y compris les problèmes moraux. Vaste, très vaste programme...

Le scientisme, il est vrai, avait de quoi se pavaner et on peut trouver bien des excuses à son triomphalisme exagéré. Le grain qu'il avait à moudre était excellent. C'était une authentique friandise intellectuelle, un vrai régal pour l'esprit. Et pas uniquement pour l'esprit : les spectaculaires réussites de la science servaient de base à la croissance industrielle, avec une évidente efficacité.

A la fin du XIXe siècle, juste avant le déclenchement des deux tempêtes, le monde semblait presque sans mystères. On voyait l'univers comme une espèce de grand meccano dont la construction était méthodiquement réglementée par deux formalismes relativement indépendants : d'abord celui de la mécanique rationnelle, disons celle de Newton, qui avait été formalisée par Hamilton et Lagrange ; ensuite la théorie électromagnétique de Maxwell. La mécanique rationnelle, prolongée par la mécanique statistique, conduisait à la thermodynamique ; la théorie de Maxwell, jointe à la mécanique rationnelle, commandait l'électricité et l'optique. Ce système, qui forme ce qu'on appelle la physique « classique », était si bien ficelé, si élégant, si souverain qu'on le crut immuable et vrai. Il puisait dans ses succès l'ivresse de sa supériorité. Son pouvoir d'explication était si grand, son esthétique si manifeste, son utilité si prometteuse que Lord Kelvin, savant éminent, ressentait par avance de la pitié pour les futurs physiciens : il ne leur resterait plus qu'à boucler un programme de recherche presque achevé. Pas de quoi susciter les vocations ni enthousiasmer la jeunesse. Mais, heureusement pour l'avenir de la discipline, il y eut un changement de programme de dernière minute. Le système avait des failles, il recelait des paradoxes, des contradictions, disons plus pudiquement des anomalies qu'on ne pouvait plus négliger. La physique découvrit ses zones d'ombre, elle dut admettre qu'à certains endroits la lumière manquait effectivement. C'est ainsi que le souffle de la tempête se leva peu à peu, lézardant lentement la beauté du système. Il allait falloir travailler très dur.

Sous l'effet des secousses successives de cette tempête,

certains des fruits de l'arbre qu'on croyait les mieux accrochés connurent un destin en forme de très verticale trajectoire, qui ne fut pas sans rappeler celui de la pomme de Newton. Leur chute, qui cette fois ne devait rien à la gravitation, signifia l'abandon par la physique de quelques-uns de ses principes les mieux ancrés. D'illustres credo furent mis entre parenthèses, de vieilles convictions furent oubliées. On dut changer de latin. Au bout de ce qui fut rien de moins qu'une révolution, nos conceptions de la réalité furent transformées de façon radicale et sans doute irréversible.

Le brave Lord Kelvin s'était donc un peu trompé (mais n'est-ce pas un peu humain de se tromper un peu ?).

Cependant, la bourrasque fut si violente qu'on crut un moment qu'elle avait arraché les racines mêmes de l'arbre. Le formalisme de la version ancienne de la physique volait de déboires en déboires, un peu comme Didon qui, nous dit Virgile, « *nourrissait sa blessure du sang de ses veines* ». Les paradoxes et les apories qui l'empêchaient de décrire l'atome alimentaient inexorablement sa chute. Mais, laborieusement, la physique s'est redressée sur de nouvelles bases théoriques. L'idée du quantum vint à sa rescousse. Elle s'imposa aux physiciens, même aux plus réticents, parce qu'il n'y avait pas d'autre choix. Après s'en être méfiée, la physique l'adopta dans presque tous ses domaines. Elle en fit même son limon fondateur. Aujourd'hui, le quantum est un être respecté, à la fois discret et omniprésent. On peut parfois l'oublier, mais on ne peut jamais l'éliminer tout à fait.

L'histoire fut somme toute rapide. Quelques décennies de fièvre, de passions turbulentes, de tourments et surtout d'intense labeur suffirent à un petit nombre d'hommes remarquables et intrépides pour refonder ce qui restera sans doute comme l'une des plus belles constructions intellectuelles de ce siècle. La physique quantique est née d'une alchimie effervescente et éruptive, démontrant que la science n'est ni un lieu stable, ni un ensemble toujours bien ordonné, ni une somme d'idées étales et inertes. Les historiens s'accordent déjà à dire que ces années fertiles coïncident avec l'âge d'or de la physique, du moins avec sa période la plus héroïque. Rarement avait-on vu pareils bouleversements dans l'effort de l'esprit humain pour élaborer des idées et des outils mathématiques capables de rendre compte des phénomènes atomiques. On devine aisément ce qu'ont pu être l'enthousiasme et la fébrilité de toute une génération de jeunes chercheurs ; sans doute eurent-ils le sentiment enivrant qu'ensemble ils forgeaient les clés d'un nouveau monde que personne avant eux n'avait foulé.

Le quantum, nous le verrons, a une valeur minuscule, mais l'idée du quantum est devenue aussi incontournable qu'un mastodonte. C'est bien la preuve qu'on peut être à la fois fantomatique et essentiel. Vérité des paradoxes, arguait déjà Zénon d'Elée.

La répétition des succès de la physique quantique a des allures de litanie. Son évocation serait mortellement ennuyeuse si elle était exhaustive. En tout cas, elle est le signe d'une incontestable maîtrise. En même temps, elle suscite un sentiment d'habitude : on ne s'étonne plus de rien. En physique des particules, par exemple, où la physique quantique règne en maître, les résultats des expériences les plus récentes sont conformes aux prédictions théoriques. Il semble qu'on soit arrivé à une situation — à un *paradigme*, dirait Thomas Kuhn, à un modèle *standard*, disent les spécialistes — où les théoriciens astiquent leurs concepts et leurs calculs pendant que les expérimentateurs peaufinent leurs détecteurs et apprivoisent les particules. Nous sommes à la veille du troisième millénaire. Serions-nous au bout du chemin ? Avons-nous le droit d'affirmer que la physique est à nouveau sur le point de conclure ?

Certainement pas, pour au moins trois raisons :

— D'abord parce que affirmer une telle chose serait prendre le risque de rejoindre Kelvin dans le piège où il est tombé voici un siècle. Retenons plutôt la leçon historique qu'il nous a donnée à ses dépens : il est difficile de faire des prédictions, surtout quand elles concernent... l'avenir ! Cette boutade s'applique fort bien à la science, qui peut être définie comme l'étude de ce que l'on n'a jamais fini de connaître. La liste des problèmes fondamentaux qui lui restent posés étant très longue, tout acheminement vers la grande certitude ne pourrait être que ce qu'Edgar Morin appelle une « grossesse nerveuse ». Vive donc l'humilité théorique !

— Ensuite parce qu'on ne peut pas penser la clôture de ce qui n'a pas de fin : même si tout semblait indiquer que la physique est au bout de sa course, elle n'aurait pas les moyens de le dire elle-même. S'arrêter ne veut pas dire être arrivé. Nous ne serons jamais à l'abri d'une nouvelle crise : un fait inattendu, une nouvelle expérience, une meilleure précision des mesures pourraient révéler des lacunes ou des défauts dans ce qui est considéré comme parfait, et réenclencher la marche de la science. N'oublions pas que la routine sert souvent de préface aux révolutions. Alors, gare au culte du point final.

— Enfin, la physique a retrouvé les grandes interrogations de la philosophie de la connaissance : jusqu'à quel point les limbes de la réalité physique sont-ils connaissables ? Que fait-on exactement lorsque l'on fait une mesure ? Ces questions, qui ne sont pas définitivement réglées, continueront d'irriguer et de féconder la démarche scientifique. Nous sommes loin d'avoir fini de penser la science, qui mérite mieux que le jugement simplement extasié que nous portons sur ses retombées technologiques.

Comment ne pas voir que la science est directement liée à l'exercice plein et entier du *cogito* ? Que, loin d'écraser la culture, elle mérite d'être considérée comme une activité intellectuelle à part entière, capable de créer et d'actionner ses propres concepts ? Mais, même si la pensée s'y trouve explicitement à l'œuvre, reconnaissons qu'on peut être tenté de réduire la science soit à sa seule routine, soit à sa seule efficacité. Raison de plus pour qu'il n'y ait pas de relâchement ou de démission de l'esprit. L'activité de la science a beau être celle qui paraît la plus indiscutable, celle qui revendique les réussites les plus éblouissantes, il faut continuer d'interroger ses fondements, sa signification, sa production. La pensée vivante n'est-elle pas justement celle qui toujours essaie de secouer la logique de ses gonds ? Tel est l'enseignement à tirer de l'avertissement de Heidegger selon lequel « la science ne pense pas » : au lieu d'y voir un jugement dépréciatif sur la science, interprétons-le comme une invitation à l'effort conquérant. La chose ne devrait pas sembler incongrue. Il s'agit non de boire la mer, mais simplement d'établir une communication entre réflexion et savoir. N'est-ce pas la moindre des choses ?

De fait, si aujourd'hui la physique veut demeurer davantage qu'une technique évoluée, si elle veut démentir les illusions d'optique dont elle est victime et prouver qu'elle n'est pas si « basse de plafond », alors elle doit montrer au moins deux choses : d'abord, qu'elle sait articuler et réfléchir les connaissances que véhiculent ses axiomes ; d'autre part, qu'elle est capable de percevoir les questions que ses avancées font surgir, ainsi que la portée de ces questions. Sinon, on finira par croire de la physique qu'elle n'est effectivement que prétexte à beaux formalismes, ce qui serait injuste et caricatural. Tout savoir a une saveur, qu'il faut savoir saisir. Toute théorie brûle d'une chaleur retirée, qu'il faut savoir extraire, par exemple pour chauffer la culture que nous appelons contemporaine. Sans quoi, comme dit Michel Cazenave, « il n'y a plus d'aventure de l'esprit, mais la tristesse des écoles et la poussière des systèmes[1] », ce qui — convenons-en — n'est guère palpitant.

Dresser des autels de virtuosité et de rigueur ne suffit d'ailleurs pas. La physique ne peut certainement pas se contenter d'être simplement rigoureuse : il s'agit pour elle de rendre compte de phénomènes observables, ce qui ne se fait pas qu'en maniant la logique, aussi pure, aussi éthérée soit-elle. La physique pose d'autres questions que celles que posent les mathématiques : une particule n'a jamais été une

1. *La Science et l'âme du monde*, Editions Séveyrat, 1990, p. 120.

équation. La physique aime l'esthétique des mathématiques, certes, elle en use même avec profit, mais elle n'est pas pure esthétique. Le fait de pratiquer la rigueur ne dispense certes pas de réfléchir autour de la rigueur. Au contraire, même. Parce qu'elle se soucie de rigueur formelle, *mais aussi* des faits, la physique mérite deux fois d'être pensée.

Emmanuel Kant, au tournant du XVIIIe siècle, avait ouvert philosophiquement la science moderne en dissociant le monde métaphysique, situé hors des prises de l'entendement et teinté d'arbitraire, du monde physique qui, lui, se prête à l'observation et à l'explication scientifique. Sa philosophie fut une immense libération, puisqu'en séparant les questions scientifiques des questions métaphysiques, elle fondait la légitimité et l'autonomie de la science. Mais, aujourd'hui, il semble que la physique frappe d'elle-même à la porte de la métaphysique. Ces coups de sonnette ne sont guère étonnants, si l'on veut bien se souvenir que le préfixe grec *méta* se traduit aussi par *au cœur de*. La physique reconnaît que sa quête est tributaire de notions relevant traditionnellement de la philosophie ; elle sent qu'elle n'échappe plus aux questions qui surgissent au cœur de son discours et de ses méthodes : qu'ont à nous dire aujourd'hui les scaphandriers du réel sur ce qu'est une mesure, un objet, un phénomène ? L'esprit humain peut-il rencontrer le réel ou n'a-t-il jamais affaire qu'à des représentations de ce dernier ? Les objets atomiques existent-ils indépendamment de toute observation humaine ? Peut-on interpréter correctement leur comportement ? Faut-il croire en un Dieu qui joue aux dés, ou bien en des règles qui régissent un monde où quelque chose existe objectivement ? Et si ces règles existent, la théorie peut-elle les saisir ?

Ces questions ne mobilisent en vérité que des cercles restreints de spécialistes. L'efficacité des méthodes a certainement tendance à occulter le débat sur ce qu'il y a en amont de cette efficacité. Tous les physiciens d'aujourd'hui travaillent *avec* la physique quantique, bien peu travaillent *sur* elle. Beaucoup de ceux qui œuvrent en physique

« lourde » sont écrasés tout à la fois par l'arsenal mathématique qu'ils manipulent, l'énormité des machines qu'ils utilisent et la complexité qui envahit l'organisation des activités de recherche. Leur spécialisation extrême les entraîne irrémédiablement à vénérer la tête d'épingle qu'ils étudient sans relâche, et ils n'ont plus ni le loisir, ni peut-être le goût de s'intéresser aux fondements de leur propre discipline.

Néanmoins, on constate que l'air du temps bruit d'un écho grandissant aux réflexions que suscite la science ; la culture contemporaine s'en imprègne lentement ; de plus en plus d'ouvrages expliquent les curiosités du monde quantique. Le grand public prend conscience que les lois de l'atome ont mordu sur les notions classiques ; les visions simplifiantes sont lentement abandonnées ; on se laisse peu à peu convaincre par l'idée que ce qui suffit aux idées courantes ne suffit pas aux idées vitales (les idées qui courent le plus vite ne sont pas celles qui « marchent » le mieux...). Bref, on prend conscience qu'à cause des physiciens, il s'est passé des choses graves autour de l'idée même de *chose*.

En science, les idées vitales sont plus souvent les idées créatrices que les idées chargées de bon sens. La mécanique quantique l'a bien montré, qui apparaît comme une rupture nette et flagrante avec le sens commun. Toutes ses « prises » ont été des surprises. Elle a révélé que des idées élémentaires au point de sembler refléter la pure logique, ne sont en réalité dans notre esprit que les sédiments stériles d'expériences de la vie courante. D'une certaine manière, la mécanique quantique démontre que nos concepts familiers font faillite chaque fois qu'on tente de les exporter hors du petit domaine où ils ont une utilité pratique. C'est ainsi que des notions évidentes en apparence, des concepts immédiats que personne n'aurait *a priori* songé à contester, ont brutalement manqué de sens aux confins de la matière. Le sens commun a déposé son bilan aux portes de l'atome.

La physique n'est pas qu'un agglomérat de postulats et de formules. On aurait bien tort de la réduire à son seul formalisme, si riche et performant soit-il. Les équations n'épuisent pas une théorie. Dans le *Timée*, Platon n'acceptait déjà pas de donner de la science une définition purement opératoire, qu'il jugeait trop rudimentaire. Une définition de la science qui renoncerait à l'analyse de ses présupposés serait non seulement insuffisante aux yeux de l'intellect, mais elle renoncerait aussi à toute certitude, même là où cette science a réussi à découvrir une correspondance remarquable avec la réalité empirique. Exactitude n'est pas preuve, adéquation n'est pas vérité. Il importe pour les scientifiques d'être capables — aussi — de lire et d'interroger la science *fonctionnante*.

Cela dit, et quoi qu'en dise Platon, avant de disserter à propos des implications conceptuelles de la physique quantique, il convient d'abord de dire de quoi cette physique est faite. Ne faut-il pas en effet connaître les bribes de son contenu avant même de pouvoir discuter de son sens ? Il semble que la mécanique quantique souffre du travers d'avoir été moins racontée que les courants philosophiques auxquels elle a fourni argument ou donné naissance. La traque de l'écume a occulté la description de la vague, comme si tout était dans la mousse.

La mécanique quantique est victime de ce mal étrange : on l'invoque plus qu'on ne l'explique ; on s'y réfère plus qu'on ne la cite ; on parle moins d'elle que de ses interprétations ; on commente davantage ses voiles et les troubles qu'ils suscitent que son anatomie. Bref, on dit ce qu'on croit qu'elle dit avant de dire qui elle est. Serait-ce parce que les incidences philosophiques sont plus faciles à dire, ou plus fascinantes, que les complications arides du formalisme qui se trouvent en amont ? La réponse n'est pas simple. Qu'on regarde du côté du formalisme ou du côté de son interprétation, on tombe vite sur des pages où les plus aguerris doivent s'accrocher et où les néophytes dévissent.

Qui plus est, la théorie quantique est riche en vocables arbitraires qui obscurcissent les présentations qui en sont faites. Qu'entend-on exactement par « indéterminisme »,

« incertitude », « dualité », « observateur » ? Une bonne part de ce qu'on appelle le « flou quantique » réside dans le caractère extrêmement tenace des ambiguïtés sémantiques qui parsèment les discours qu'on fait tourner autour de la physique quantique. L'abondance de la mitraille n'y compense pas toujours l'imprécision du tir, même si, nous le savons bien, cela dément les lois les plus élémentaires de la balistique...

Or, à toute parole il faut une amarre. Faire l'impasse sur le corps même de la physique quantique, c'est risquer de conduire à la propagation de stéréotypes mal compris, voire d'idées vagues ou fausses. Les propos philosophiques ont besoin d'un terrain balisé. Sinon, c'est la foire d'empoigne dans les nuées, les mots se gonflent ou se perdent à mesure que les argumentations se croisent, les concepts restent en état de flottaison. Construire une consistance globale de la physique quantique, livrer sa quintessence, voilà ce que nous nous proposons de faire dans ce livre divisé en deux parties complémentaires, au sens quantique du terme, c'est-à-dire différentes et indissociables. Nous tenterons d'abord de donner une présentation simple de la mécanique quantique, puis nous expliquerons les leçons qu'il convient de tirer de son efficacité.

Dire que notre entreprise est sans danger serait fou. Dire qu'elle est simple serait prétentieux. Qu'on en juge à partir d'un simple constat : les clés de la physique moderne sont les rejetons épanouis d'un mariage fécond, celui de la théorie quantique et de la relativité. Il est de notoriété publique que ces deux thèmes ne sont pas spécialement des plus simples. Le langage approprié pour présenter la vie de ce couple prolifique est celui des mathématiques, et pas des plus élémentaires. Or il se trouve que nous n'avons pas l'intention de faire des mathématiques dans ce livre. Notre entreprise serait-elle vouée à l'échec ? Devons-nous d'emblée y renoncer et lui préférer d'autres loisirs moins vains ? Paul Valéry ne disait-il pas fort justement que *« tout ce qui est simple est faux »*, et que *« tout ce qui est complexe est inutilisable* » ? Néanmoins, nous faisons le pari qu'il existe, quelque part entre le simple-faux et le complexe-indicible, un compromis raisonnable, qu'on peut élaborer à l'aide d'idées accessibles qui ne soient point trop fausses.

Ce pari osé, tentons-le sans plus attendre. S'il était gagné, cela démentirait l'aphorisme d'inspiration très quantique qui fut inventé par Niels Bohr : « Clarté et vérité sont deux variables complémentaires », disait-il, le sourire aux lèvres. Si un discours gagne en clarté, c'est qu'il perd en vérité, et réciproquement. A cause de ce dilemme, la vulgarisation reste un défi plein de tentations et de pièges, au bout desquels on risque de se perdre.

Relevons-le tout de même avec gaillardise, ce défi, en n'oubliant jamais qu'il n'y a de pensée que celle qui sait s'amuser.

PREMIÈRE PARTIE

par

Etienne Klein

« Ces lignes sont dédiées à tous ceux qui considèrent qu'une question n'est vraiment une bonne question que si elle est plus juste que toute réponse qu'on lui connaît. »

E.K.

I

La mécanique quantique ou l'énigmatique clarté

Qu'est-ce qu'il y a de plus mystérieux que la clarté ?
Paul VALÉRY, *Eupalinos.*

Depuis ses débuts, la physique quantique n'a cessé de s'approfondir et de se consolider. Pas un de ses concepts essentiels n'a été remis en cause par les nombreux phénomènes physiques découverts depuis lors. Voilà plus d'un demi-siècle que la physique quantique tient le coup. Avec brio. Le monde — au moins celui des phénomènes — semble se conformer exactement à ses prédictions, même quand ces dernières semblent extraordinaires.

Loin d'être une discipline marginale ou ésotérique, la physique quantique est devenue, comme la relativité, une théorie cadre, c'est-à-dire une sorte de superthéorie dont les principes sous-tendent pratiquement toutes les branches de la physique moderne. Elle est aujourd'hui majeure et florissante. Ses accents sont triomphants ; ses succès, qu'ils soient théoriques ou expérimentaux, impressionneraient le plus incrédule des sceptiques ; sa fécondité théorique enthousiasmerait le plus blasé des impassibles. La physique quantique est vraiment en grande forme.

Grâce à elle, une quantité considérable de phénomènes a pu être expliquée de façon élégante et synthétique, et pas seulement des phénomènes microscopiques : l'existence même des corps solides, la couleur des objets, l'ébullition d'un liquide ou la condensation d'une vapeur sont quelques-uns des nombreux phénomènes de la vie courante dont l'explication est quantique ; d'innombrables secteurs de la technologie ont été bouleversés ; des voies nouvelles se sont ouvertes à la science ; enfin, ainsi que nous le constatons chaque jour, la taille des appareils qu'il est concevable de réaliser a été diminuée de façon spectaculaire.

Le formalisme, l'appareil mathématique, le cadre opératoire de la théorie sont universellement reconnus. Ils n'ont jamais été démentis par l'expérience, même lorsque leurs résultats défient l'imagination. La mécanique quantique est une extraordinaire machine à faire de bonnes prédictions ; elle prophétise à merveille ; elle ne s'est encore jamais trompée. On peut donc légitimement parler d'une clarté du formalisme quantique. Au point qu'à ses heures de grande paresse l'intellect peut y voir comme une espèce d'édredon mathématique ou de hamac conceptuel où il est tenté d'endormir en toute quiétude les questions enfiévrantes. Les belles équations, ça le repose.

Mais l'efficacité du formalisme peut-elle ainsi anesthésier tout questionnement ? Certainement pas. Il est très étonnant de constater que la puissance conceptuelle de la physique quantique reste énigmatique. La fille est jolie, certes, mais son caractère demeure insaisissable. A la clarté de la théorie répond l'obscurité de son lien avec la réalité. Plus de soixante ans après la lente épigenèse de son formalisme, il existe encore des discussions acharnées sur ce qu'il signifie et sur ce qu'il implique. C'est là un paradoxe : tous les physiciens l'utilisent, mais personne n'est capable de lui donner un sens précis. La physique quantique ne débouche pas sur une vision du monde qui soit claire, ni même simplement consensuelle (de ce point de vue, elle n'a pas remplacé ce qu'elle a détruit). La machinerie mathématique fonctionne sans ratés, ses rouages sont lubrifiés par le temps et l'habitude, mais le débat épistémologique, lui, n'est toujours pas clos !

Ce débat, qu'on appelle souvent la « question quantique »,

demeure étonnamment vivace. Ici, le mot *question* reprend parfois son sens ancien de « gêne » ou de « torture ». Il y a comme des clous dans l'édredon, qui font mal si l'on appuie trop fort ! Aujourd'hui encore, le débat quantique met neurones et synapses à rude épreuve, installant cyclones et bourrasques sous de multiples crânes. Niels Bohr lui-même soutenait que la mécanique quantique est presque totalement incompréhensible, et il allait jusqu'à dire que, pour approcher le monde quantique, le langage de la logique et de la raison n'est plus approprié, et qu'il convient d'emprunter à celui de la psychologie ou à celui de l'art ; par exemple au langage des poètes, qui ne cherchent pas à représenter les faits de façon précise, mais seulement à créer des images et à établir des connexions sur le plan des idées. Vaste programme, qui est loin d'avoir abouti. Le lien entre la physique moderne et le langage ordinaire n'est toujours pas établi. Mais n'insistons pas : ce serait scier la branche sur laquelle les auteurs de ce livre sont en train de s'asseoir... et ils n'en sont qu'à la page 23 !

Retenons simplement que le formalisme quantique est *limpide*, mais que son interprétation reste une *énigme*. Les relations qu'il y a entre la réalité et le savoir que nous avons sur elle ont perdu les couleurs de fausse évidence qui étaient les leurs aux siècles passés. Il semble que la physique quantique attende toujours sa péroraison, avec une impatience grandissante.

Ce fait est troublant mais, fort heureusement, il n'est pas très grave, car il n'influence pas la manière de faire fonctionner le formalisme. L'ordonnancement des calculs ne dépend pas des conceptions personnelles de celui qui les accomplit. Les résultats sont donc les mêmes pour tous, et, jusqu'à aujourd'hui, en accord avec les mesures et les observations. Seuls changent éventuellement les discours et les commentaires qui accompagnent ces calculs. Mais a-t-on raison de demander autre chose à la théorie que le fait qu'elle « marche », ce qui est déjà une prouesse ? En plus de prédire correctement les phénomènes, doit-elle aussi les expliquer ?

Dès ses premiers balbutiements, la physique quantique avait jeté le trouble dans l'esprit cartésien des physiciens. « La physique n'est plus ce qu'elle était », furent-ils quelques-uns à soupirer. D'abord, les pionniers de l'atome durent abandonner certains concepts profonds de la physique classique, qu'ils avaient manipulés jusque-là avec confiance (si l'on en croit Werner Heisenberg, il leur fut beaucoup plus difficile de renoncer à d'anciens concepts que d'en accepter de nouveaux). Ensuite, ils ont été confrontés à de redoutables questions, dont certaines les ont menés, sans échappatoire possible, sur le terrain philosophique. Nous verrons qu'il ne s'est pas agi là, comme on pourrait le penser, d'une dérive hasardeuse ou d'une simple fantaisie, mais bien d'un passage obligé. Les pères fondateurs de la physique ne furent pas de mondains esthètes mus par de futiles curiosités. Ils ont fait de la philosophie par nécessité, non par inclination naturelle. C'est la révolution qui se produisait sous leurs yeux et dans leur tête qui a fait d'eux des « philosophes en habit d'ouvrier », pour reprendre le mot de Heisenberg. Ils ont écrit, parce qu'ils en avaient la peu commune capacité, de nombreux articles non techniques, mais d'une certaine manière scientifiques, dans lesquels ils faisaient preuve d'une maîtrise parfaite du vocabulaire et des concepts de la philosophie. Manifestement, chacun d'eux connaissait son Kant sur le bout des doigts. Et pas uniquement Kant, si l'on en croit la diversité de leurs références.

Cette situation n'est pas si courante dans l'histoire de la pensée. Tout au long du XIXe siècle, les physiciens avaient pu travailler sans trop s'interroger sur le sens de leurs découvertes. Ils observaient ce qu'ils croyaient être la grande machine universelle et se proposaient d'en relever les plans d'une façon qui fût la plus précise possible. Les phénomènes découverts ne correspondaient pas toujours aux apparences sensibles — nous n'avons pas un sens inné du magnétisme ou de la polarisation de la lumière —, mais ils semblaient se prêter sans trop de difficultés à une représentation intellectuelle cohérente. L'introduction du quantum a brisé cette manière confortable d'envisager les choses. A cause de lui, la vue des physiciens s'est soudainement brouillée. Ils avaient beau se frotter les yeux, leur myopie persistait. Les objets physiques n'offraient plus d'images nettes. Mais s'agissait-il vraiment d'un problème de vue ? N'était-ce pas plutôt la réalité elle-même qui était floue ? Ces questions entraînèrent évidemment les physiciens dans de furieux débats à propos de ce qui fait la texture de la réalité. Comment ces discussions auraient-elles pu ne pas être passionnées entre, par exemple, un Schrödinger, pour lequel « le monde est une construction de nos perceptions, de nos sensations et de nos souvenirs », et un Einstein qui considérait comme évidente l'affirmation qu'« une réalité physique existe, et qu'elle existerait de toute façon même s'il n'y avait pas d'observateurs pour l'observer » ?

Tous les thèmes qu'ils ont discutés continuent d'être débattus, parfois avec virulence. Le caractère acerbe de certaines polémiques montre que nous n'avons pas affaire là à une science « nue », déshumanisée, mais à une œuvre humaine, riche, entremêlant rigueur (pas toujours) et profession de foi. Aujourd'hui, il reste plusieurs manières de « recevoir » la mécanique quantique. Des auteurs de toute farine continuent de se pencher et de s'épancher sur elle, prolongeant en d'épais ouvrages le choc des conceptions antagonistes de Bohr et d'Einstein. Récemment, le débat a été relancé à la suite d'expériences nouvelles qui ont rendu plus aigus certains problèmes fondamentaux. Maintes publications spécialisées leur sont consacrées, et on ne compte plus ceux qui, à ce sujet, étirent des analyses, inventent des significations, suscitent des interprétations. La physique quantique redevient un foyer d'effervescence intellectuelle.

Beaucoup considèrent que ces interrogations ne sont que frissons d'esthètes, jeux de langage ou « pâture de vent », comme dit l'Ecclésiaste. Ils refusent de les envisager sous prétexte qu'elles sont philosophiques, ou même pis, métaphysiques. A leur avis, la question quantique telle que nous l'avons évoquée ne fait pas partie du programme que se donne la physique. Ce point de vue est respectable, et même défendable. Lorsque l'on coupe du bois, on voit aussitôt le résultat de son effort, ainsi que le fit remarquer Einstein un jour où il était en panne d'idées vraiment originales, et c'est sans doute ce qui rend cette activité à la fois si attrayante et si difficilement critiquable. Quant à la métaphysique, c'est une autre affaire, moins immédiatement gratifiante, qu'on peut d'emblée juger vaine. Vent gonflant des voiles de vent. Pourtant, force est de constater que la version quantique de la physique a donné un parfum de modernité à des questions traditionnelles de la philosophie de la connaissance, et qu'elle a apporté à certaines d'entre elles des réponses originales, scientifiquement fondées. Telle théorie métaphysique, que l'on croyait caduque et révolue, apparaît avec le recul comme le modèle, l'origine ou la matrice de telle hypothèse scientifique à fort pouvoir explicatif. Il est donc des pâtures de vent qui ont perdu de leur futilité. Elles ont même acquis dans le contexte quantique, sinon une consistance véritable, du moins une légitimité neuve. C'est à cette cure de jouvence que la pensée tout entière se trouve convoquée.

Il faut reconnaître que l'analyse de ces implications est un travail difficile, abscons, parfois périlleux. Mieux vaut avoir conscience, avant de prendre la décision de s'y engager, qu'elle ne va pas sans quelques luxations de neurones. D'interminables soirées sont garanties. Mieux vaut savoir aussi qu'une telle analyse ne conduit pas à une conclusion ferme et définitive. Il ne faudrait surtout pas croire que la science est capable *ex abrupto* de proposer, voire d'imposer une philosophie bien dégagée autour des oreilles. La science ne délivre pas de bréviaire clés en main. C'est d'ailleurs tant mieux pour elle, et surtout tant mieux pour la philosophie.

« *Science avec patience, le supplice est sûr* », prévenait Arthur Rimbaud dans *L'Éternité*. Il faudra tout le talent de Bernard d'Espagnat pour que ce supplice rimbaldien se métamorphose en délices. Dans la deuxième partie de ce livre, il commentera pour nous les conséquences philosophiques de la physique quantique.

Ces réflexions autour du débat quantique, vieux de plusieurs décennies, méritent d'être métabolisées — avec les honneurs — par notre culture d'aujourd'hui.

II

L'onde et le corpuscule ou la partialité des apparences

Le Sage dit, selon les gens :
Vive le Roi, vive la Ligue.
LA FONTAINE.

Dans sa fable intitulée La Chauve-Souris et les deux belettes, *La Fontaine raconte l'histoire d'une chauve-souris qui tombe malencontreusement dans le nid d'une belette. La belette, qui n'aime pas les souris, menace de dévorer la chauve-souris. Pour se défendre, cette dernière explique qu'elle n'est pas une souris, puisqu'elle a des ailes, qui sont le propre des volatiles. Convaincue par l'argument, la belette décide de la laisser partir saine et sauve. Deux jours plus tard, la chauve-souris tombe à nouveau dans le nid d'une autre belette qui, cette fois, n'aime pas les oiseaux. A nouveau menacée d'être dévorée, la chauve-souris explique que ce qui caractérise l'oiseau, ce ne sont pas les ailes, mais le plumage. Puisqu'elle-même n'a pas de plumage, c'est qu'elle n'est pas un oiseau. En adaptant sa présentation aux circonstances, la chauve-souris a sauvé sa vie par deux fois : son don de double identité la met à l'abri des griffes de toutes les belettes du monde, ce qui est en soi un résultat appréciable. Mais elle a aussi posé le problème de son identité ou de sa nature : qu'est-ce donc qu'une chauve-souris, qui se présente tantôt comme un oiseau, tantôt comme une souris, mais qui n'est ni un oiseau ni une souris ? Qu'est donc la réalité d'une existence dédoublée ? L'objet de ce chapitre est de montrer que, d'une certaine manière, les particules quantiques ont une ambiguïté qui ressemble à celle de la chauve-souris de La Fontaine : elles se présentent tantôt comme des ondes, tantôt comme des corpuscules, mais ce ne sont ni des ondes, ni des corpuscules. Leur apparence dépend du contexte de leur observation. Ce que l'on appelle la « dualité onde-corpuscule » est l'une des caractéristiques les plus déroutantes de l'univers quantique.*

Le formalisme de la physique classique distingue et connaît essentiellement deux catégories d'objets : d'une part les *corpuscules*, d'autre part les *ondes*. Cette dichotomie s'appuie sur des considérations simples : les corpuscules sont des entités « discrètes ». Attention, cela ne veut pas dire qu'ils ont un tempérament timide ou effacé ! Cela signifie simplement qu'ils sont des sortes de petites boules, localisées dans une région *restreinte* de l'espace. Ils décrivent certaines trajectoires le long desquelles, à tout instant, leur position et leur vitesse sont bien déterminées. Quant aux ondes de la physique classique, elles décrivent des phénomènes non localisés, continus (par opposition à « discrets ») et occupant tout l'espace. Elles ont la propriété de pouvoir se « superposer » : on peut donner un sens physique à la notion de « somme » de deux ondes si celles-ci sont de même type. C'est là une caractéristique fondamentale des ondes, sur laquelle nous reviendrons au chapitre VI.

Il a fallu rien de moins qu'une révolution, la révolution quantique justement, pour procéder au rapprochement de ces deux catégories d'objets de la physique, l'onde et le corpuscule, dont on ne pouvait pas imaginer qu'ils puissent avoir un quelconque lien de parenté. Comment concevoir que l'onde et le corpuscule ne puissent plus être isolés par la pensée — l'onde d'un côté, le corpuscule de l'autre —, comme dans le cadre classique ? De fait, on est obligé aujourd'hui de parler d'une « dualité onde-corpuscule », étrange formule qui sonne comme un oxymoron, quand elle ne rappelle pas tout bonnement l'incongru mariage de la carpe et du lapin.

L'expérience dite « des deux fentes » permet d'entrevoir d'où sort ce concept de dualité. Elle est une sorte de référence obligée, qui plante le décor. On la trouve décrite dans tous les livres de mécanique quantique. Nous ne manquerons pas à cette tradition, au risque de rappeler au lecteur des choses qu'il connaît déjà. Il existe des occasions où l'on ne doit pas craindre la répétition de banalités, quand celles-ci sont de conséquence. Mais, avant de voir en quoi consiste cette expérience, il faut rappeler l'historique mouvementé des idées que les physiciens ont eues au sujet de la lumière.

1. La lumière, ou l'obscure clarté qui tombe des étoiles

Nous ne voyons qu'un seul côté des choses.
Victor HUGO, *Les Contemplations.*

La lumière est souvent associée à une notion d'évidence et de simplicité dont elle reste le symbole. La Genèse affirme que la lumière fut créée le premier jour *(« Dieu vit que la lumière était bonne... »)*, précédant ainsi largement une complexité du monde sans cesse accrue. Pourtant, ce phénomène, le plus directement associé aux manifestations du monde sensible et aux perceptions visuelles immédiates, se révèle bientôt très mystérieux. « *Nous saurions beaucoup de choses*, affirmait Louis de Broglie, *si nous savions ce qu'est un rayon lumineux.* » C'est le paradoxe de la lumière : il n'est pas facile de « faire la lumière » sur elle !

De quoi la lumière est-elle donc faite ? Isaac Newton, observant par exemple que les ombres des objets étaient nettes et non pas floues, avançait prudemment l'idée que la lumière est constituée de toutes petites billes, autrement dit de corpuscules. Il expliquait le phénomène de réflexion sur un miroir par le fait que les corpuscules rebondissent sur la surface du miroir, un peu comme une balle de tennis rebondit sur un mur. Il énonça l'ensemble de ses vues dans un gros livre intitulé *L'Optique*, publié en 1703. Son contemporain, le physicien hollandais Christiaan Huygens, tenait au contraire que la lumière est plutôt une sorte d'onde. Il s'en expliqua dans son *Traité de la lumière*, publié en 1690.

Si nous tendons une corde puis agitons l'une de ses extrémités, nous envoyons une onde qui se propage le long de la corde sans que cette dernière quitte notre main pour courir après l'onde. Quand une rafale de vent s'abat sur un champ de blé, chaque épi se balance et oscille au gré du vent, mais aucun d'eux n'est arraché ni transporté d'un bout à l'autre du champ. Lorsqu'une vague avance sur la mer, l'eau ne se déplace pas vers l'avant ; le mouvement de l'eau se fait de haut en bas, puis de bas en haut, et ainsi de suite. Ce sont les sommets et les creux de ce mouvement qui se déplacent, donnant l'impression — mais seulement l'impression — que l'eau avance avec la vague. D'une façon générale, à la différence des corpuscules, les ondes ne transportent rien, elles ne font que transmettre de l'énergie et de l'information.

Parce qu'il y a une différence évidente entre le jet d'une pierre et le mouvement d'une vague, les théories ondulatoire et corpusculaire semblent absolument irréconciliables. Entre les deux, la nature a dû choisir : la lumière est-elle un corps, ou bien le mouvement d'un corps ? C'est en ces termes que la physique a libellé la question du référendum...

La théorie corpusculaire de Newton l'a d'abord emporté sur sa concurrente ondulatoire, en particulier (mais pas seulement) grâce au prestige immense de l'homme qui avait percé les secrets de la gravitation universelle (vous vous souvenez, la pomme...). L'idée simple selon laquelle la lumière consiste en corpuscules qui, dans un milieu homogène, se propagent en ligne droite, avait un pouvoir d'explication important et son succès était donc mérité. Par ailleurs, il faut ajouter à cet argument scientifique un argument plus subjectif : que la lumière relevât elle aussi de la mécanique newtonienne confortait la prétention de cette dernière à détenir l'ultime secret du monde. Les esprits épris de belles synthèses résistent difficilement à ce type de perspective œcuménique.

A partir du concept de rayon lumineux, la théorie corpusculaire rendait compte de façon élégante des phénomènes qui relèvent de ce qu'on appelle aujourd'hui l'optique géométrique. Mais la victoire de Newton ne fut pas définitive. Dès 1800, un autre Anglais, Thomas Young, s'y opposa. Il avait observé que la lumière interprète d'une bien curieuse manière le signe *plus* de l'arithmétique. De la lumière superposée à de la lumière peut donner... de l'obscurité ! Ce n'était là qu'un exemple d'un groupe de phénomènes que Young baptisa *interférences lumineuses.* Il publia ses résultats en 1804. La théorie corpusculaire ne semblait pas en mesure de les expliquer. En effet, comment une particule pourrait-elle en annuler une autre ? La théorie ondulatoire, elle, permet d'interpréter ce genre de choses. Lorsque les ondes de deux trains d'ondes se rencontrent dans l'eau, il existe certains points où les ondes sont toujours en opposition de phase : l'une est à sa crête au moment où l'autre est à son creux, et vice-versa. Les deux ondes s'annulent donc toujours en ces points. Si l'on considère non plus des vagues, mais des ondes lumineuses, le même effet rendra ces points obscurs.

La théorie ondulatoire contient donc la clé du mécanisme par lequel de la lumière ajoutée à de la lumière peut donner de l'obscurité. Un creux plus une bosse *égale* un terrain plat ; ceux qui ont eu un jour l'occasion de jouer dans le sable avec un râteau et une pelle le savent bien. L'éclairement obtenu à partir de deux ondes lumineuses n'est pas une addition pure et simple des deux éclairements pris indépendamment l'un de l'autre. A certains endroits, il se produit une addition, à d'autres une soustraction. Sans doute est-ce là le sens profond de l'adage « Qui peut le *plus* peut le *moins...* »

Après maintes résistances, la théorie ondulatoire finit par triompher. La lumière devint officiellement membre de la prestigieuse et déjà grande famille des ondes. Dans la deuxième moitié du XIXe siècle, James Clerk Maxwell avait montré deux choses d'une extrême importance : d'abord que tous les phénomènes connus de l'électricité et du magnétisme pouvaient se comprendre à partir de quatre équations fondamentales, les équations de Maxwell ; ensuite, que ces équations admettent des solutions qui correspondent à des ondes combinant un champ électrique et un champ magnétique se propageant à la vitesse de la lumière, qu'on appelle les ondes électromagnétiques. Dès lors, il ne restait plus qu'à identifier la lumière à une onde électromagnétique, ce qui fut fait rapidement. Hertz amena la cerise sur le gâteau ondulatoire en apportant la confirmation expérimentale que les ondes électromagnétiques existent bel et bien, et que certaines sont invisibles à l'œil, comme prédit par Maxwell.

Cet accord parfait entre les expériences et la théorie de la lumière fit des équations de Maxwell le deuxième grand pilier de la physique classique, au même titre que la mécanique dont Newton avait jeté les bases. Certains physiciens eurent alors le sentiment que la physique touchait au but et que notre siècle se contenterait de l'appliquer, ou de parfaire la précision des calculs. Mais — et c'est heureux pour les physiciens du XXe siècle — Einstein était là pour veiller aux « grains », au sens propre du terme comme à son sens figuré, ainsi que nous l'allons voir. On ne dira jamais assez ce que la profession doit à cet empêcheur de tourner en rond.

A la fin du XIXe siècle, des expériences révélèrent un certain nombre de phénomènes dont on ne pouvait pas rendre compte. Le plus célèbre est l'effet photoélectrique[1]. Einstein ne s'intéressait pas directement à ce phénomène.

---

1. Vers la fin du XIXe siècle, on découvrit que des feuilles métalliques électrisées exposées à la lumière libéraient des particules chargées, identifiées plus tard comme des électrons. On baptisa ce phénomène l'*effet photoélectrique*. Il n'était pas si surprenant : les équations de Maxwell décrivaient la lumière comme étant une onde électromagnétique portant en particulier un champ électrique capable d'exercer une force sur des particules chargées. Il semblait tout à fait plausible que ces ondes fussent capables d'agiter les électrons au point qu'ils se détachent des atomes auxquels ils sont liés : un courant est alors émis. Un problème se posa dès que les physiciens étudièrent l'énergie cinétique des électrons ainsi libérés. La théorie ondulatoire veut que la lumière agite d'autant plus les électrons qu'elle est plus intense. Autrement dit, plus elle est intense, plus les électrons qu'elle expulse de la plaque métallique doivent avoir une énergie élevée. Les électrons libérés par une lumière de faible intensité devaient avoir une énergie très basse.

Ce raisonnement ne fut pas confirmé par l'expérience. En 1902, Philipp Lenard montra qu'en augmentant l'intensité de la lumière qui atteignait le métal, on obtenait davantage d'électrons, mais sans que leur énergie fût accrue pour autant. Leur énergie dépendait en réalité de la fréquence de la lumière incidente : plus la fréquence était élevée, plus les électrons qui s'échappaient étaient énergétiques. Une lumière rouge, de basse fréquence, libérait rarement des électrons, alors qu'une lumière bleue ou ultraviolette, de fréquence élevée, en libérait presque toujours, même à très faible intensité. Au-dessous d'une certaine fréquence, on a beau augmenter l'intensité du rayonnement, on n'obtient pas le moindre électron. En revanche, au-dessus de cette fréquence — de ce *seuil* —, ce courant se maintiendra même lorsque l'on diminuera l'intensité. Einstein s'intéressa à la question quelques années plus tard en prenant en compte les théories de Planck sur l'énergie de radiation. Quoi de plus discontinu qu'un seuil ? se dit Einstein. En 1905, il avance l'idée que l'énergie électromagnétique est portée par des grains. Cela lui permet d'expliquer parfaitement la phénoménologie de l'effet photoélectrique. Chacun des grains, chaque photon contient une certaine quantité d'énergie ; les photons de fréquence élevée en contiennent davantage que leurs congénères de fréquence inférieure. Certains électrons de la plaque métallique absorbent l'énergie d'un photon. Une énergie suffisante, c'est-à-dire supérieure au seuil d'extraction, permet à l'électron de se libérer de la plaque. En outre, une lumière intense, contenant plus de photons qu'une lumière faible, doit libérer davantage d'électrons. Pour toute fréquence, la densité de la pluie de photons et le nombre d'électrons libérés augmentent avec l'intensité de la lumière. Einstein publia son article en 1905, la même année que celui sur la relativité. En supposant que la lumière avait une nature corpusculaire, il rouvrait un débat que les physiciens considéraient comme définitivement clos.

Son propos était de partir non des données expérimentales, mais des théories fondamentales. Pour le rayonnement, ces théories étaient la thermodynamique et l'électromagnétisme. Eh bien, Einstein voulut déterminer dans quelle mesure on peut appliquer les lois de la thermodynamique aux phénomènes de rayonnement. Il constata, à l'issue d'un calcul célèbre, que la formule donnant l'énergie du rayonnement était identique à celle qui donnait l'énergie d'un gaz de particules. Il en conclut que la structure de l'énergie du rayonnement était granulaire, ce qui allait bien au-delà des conclusions de Planck, comme nous le verrons au chapitre IV. Cette conclusion lui permit de rendre compte de tous les phénomènes qui restaient inexpliqués dans le cadre de la théorie des ondes, en particulier l'effet photoélectrique. Curieusement, c'est à cette conclusion téméraire, à ce coup d'audace « férocement spéculatif », et non à la théorie de la relativité, qu'il dut son prix Nobel en 1922.

En fait, ce que propose Einstein n'est rien de moins qu'un retour à la théorie corpusculaire : il avance que l'interaction d'une onde électromagnétique avec la matière se fait par processus élémentaires indivisibles où le rayonnement apparaît comme constitué de grains, les *photons*, dont chacun possède une énergie proportionnelle à la fréquence qui lui est associée. Pour autant qu'on puisse user ici de métaphores, l'image qu'Einstein donne de la lumière n'est plus celle d'une rivière dont le flot égal se déverse sans interruption, mais celle d'un cours d'eau intermittent dans lequel un barrage se vide d'un seul coup à chaque fois que son contenu atteint une certaine quantité. Aux yeux d'Einstein, le rayonnement électromagnétique, autrement dit la lumière, est une matière dont la divisibilité a des limites. Ce qui est en contradiction avec la théorie du champ électromagnétique pour laquelle les énergies varient toujours de façon continue.

Fallait-il alors complètement abandonner la théorie ondulatoire ? Le photon allait-il marquer le crépuscule de l'onde ? A ces questions, nous sommes tentés de répondre *oui*, puisque nous avons affirmé que les deux théories, l'ondulatoire et la corpusculaire, s'excluent mutuellement. Si l'une gagne des points, c'est nécessairement que l'autre en perd.

En réalité, la bonne réponse, déjà d'essence quantique, est une superposition de *oui* et de *non*. Newton avait presque raison et Huygens n'avait pas tout à fait tort ! Voilà un premier aperçu de ce qu'oblige à admettre la dualité onde-corpuscule. Einstein (encore lui) avait conscience que cette question allait devenir le sujet d'un débat historique. En 1909, il disait : « *Je suis convaincu que la prochaine phase dans le développement de la physique nous amènera à une théorie de la lumière susceptible d'être interprétée comme une sorte de fusion des théories ondulatoire et corpusculaire* » (cité par Abraham Pais dans *Subtle is the Lord*). Ce commentaire, qui passa pratiquement inaperçu à l'époque, contient les prémices de la théorie quantique. Albert Einstein, c'est décidément l'intrépide homme de génie par qui tout arrive en ce début de siècle.

Cet antagonisme entre les deux conceptions de la lumière allait être cause de longues confusions, jusqu'à ce que, dans les années vingt, le formalisme quantique sortît la physique de ce qui commençait à ressembler à un sombre cul-de-sac. Mais, pour comprendre ce que l'idée de photon contenait *a priori* de surprenant, il faut nous intéresser de plus près à l'expérience des deux fentes, celle-là même qui avait fourni à Young ses arguments décisifs.

2. L'expérience des deux fentes ou le procès à moitié perdu du corpuscule

> *Le boisseau a toujours des fentes par où passe la lumière.*
>
> BALZAC, *Gambara.*

Imaginons une machine lançant des billes vers un mur percé de deux fentes parallèles et proches l'une de l'autre.

Supposons qu'elle propulse toutes les billes à la même vitesse mais dans des directions quelconques. Un peu plus loin, disposons des boîtes qui réceptionnent les billes qui ont franchi le mur. Elles servent à détecter leur point d'impact final. La plupart des billes sont arrêtées par le mur ; d'autres passent par la première ouverture, soit directement, soit en ricochant sur un des bords ; d'autres enfin font de même avec la seconde ouverture. Si, après un grand nombre de tirs, on compte les billes présentes dans chacune des boîtes, on détermine comment varie la probabilité d'arrivée des billes en fonction de la position de la boîte. Le nombre total de billes dans une boîte particulière est la somme du nombre de billes qui sont passées par la fente 1 et du nombre de celles qui sont passées par la fente 2. Si l'on convient de peindre en blanc les premières et en noir les secondes, le résultat obtenu est celui qui est représenté par la figure 1. Dans ce cas, il n'y a pas d'interférences.

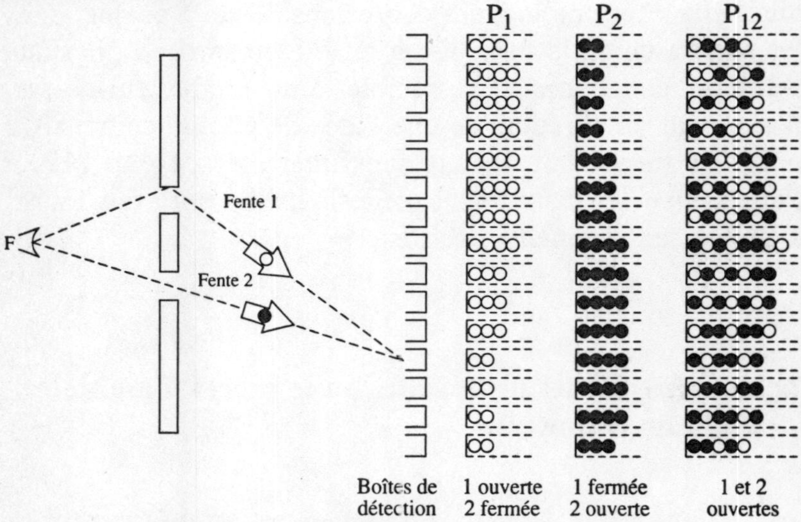

Figure 1. — Expérience des deux fentes avec des billes.

La probabilité P_{12} qu'une bille arrive dans une certaine boîte lorsque les deux fentes sont ouvertes est la somme de la probabilité P_1 qu'elle y arrive avec seulement la fente 1 ouverte (billes blanches), et de la probabilité P_2 qu'elle y arrive avec seulement la fente 2 ouverte. Il n'y a pas d'interférences.

Si, comme le prétend Einstein, la lumière est constituée de photons, c'est-à-dire en somme de petites billes, alors on devrait obtenir un résultat identique à celui que nous venons de commenter, c'est-à-dire : pas d'interférences. Or, comme l'avait justement vu Young, la lumière donne lieu à des interférences. Comment diable est-il possible que des corpuscules interfèrent comme des ondes ?

Refaisons l'expérience, mais cette fois avec des électrons. L'électron est une particule chargée électriquement (comme son nom l'indique) qui fut découverte à la fin du XIXe siècle par Joseph John Thomson. Il put photographier les trajectoires d'électrons qui traversaient un dispositif de détection qu'on appelle « chambre de Wilson ». Si l'on en croit l'allure des traces qu'ils laissent sur leur passage, il ne fait aucun doute que les électrons sont de minuscules petites boules qui ne diffèrent des billes que par leur taille infime. Mais revenons à notre expérience. Un canon à électrons envoie sur une plaque percée de deux fentes des électrons qui ont tous la même énergie. Le détecteur situé derrière cette plaque est couvert d'un produit chimique qui blanchit au point d'arrivée de chaque électron. Dans cette expérience on ne sait pas par quelle fente chacun des électrons passe. Nous conviendrons donc de les représenter moitié blancs, moitié noirs.

Qu'observe-t-on sur l'écran après qu'on y a envoyé un grand nombre d'électrons ? On s'attend à retrouver le même résultat qu'avec les billes, puisqu'on imagine que les électrons ne sont jamais que de petites billes. Mais, ô surprise, on observe sur l'écran des interférences analogues à celles obtenues avec de la lumière ! (Voir figure 2.) On ne comprend plus très bien : d'un côté, Einstein nous dit que la lumière qui donne lieu aux interférences caractéristiques des ondes est en fait constituée de photons. D'un autre côté, les électrons, qui ont pourtant la réputation d'être des objets ponctuels, participent eux aussi à la construction d'interférences ! Il y aurait des petites billes dans les ondes et des ondes dans les petites billes ? Pourtant, nous l'avons dit, les deux définitions — *l'électron est un corpuscule, l'électron est une onde* — s'excluent l'une l'autre, puisqu'elles ont le même sujet et des prédicats contradictoires. A propos de cet antagonisme, Thomson pouvait faire montre de ses impressionnantes connaissances en zoologie en risquant une comparaison avec nos amies les bêtes. Il écrivait en 1925 : « *Les situations respectives des théories corpusculaire et ondulatoire sont celles d'un tigre et d'un requin. Chacun de ces animaux représente ce qu'il y a de plus puissant dans son élément, tandis que la valeur de l'un est nulle dans l'élément de l'autre.* »

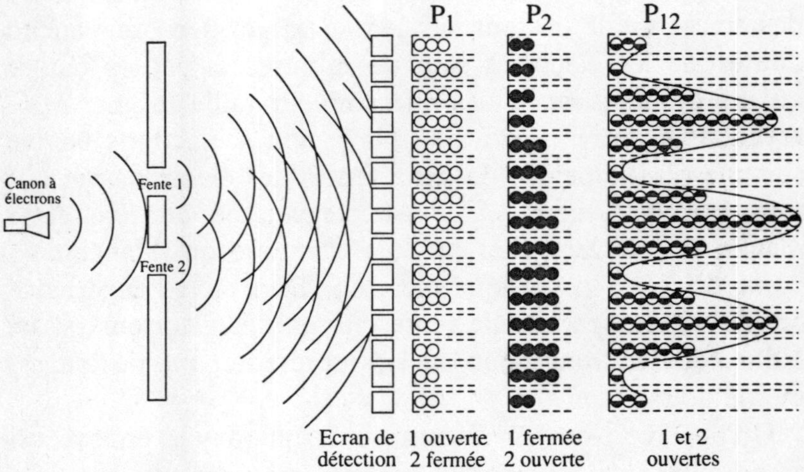

Figure 2. — Expérience des deux fentes avec des électrons.

Si l'on ferme la fente 2 les électrons se répartissent sur le détecteur de la même manière que les billes. Comme on est alors sûr qu'ils sont passés par la fente 1, on peut convenir de les marquer en blanc. Si l'on ferme la fente 1 en ouvrant la fente 2, ils passent nécessairement par la fente 2, et on convient de les marquer en noir. Mais, si on ouvre les deux fentes, on ne peut plus dire par quelle fente chaque électron est passé (on les marque donc en noir et blanc), et on voit apparaître une figure d'interférences !

Que les électrons, les photons et les autres objets quantiques se comportent à la fois comme des ondes et des particules heurte le sens commun. Les particules seraient-elles des hippogriffes ? Mais qu'est-on, si l'on est à la fois une chose et son « contraire » ? En apparence au moins, il s'agit là d'un paradoxe, car il est impossible de visualiser un objet qui soit les deux à la fois. Le concept même de « dualité » onde-corpuscule est choquant pour l'esprit, habitué qu'est ce dernier à faire, en toutes circonstances, « la part des choses ». Mais reconnaissons qu'on ne pourra rien reprocher à cette dualité si elle se révèle cohérente. Il nous faut maintenant examiner si l'idée qu'un objet physique possède tantôt l'aspect d'une onde, tantôt celui d'une particule, conduit ou non à des contradictions.

Regardons les choses plus en détail. Diminuons l'intensité du canon de sorte que les électrons en sortent un à un, l'émission et l'impact de chacun d'eux étant isolés de ceux des autres. On constate alors (figure 3) que chaque électron est capté en un point bien précis du détecteur. Il ne s'est pas séparé en morceaux. Il ne s'est pas non plus étalé. Le phénomène n'est donc pas purement ondulatoire (une onde emplirait tout l'espace). Remarquons aussi que les points d'impact se répartissent de façon aléatoire : un par-ci, un autre par-là. L'électron serait-il un être facétieux et joueur ? Userait-il de ruses et de feintes dignes de Machiavel ? Ne concluons pas trop vite : petit à petit, on voit se reconstruire sur l'écran le système de franges d'interférences au fur et à mesure que s'accumulent les impacts d'électrons ! Tout cela n'est-il pas palpablement insensé ? Les électrons sont individuellement détectés comme des corpuscules, mais on dirait qu'entre le canon et l'écran, ils se comportent comme des ondes !

Rassemblons nos idées, si possible en les choisissant claires et distinctes, et écoutons — pourquoi pas ? — ce que le bon sens nous dit :

a) Puisqu'on envoie les électrons un à un, il s'agit de phénomènes indépendants.
b) Chaque électron, s'il est bien une petite boule, est forcément passé par l'un des trous.
c) Par la pensée, nous pouvons donc séparer les

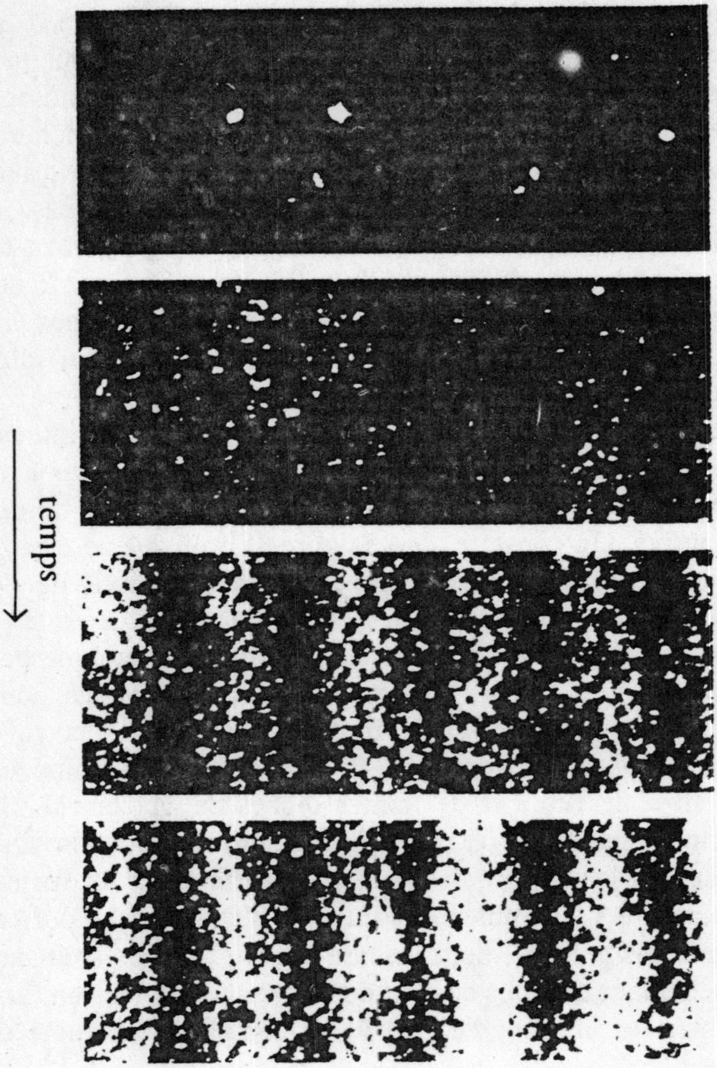

Figure 3. — Résultat de l'expérience des deux fentes faite avec des électrons envoyés individuellement les uns après les autres. Les premiers électrons semblent avoir des impacts ponctuels disposés de manière aléatoire, puis petit à petit on voit se dessiner une figure d'interférences qu'on croyait caractéristique des ondes !

électrons en deux lots : ceux qui sont passés par la fente 1 et ceux qui sont passés par la fente 2.

d) Pour tous ceux qui sont passés par la fente 1, tout

se passe comme si la fente 2 était bouchée. Réciproquement, pour tous ceux qui sont passés par la fente 2, tout se passe comme si la fente 1 était bouchée.

Si cette argumentation est correcte, il devrait y avoir en tout point un nombre d'électrons égal à la somme du nombre de ceux qui sont passés par la fente 1 et du nombre de ceux qui sont passés par la fente 2, c'est-à-dire une comptabilité identique à celle que nous aurions pour des billes. Or, comme nous l'avons vu, l'expérience montre qu'il n'en est rien. Qui pis est, ouvrir une seconde fente, c'est-à-dire ménager une possibilité de passage supplémentaire pour l'électron, c'est l'empêcher d'arriver à certains endroits, puisque apparaissent alors des franges sombres. Il doit donc y avoir une erreur cachée dans notre manière de raisonner, ou dans l'une de nos hypothèses. Une particule comme l'électron n'est certainement pas ce que l'on fait de plus ordinaire en matière de petite boule. Elle ne respecte même pas les règles les plus élémentaires de la pétanque !

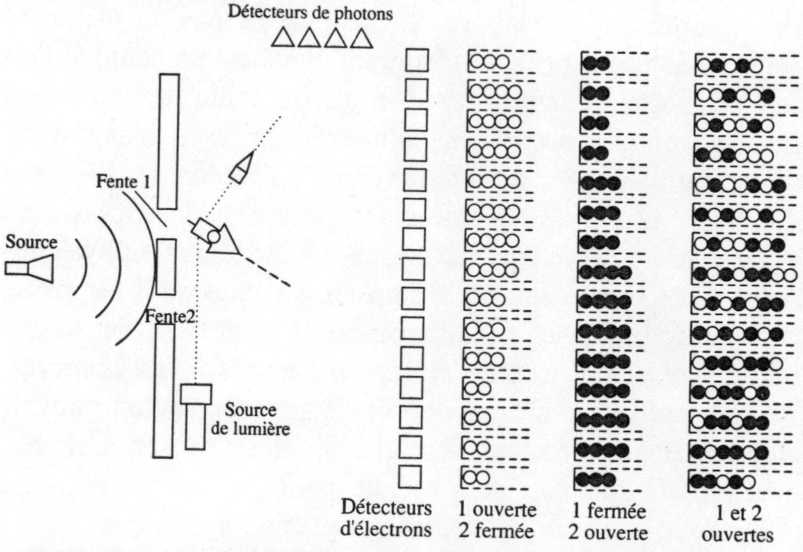

Figure 4. — On décide de mesurer par quelle fente chaque électron est passé, ce qui permet de le représenter soit en noir, soit en blanc, selon la fente par laquelle il est passé. Mais la figure d'interférences a disparu !

Pour y voir plus clair, refaisons l'expérience, mais cette fois en mesurant par quelle fente chaque électron passe, par exemple en l'éclairant. Plaçons une source de lumière derrière la plaque qui contient les fentes et arrangeons-nous pour que, lorsque l'électron passe par la fente 1, un photon soit détecté en provenance de 1, et de même pour la fente 2. Par ce dispositif, on peut « colorier » les électrons sur notre figure, en blanc s'ils sont passés par la première fente, en noir s'ils sont passés par la deuxième. Fermons d'abord la fente 2. Les électrons (blancs) se répartissent comme indiqué sur la figure 4, exactement comme l'auraient fait des billes. Fermons ensuite la fente 1 et ouvrons la fente 2. Les électrons (noirs) se répartissent symétriquement par rapport aux électrons blancs. Ouvrons maintenant les deux fentes. Le résultat, une fois de plus, est déroutant : on sait par quelle fente chaque électron est passé, mais les figures d'interférence ont disparu ! On retrouve un comportement identique à celui des billes !

Plus nous avançons, plus la logique défaille, plus notre raison titube, plus l'affaire se corse. Mais pas de panique ! Reprenons nos esprits, et résumons-nous calmement : si l'on fait en sorte de connaître par quelle fente les électrons passent, on n'observe plus d'interférences. Il s'agit donc d'une *autre* expérience, différente de la précédente. Réciproquement, si l'on observe les interférences, la proposition « *par quel trou l'électron est passé* » est indécidable physiquement. On peut imaginer, si l'on en a envie, qu'il est passé par les deux fentes simultanément, à condition de reconnaître que ce phénomène étrange est impossible à observer. En tout cas, il n'était pas permis de supposer qu'on pouvait simultanément observer les interférences et mesurer par quelle fente chaque électron était passé.

De cela, nous tirons cinq remarques d'importance :

— Si l'on imagine que l'électron est bien une petite boule qui passe par l'une des fentes, alors il faut admettre que le seul fait que l'autre fente soit fermée ou non a une importance cruciale. D'une certaine façon, l'électron semble *savoir* que l'autre fente est fermée ou non. Plus précisément, l'autre chemin qui lui était proposé mais qu'il n'a pas pris a eu une influence sur son point d'impact. Étrange affaire que celle-là ! Mais souvenons-nous de la façon dont le mathématicien Pierre de Fermat décrivait le comportement de la lumière : il expliquait que la lumière qui se propage d'un endroit à un autre suit le chemin qui lui demande le moins de temps. On peut se demander comment la lumière peut savoir à l'avance quel chemin sera pour elle le plus rapide. De même, comment un électron peut-il savoir que les deux fentes sont ouvertes ou non, si tant est que le mot « savoir » ait un sens pour une particule ?

— Si l'on ne fait pas la mesure qui nous indiquerait par quelle fente les électrons sont passés, ceux-ci sont capables d'interférer. Si l'on fait cette mesure, la figure d'interférence est brouillée. Ils ont donc été comme « dérangés » par la mesure. Plus précisément, c'est la mesure qui a *défini* le système mesuré. En physique quantique, toute mesure apparaît comme une interaction entre l'objet mesuré et l'appareil de mesure, et il existe entre les deux un « couplage minimum » qui n'est jamais nul. Cette conception du rôle de l'observation était tout à fait absente de la physique traditionnelle. Dans la vie courante, bien sûr, le fait d'être observé modifie le comportement de chacun d'entre nous, en particulier celui de nos députés qui sont beaucoup plus nombreux à l'Assemblée lorsque les caméras y sont aussi. En physique, les choses, croyait-on, n'obéissent pas à ces règles très humaines. Les particules n'étant pas censées avoir de goût particulier pour la parade, les physiciens s'étaient habitués à l'idée qu'il est toujours possible de concevoir des appareils de mesure dont l'influence sur le système est aussi faible que l'on veut, ou au moins calculable : lorsque l'on introduit un thermomètre froid dans un liquide chaud, ce dernier se refroidit légèrement ; sa température est plus basse qu'avant la mesure. Mais puisqu'on peut calculer cette variation, on peut aussi l'éliminer par simple soustraction. En théorie quantique, ce type de calcul, comme nous le verrons au chapitre V, est impossible.

— Tout appareil de mesure est partial, orienté : il est construit pour mettre en évidence telle grandeur particulière, et non telle autre. Si l'on pose une question de nature ondulatoire à l'électron, par exemple en le faisant diffracter à travers des fentes, sa réponse sera de nature ondulatoire. Si on lui pose une question de nature corpusculaire, par exemple en le détectant avec un écran fluorescent, sa réponse sera de nature corpusculaire. La nature des appareillages utilisés détermine donc le type des phénomènes observés. Le fait important, ici, est qu'aucune expérience ne montre l'électron se comportant au même moment comme une onde et comme un corpuscule. Telle la chauve-souris de La Fontaine, l'électron adapte sa manière d'apparaître à la question qui lui est posée. Les particules quantiques ne se prononcent sur leur état — corpusculaire ou ondulatoire — que si on leur pose la question qui rend leur état *manifeste*. D'où cette autre question : qu'est une particule quand on ne lui pose pas de question, c'est-à-dire quand on ne fait pas de mesure sur elle ? Que fait-elle quand elle ne se manifeste pas ? La physique quantique, on le pressent, va poser le problème de l'accessibilité du réel. Cette question était inconnue de la physique classique, du moins jugée par elle sans consistance. Réjouissons-nous, il va y avoir du neuf !

— La notion de *trajectoire*, au sens classique du terme, qui est un concept essentiel de la physique traditionnelle, vient de s'effondrer sous nos yeux ébahis. L'aspect corpusculaire de l'électron ne se manifestant que par intermittence, il est impossible d'observer en continu sa trajectoire. Observant les interférences, nous ne pouvons pas dire par où les électrons sont passés à chaque instant antérieur. Il semble que le concept de localisation doive ici être abandonné. Goethe avait-il anticipé la chose qui, à la question : « *Quel est le chemin ?* », avait répondu : « *Il n'y a pas de chemin* » ?

— Pour un électron particulier, on ne sait pas à l'avance de façon certaine à quel endroit il va frapper l'écran. Or les électrons sont tous émis dans les mêmes conditions. Voilà donc détruite l'idée classique selon laquelle les conditions initiales suffisent à déterminer le mouvement ultérieur d'une particule. Le déterminisme classique est, sinon mort, du moins très gravement touché. Ce point mérite d'emblée un commentaire : l'idée qu'il y a du flou quantique est une idée très répandue. Tellement répandue, d'ailleurs, que cette idée elle-même est floue ! L'indéterminisme quantique est souvent caricaturé. En réalité, il est très subtil. Les équations de la physique quantique sont déterministes, et l'indéterminisme quantique vient de ce que la physique quantique ne se réduit pas à un simple jeu d'équations. Elle contient, en plus, des principes concernant l'opération de mesure, qui, eux, font intervenir le concept de probabilité. Il n'est certainement pas nécessaire d'en dire davantage pour convaincre que le dossier de l'indéterminisme est un dossier éminemment technique. Nous le rouvrirons plus loin.

Existe-t-il un moyen d'échapper à ces casse-tête ? L'honnêteté oblige à reconnaître que oui. Des tentatives ont en tout cas été faites. Par exemple, Louis de Broglie proposa dès 1927 sa théorie dite de l'« onde-pilote », qui permet de retrouver les résultats de l'expérience des deux fentes tout en restaurant un cadre déterministe. Mais cette théorie et toutes celles qui lui ressemblent ne sont pas une panacée. Bernard d'Espagnat dira pourquoi dans son chapitre 4.

On sent bien qu'il va nous falloir adopter une logique différente et apprendre une nouvelle physique. L'idée du quantum pointe déjà à l'horizon, avec sa cohorte de questions et son bataillon de surprises. Une expérience toute simple — quelques électrons, une plaque, deux fentes, un écran — a suffi pour nous transporter au cœur du sujet. Nous ne le quitterons plus.

« *Les inventions d'inconnus réclament des formes nou-*

velles », écrivait Arthur Rimbaud à son ami Paul Demeny. Ce qui vaut pour l'art vaut parfois pour la science. Le formalisme quantique sera la forme nouvelle de la physique que réclame la dualité onde-corpuscule. Cette fois, ce n'est pas une fable ; mais n'est-ce pas fabuleux ?

III

La complémentarité ou l'impossible classification

La nature procède par contrastes. C'est par les oppositions qu'elle fait saillir les objets. C'est par les contraires qu'elle fait sentir les choses.

Victor HUGO,
Post-scriptum de ma vie, III.

La mer était si bleue que seul le sang était plus rouge.

Paul CLAUDEL.

Le formalisme quantique rend compte de ce que nous venons de présenter en intégrant le concept de dualité onde-corpuscule évoqué par Louis de Broglie en 1923. Cette idée, nous l'avons dit, a un très fort coefficient d'étrangeté, puisqu'elle juxtapose et met en relation des images que notre esprit isole dans des catégories bien distinctes et même opposées.

Toutes les particules, qu'elles soient de lumière ou de matière, présentent une face qui dépend de notre manière de les regarder. Elles nous apparaissent soit comme des ondes, soit comme des corpuscules, mais elles ne sont ni des ondes ni des corpuscules. On ne peut donc les réduire au seul aspect de leurs apparences. De ce constat est venue l'idée, émise par Niels Bohr en 1927, que les deux faces de la dualité onde-corpuscule sont « complémentaires ».

Il faut reconnaître que cette idée de complémentarité,

empruntée à la tradition philosophique issue de Kierkegaard (à moins qu'il ne faille la faire remonter à l'antique « corrélation des contraires » qui était à la base des pensées d'Héraclite et de Platon), est très délicate à saisir, et donc à expliquer. D'abord, il y a la difficulté des écrits de Bohr, qui est légendaire. Ensuite, cette idée a suscité tellement de commentaires qu'on pourrait lui consacrer plusieurs livres bien épais. Elle est très vite devenue le pôle de toutes les discussions sur la signification de la mécanique quantique, divisant l'ensemble de ses pères fondateurs. Planck, Schrödinger, Einstein, Louis de Broglie s'y opposaient ; Heisenberg, Pauli, Born, Dirac l'acceptaient plus ou moins volontiers. Plus de soixante ans après sa première évocation, il est encore impossible de proposer une signification de la complémentarité qui recueille un véritable consensus. Depuis sa création, cette idée de complémentarité est restée à sa température d'ébullition. Nous l'aborderons quand même, mais avec la sage prudence des timides.

Le principe de complémentarité est au cœur de ce que l'on appelle l'interprétation orthodoxe de la mécanique quantique, ou interprétation de Copenhague. Son maître d'œuvre fut Niels Bohr. Elle se présente comme une réponse à la question suivante : que signifie le fait de devoir attribuer à un même objet des prédicats successivement contradictoires ?

La complémentarité conceptualise la relation qui existe entre des modes de description de l'objet physique qui seraient contradictoires s'ils lui étaient appliqués en même temps. Elle définit une sorte de « bon usage » des représentations qu'utilise la physique classique. Mais attention : Bohr ne l'a jamais présentée comme une réponse miraculeuse qui garantirait aux physiciens une vie tranquille, débarrassée de toute inquiétude sur les concepts fondamentaux. Il ne faut certainement pas la prendre comme un dogme : « *On ne doit pas comprendre chaque chose que je dis comme une affirmation, mais comme une question* », prévenait Niels Bohr.

La complémentarité explique que l'image de la réalité

physique n'est pas entièrement exprimée par l'image de l'onde ou par celle du corpuscule. On a affaire en réalité à deux langages différents pour expliquer les phénomènes physiques, celui de l'onde et celui du corpuscule. La complémentarité recommande d'admettre cette ambiguïté essentielle des concepts classiques dans le domaine quantique. Entre l'onde et le corpuscule, il y aurait donc comme un tiers état, une sorte de tension qui les lie l'un à l'autre.

Le sens d'un concept, explique Bohr, n'est défini qu'au moyen d'une expérience concrète. C'est l'expérience qui décide s'il est possible ou non d'utiliser tel ou tel concept pour décrire l'information obtenue. Autrement dit, les concepts ont une définition *opérationnelle* : on n'est pas libre d'utiliser sans restriction un concept défini par une expérience concrète pour rendre compte de n'importe quelle autre expérience. Dans l'absolu, un concept n'est pas exportable en toutes circonstances, du moins cela demande-t-il des précautions.

Dans l'expérience des deux fentes, si nous ne mesurons pas par quelle fente chaque électron passe, alors le concept d'onde est bien défini et la figure d'interférence apparaît. Si nous ajoutons le dispositif permettant de savoir par quelle fente passent les électrons, le concept de trajectoire est maintenant bien défini, mais les franges d'interférences se brouillent. Nous ne pouvons plus, dans ce dernier cas, employer le concept d'onde, puisque son sens et son usage ne sont plus définis par cette expérience. Dès lors, il devient interdit de se représenter par la pensée le système étudié comme ayant la propriété caractérisée par le concept d'onde. L'objet quantique devient ainsi un objet clair-obscur auquel on peut appliquer successivement des prédicats contradictoires tout en soutenant un discours cohérent !

Puisque les concepts d'onde et de corpuscule apparaissent mutuellement exclusifs en même temps qu'indissociables, il n'existe aucune possibilité de définir leur sens au moyen d'une seule expérience ; on ne peut donc pas les combiner en une seule image. Néanmoins, ils sont nécessaires l'un et l'autre pour épuiser tous les types d'information que nous pouvons obtenir sur un objet quantique à l'aide de divers appareils de mesure.

Quelle est alors la façon la plus simple d'exprimer qu'une particule n'est pas un corpuscule, et qu'elle n'est pas non plus une onde ? Faut-il inventer un nouveau nom pour désigner les objets quantiques qui sont comme tiraillés entre deux pôles ? Des propositions plus ou moins heureuses ont été faites : *ondicule*, *onduscule*, ou plus simplement *quanton*. Nous pourrions ajouter à cette liste le *corpulonde*, tout aussi intrigant. L'ennui, c'est que de tels vocables unificateurs peuvent à l'usage masquer l'idée sous-jacente de complémentarité dont ils essaient de rendre l'écho. Or, l'idée même de complémentarité n'autorise justement pas à additionner des éléments qui se compléteraient pour fabriquer un nouveau soubassement ontologique. Il ne faudrait pas que les astuces que permet la sémantique expriment une synthèse qui n'existe pas au niveau des concepts eux-mêmes, ou dissimulent la tension irréductible qui les oppose.

C'est le moment de préciser que, dans la bouche de Niels Bohr, le mot *complémentaire* n'est pas à prendre dans son sens usuel. Il est plus subtil que cela. La complémentarité ne signifie nullement, pour Niels Bohr, quelque chose comme « collaboration » ou « association ». La dualité n'est pas un duo. Elle inclut toujours, au contraire, l'exclusion mutuelle et la disjonction des éléments qu'elle met en vis-à-vis. Il faut la voir comme une sorte de paradoxe indépassable qui lie un concept à sa négation.

Pour rendre encore plus palpable la signification que Bohr donne à cette notion, reprenons une idée du physicien John Bell (dont nous aurons à reparler au chapitre VIII) : imaginons, propose-t-il, que nous photographiions un éléphant, d'abord de face, puis de profil, puis de l'arrière ; on peut dire alors que les différents clichés obtenus sont complémentaires au sens usuel du terme ; ils sont cohérents entre eux et nous révèlent des aspects différents, partiels mais complémentaires, de l'éléphant. On peut considérer ce dernier comme la synthèse ou la somme de toutes les images qu'on peut avoir de lui. Mais, nous dit John Bell, dans la bouche de Niels Bohr, le mot complémentarité n'a justement pas ce sens-là. Pour lui, la complémentarité est proche du concept de contradiction, sa conception étant qu'il faut utiliser, dans l'analyse des phénomènes, des éléments qui se contredisent les uns les autres.

Rappelons une dernière fois le résultat important de l'expérience des deux fentes. Si l'on détermine avec certitude par quelle fente chaque électron est passé, on fait disparaître la figure d'interférence (les deux fentes sont alors discernables l'une de l'autre). Si l'on ne cherche pas du tout à déterminer le trajet de chaque électron, on laisse intacte la figure d'interférence, mais les deux fentes sont alors indiscernables l'une de l'autre. Entre ces deux cas extrêmes, il y a toute une gamme de cas intermédiaires dans lesquels on détermine avec une précision variable le trajet des électrons. Plus cette mesure est précise, plus la figure d'interférences tend à se brouiller ; plus elle est incertaine, meilleur est le contraste des franges d'interférences. On peut donc formuler le principe de complémentarité de Bohr de la façon suivante : *Plus nous faisons en sorte d'observer clairement la nature ondulatoire de la lumière (sa longueur d'onde), plus se brouillent ses propriétés corpusculaires (sa localisation).*

Les concepts d'onde et de corpuscule ont été forgés séparément par notre fréquentation quotidienne du monde macroscopique. Le problème que pose la dualité qui les lie naît du désir de ramener toute entité microscopique à l'une de ces deux catégories. La nature, visiblement, ne se plie pas à cette classification. Les concepts classiques apparaissent comme des abstractions quand on les applique aux objets microscopiques, et pourtant nous sommes bien obligés de les utiliser « *pour exprimer le contenu de l'expérience d'une façon qui se rattache à notre représentation ordinaire* ».

Bien sûr, on peut être tenté de mettre en évidence *simultanément* les aspects corpusculaire et ondulatoire du comportement d'une particule. Ce désir est même irrépressible. On se dit qu'il doit bien y avoir un moyen, un « truc » auquel on n'a pas pensé. Malheureusement pour notre confort intellectuel, il semble que ce soit aussi vain que de vouloir regarder à la fois devant et derrière soi sans utiliser de miroir. Dès que l'on se retourne pour regarder derrière soi, on ne voit plus ce qui est devant. A moins d'être Janus (ce qui n'est pas donné à tout le monde), on ne peut donc pas connaître simultanément ce qui est devant et ce qui est derrière. Dans le monde quantique aussi, choisir, c'est renoncer. La nature ne fournit pas le miroir qui permettrait de voir en direct comment fonctionne la dualité onde-corpuscule. Elle nous condamne à vivre sans image. Il nous faut renoncer à la physique en bande dessinée et apprendre à jongler le mieux possible avec les idées abstraites. Rassurons-nous, ce n'est pas nécessairement désagréable.

Nous l'avons déjà dit, l'idée de complémentarité a divisé l'ensemble des physiciens (on pourrait écrire un livre sur la complémentarité des physiciens eux-mêmes...). Schrödinger, par exemple, ne cachait pas son penchant pour le schème ondulatoire. Il pensait que les choses « vibraient » réellement, refusant qu'il pût y avoir une vraie symétrie entre l'onde et le corpuscule : le corpuscule n'étant rien d'autre, d'après lui, qu'une « crête d'écume » sur un rayonnement d'ondes, et non une « portion individualisée d'un certain matériau » (E. Schrödinger, *Science et humanisme*), il devait pouvoir être ramené à des aspects ondulatoires, ce qui eût rendu l'idée de complémentarité inutile et sans objet. Louis de Broglie n'aimait pas non plus la complémentarité, bien que ses propres travaux aient contribué de façon décisive à la faire naître[1]. Il considérait qu'elle n'était qu'un manteau pudiquement jeté sur la théorie pour masquer ses apories. Surtout, il n'acceptait pas de devoir renoncer aux images

1. Louis de Broglie était prince et révolutionnaire à la fois, au moins par ses travaux de physicien : à ce titre, on peut le considérer comme une incarnation du concept de complémentarité, pris dans son acception quantique, celle d'une association de contraires. Mais il eût sans doute vigoureusement protesté.

physiques, désirant au contraire retrouver une visibilité des phénomènes qui soit absolument nette et bien définie. Il écrit dans un texte daté de 1961 : « On peut comparer la complémentarité à la "vertu dormitive" de l'opium dont s'est moqué Molière : il est parfaitement légitime de traduire les propriétés soporifiques de l'opium en attribuant à cette substance une "vertu dormitive", mais il faut bien se garder de voir dans ces mots une explication de ces propriétés. » Toute la question reste, bien sûr, de savoir quelle est cette explication qui manque.

Le développement ultérieur de la physique quantique fut pour Louis de Broglie une douloureuse déconvenue. Il aimait à répéter, comme pour se consoler : « *La source désapprouve presque toujours l'itinéraire du fleuve...* »

Mais, en science comme ailleurs, peut-on ouvrir un abîme et s'en détourner ?

IV

Les caprices de l'atome ou l'épreuve du saut

Qui donc a dit que la nature ne fait pas de sauts ? C'est Leibniz, peut-être. En voilà une belle sottise !

Georges DUHAMEL,
Le Voyage de P. Périot.

« *Un monde plus profond que l'astre, c'est l'atome* », écrivait Victor Hugo dans *La Légende des siècles*. Le XXe siècle allait confirmer ce pressentiment du poète aux raccourcis efficaces. De fait, la mécanique quantique est apparue historiquement comme étant la meilleure théorie d'un monde fort complexe, celui de l'atome, avant d'étendre son spectre à d'autres systèmes physiques.

1. L'atome ou le méconnaissable héritage d'une longue tradition

Nous avons beau enfler nos conceptions, nous n'enfantons que des atomes au prix de la réalité des choses.

Blaise PASCAL.

L'atomisme a eu une histoire fort compliquée, ponctuée de querelles virulentes, sans doute parce qu'il donnait lieu à des prolongements idéologiques ou philosophiques intenses. C'est ainsi que le physicien allemand Ernst Mach (1853-1932) s'opposait à l'hypothèse atomiste en s'appuyant sur la thèse philosophique selon laquelle le monde n'est fait que de nos sensations. N'existe que ce qui est présent à nos sens. Tel saint Thomas, Ernst Mach avait besoin de voir pour croire, il exigeait donc que toutes les quantités utilisées par une théorie physique pussent être soumises à l'observation. Virtuose dans le maniement du rasoir d'Ockham, il ne voulait pas d'hypothèses inutiles. Selon lui, l'atomisme relevait de l'« atomystique », c'est-à-dire d'une mystique indémontrable de l'atome, sans fondement sérieux ; étant incapables de susciter nos sensations, les atomes ne sauraient faire partie du monde, et il n'y a donc aucune raison de faire une place en physique à ces chimères inodores, invisibles et impalpables. *Exit* les inobservables fantômes ! L'idée d'atome, on le voit, ne suscite pas forcément celle d'atomes... *crochus* !

A la base de l'atomisme, on trouve l'idée selon laquelle la matière serait faite d'entités indivisibles. Cette conception a subi au cours des temps de multiples remaniements doctrinaux — parfois profonds — qui font que le vocable unique d'atomisme est devenu imprécis. Il recouvre en réalité des théories fort différentes, dont le seul point commun est qu'elles procèdent toutes de ce que Gaston Bachelard appelle la « *métaphysique de la poussière* ». L'atomisme voit le monde comme une construction formée de briques indivisibles, de grains ultimes ou, si l'on préfère une expression plus moderne, de *particules élémentaires.*

Chacun sait que le terme d'atome vient du grec et qu'il signifie littéralement *insécable.* L'hypothèse atomiste a été citée pour la première fois, dit-on, dans les œuvres de Leucippe de Milet, en 420 avant Jésus-Christ. On la retrouve dans les œuvres de Démocrite, qui en a repris les points essentiels. Démocrite expliquait que la matière est constituée d'une infinité de petits corpuscules dotés de qualités idéales : invisibles à cause de leur extrême petitesse, insécables comme leur nom l'indique, complètement pleins et bien évidemment éternels, perfection oblige ; de plus, ils gardent chacun le même aspect, mais présentent une infinité de formes différentes, ce qui permet bien des accommodements avec la réalité. Enfin, l'espace qui entoure les atomes est vide. Ce dernier point souleva d'interminables discussions pendant l'Antiquité, à cause de la tautologie logiquement imparable de Parménide selon laquelle « l'être est, le non-être n'est pas ». On n'échappe que difficilement à ce genre d'évidence. Alors, comment le vide, ce « non-être », pouvait-il exister ? Où caser cette latence d'être ? Ces questions traumatisèrent durablement et en profondeur les braves philosophes grecs, plus soucieux, il est vrai, de raisonnement et de logique que d'observation.

Un siècle plus tard, Épicure remit à l'honneur la physique de Démocrite, mais en lui imposant un premier remaniement doctrinal par l'introduction d'une nouveauté fondamentale : pour Épicure, le mouvement des atomes est affecté d'une légère déclinaison, le *clinamen*, qui, parce qu'il permet aux atomes de se rencontrer et de s'assembler, explique la formation des agrégats stables que sont les corps visibles. Ce n'est déjà pas si mal.

Cette intuition selon laquelle la matière n'est pas une substance continue, mais une articulation de particules élémentaires qui se combinent diversement les unes avec les autres, rencontra des difficultés à partir du moment où on voulut l'étendre à l'âme (la chose ne va pas de soi, en effet). Elle connut pendant des siècles une très longue éclipse qui laissa place au triomphe d'Aristote et de sa quaternité élémentaire (l'Eau, l'Air, la Terre, le Feu, ce qui fait bien quatre). Elle ne fut reprise qu'au XVIIe siècle, notamment par le philosophe Pierre Gassendi et le chimiste Robert Boyle. Dans les toutes premières années du XIXe siècle, John Dalton fit de l'atome une notion clé de la chimie : il formula la loi des proportions constantes selon laquelle les substances chimiques se combinent toujours dans des rapports simples et constants. Par exemple, les poids de l'hydrogène (H) et de l'oxygène (O), qui se combinent pour former l'eau, sont toujours dans la même proportion (H_2O). Cela s'explique fort bien si l'on admet le concept d'atome. La fécondité de la notion fut confirmée par le tableau périodique des éléments proposé par Mendeleïev en 1869, qui continue de décorer les murs de tant de classes lyçéennes.

L'atome commençait alors d'acquérir une valeur scientifique. Il devint le sujet de controverses passionnées à la fin du XIXe siècle. Quelle pouvait bien être la réalité de ces atomes qu'on ne peut pas voir, ni toucher, ni entendre, ni sentir, mais dont les physiciens ne semblaient pouvoir se passer ? Comment des êtres aussi fantomatiques, aussi immédiatement absents pourraient-ils trouver à s'incarner ?

2. Succès et avatars de l'atome de Rutherford

> *Les hommes ont oublié une vérité, dit le renard. Mais tu ne dois pas l'oublier. Tu deviens responsable pour toujours de ce que tu as apprivoisé.*
>
> Antoine DE SAINT-EXUPÉRY, *Le Petit Prince.*

En 1897, nous l'avons dit, Joseph John Thomson découvre l'électron, qui intervient dans la composition des atomes. Grâce à cette découverte, il apparaît que la barrière qui nous sépare du monde des atomes n'est plus infranchissable. Pour la première fois, on touche du doigt l'infiniment petit. Quelques années plus tard, Ernest Rutherford met en évidence le noyau atomique grâce à une expérience aujourd'hui célèbre, et propose son modèle planétaire de l'atome. L'atome de Rutherford se présente comme un objet composé, semblable à un système solaire miniature où les électrons se déplacent autour du noyau sur des orbites analogues à celles des planètes autour du Soleil. Cette fois, ce n'est plus sous l'effet d'une force gravitationnelle, mais grâce à la force électrique attractive entre les électrons chargés négativement et le noyau de l'atome, chargé positivement. Cette conception est dans le droit fil de la physique classique, puisqu'elle plagie un système déjà décrit par elle. Seule la nature de la force qui lie entre eux les éléments du système change. Notons aussi qu'elle se différencie nettement des intuitions des philosophes de l'Antiquité : l'atome de Rutherford n'est pas indivisible, puisqu'il est composite, et il est loin d'être parfaitement plein. On peut même dire qu'il contient essentiellement du vide (tant pis pour Parménide), puisque la distance séparant le noyau des électrons est environ cent mille fois plus grande que le noyau lui-même. Nietzsche avait prévenu dans *Le Gai Savoir* : « *Ah, mes amis, il nous faut surmonter même les Grecs !* » Avec Ernest Rutherford, c'est chose faite.

L'intérêt du modèle de Rutherford tient au fait qu'il permit d'énoncer certaines prévisions sur le comportement des électrons. Plusieurs se sont révélées exactes. Par exemple, la durée que mettent les électrons pour décrire leur orbite, qu'on pouvait calculer à partir de la fréquence de la lumière émise par les atomes, correspondait grosso modo à ce que la dimension des orbites (déduite des dimensions atomiques) laissait augurer.

Pourtant, malgré ses succès, le modèle planétaire de l'atome se trouve assez vite confronté à plusieurs paradoxes redoutables. D'abord, il y a la question de la stabilité de l'atome (et donc celle de la matière). Prenons l'exemple le plus simple, celui de l'atome d'hydrogène, constitué simplement d'un proton et d'un électron. Imaginons, comme le suggère Rutherford, que l'électron décrive une orbite autour du noyau atomique, en l'occurrence réduit au seul proton. Du fait qu'il tourne, il subit une accélération radiale. La théorie de l'électromagnétisme nous apprend que, dans ces conditions et parce qu'il porte une charge électrique, l'électron perd de l'énergie en émettant du rayonnement sur toute une gamme de fréquence. En termes plus modernes, on dirait que l'énergie cinétique de l'électron est transférée aux modes du champ électromagnétique. Au premier abord, cette prédiction est un bon point pour le modèle de Rutherford, puisqu'elle permet de comprendre le processus d'émission de lumière par les atomes. Mais, par une ironie du sort, c'est justement cette émission de lumière qui conduit à la faillite du modèle. Car la mécanique classique nous dit, par l'intermédiaire des lois de Kepler, que si l'électron perd de l'énergie, alors il doit aussi se rapprocher du noyau en suivant une sorte de spirale, jusqu'à finalement s'écraser sur lui. Ainsi l'atome de Rutherford s'effondre-t-il à cause de la lumière qu'il émet. Le processus qui le rendait si séduisant est aussi celui qui le terrasse. L'atome de Rutherford est inapte à la durée. Il se détruit de lui-même dans l'ivresse d'un tourbillon de lumière qui est comme la transposition à la matière du chant du cygne à l'agonie. On calcule que, dans le cas de l'hydrogène, la chute catastrophique de l'électron sur le noyau devrait intervenir au bout de quelques nanosecondes seulement. La physique classique impose donc un *ultimatum* à *l'atome ultime*. Cet ultimatum n'est visiblement jamais respecté, puisque l'atome nous apparaît comme un édifice permanent — *stable*, disent les physiciens. D'ailleurs, si l'atome n'était pas stable, comment expliquerait-on que les propriétés de chaque élément chimique sont constantes ? Que le carbone se comporte toujours comme du carbone, et le fer toujours comme du fer ?

Ce paradoxe de l'existence de la matière peut d'ailleurs s'exprimer sous plusieurs formes différentes, qui toutes ajoutent à sa gravité... Par exemple, si les atomes sont bien des systèmes planétaires tels que Rutherford les conçoit, alors ils doivent être extrêmement sensibles aux chocs, aux collisions entre eux, et plus généralement à toutes les perturbations qu'ils subissent. Ces êtres-là devraient être meurtris par tout ce qu'ils ont vécu, comme bardés de cicatrices. Pour nous en convaincre, utilisons une analogie qui, heureusement, n'est pas tirée de la vie quotidienne : songeons à ce qu'il adviendrait à notre planète Terre si le système solaire venait à croiser un autre système planétaire de taille équivalente... Quel chahut d'orbites ! Quel branle-bas de corps célestes !

Chaque collision doit être, pour les atomes qui y participent, un grand chambardement. C'est du moins ce qu'on pressent si les lois de la physique classique restent exactes à cette extrémité du réel, c'est-à-dire au niveau atomique. Or, ce n'est pas ce qu'on constate ! Après chaque choc, les atomes émergent tels qu'ils étaient avant leur rencontre, rétablis dans leur forme première. De même, quand on chauffe des atomes, ou quand on les bombarde avec des projectiles dont l'énergie n'est pas trop forte, ils ne subissent aucune modification. Les atomes ne s'usent ni ne s'abîment. Alors, puisqu'ils ne sont point malléables à merci, il faut comprendre d'où vient leur résistance et ce qui régule leur si exemplaire constance.

Comment expliquer aussi — mais c'est exactement la même question — l'identité des atomes d'une matière donnée ? Imaginons que — par un heureux miracle que je nous souhaite à tous de tout cœur — nous disposions de deux lingots d'or, extraits de deux mines distinctes et traités selon des procédés complètement différents. Nous observerons alors que tous les atomes d'or ont rigoureusement les mêmes propriétés, indépendantes de leur histoire passée. Ils n'ont visiblement eu aucun moyen d'affirmer leur personnalité intrinsèque. Toute fantaisie leur a été interdite. Mais comment comprendre cette identité commune, cette exacte ressemblance, s'ils sont des systèmes planétaires régis par les lois de la mécanique classique ? Si le modèle de Rutherford était le bon, on s'attendrait que la forme particulière et la dimension des orbites des électrons reflètent l'histoire passée de chacun des systèmes. Tous les événements auxquels chaque atome a pris part devraient avoir laissé des traces sur sa structure. Du coup, la probabilité de trouver deux atomes strictement identiques, c'est-à-dire avec les mêmes dimensions et la même forme, devrait être ridiculement faible. Nos deux lingots, traités différemment, n'auraient aucune chance de se ressembler.

Tous ces faits restent sans explication dans le cadre de la physique traditionnelle. L'atome incarne l'échec des schémas de pensée classiques. Il apparaît comme un nouveau monde, une énigme, un territoire vierge à conquérir, qui défie la physique du début de ce siècle.

Le monde microscopique ne sera pas — on le devine déjà — une miniaturisation du monde macroscopique. La continuité que Blaise Pascal pressentait entre les deux infinis, dans un célèbre texte des *Pensées* où il utilise l'apologue du ciron, est un leurre. Les deux échelles, la petite et la grande, sont en rupture. Il y a comme une différence qualitative de leurs statuts ontologiques : les particules n'ont pas les mêmes qualités que ce que l'on voit[1].

Pour en savoir plus sur l'atome, les physiciens ont dû penser *autrement*. Ce n'est pas un simple ajustement des méthodes ou un raffinement dans les équations qui leur fut nécessaire, mais une nouvelle manière d'envisager leur propre discipline, qui se chercha au prix de controverses sévères. Chemin faisant, ils ont dû enfler leurs conceptions jusqu'à les rendre méconnaissables. Ils reviendront marqués à jamais de leur voyage dans les brumes rebelles du microcosme. La physique aussi, bien sûr.

Pour créer les nouveaux concepts qui manquent, il faudra oser renoncer aux diktats de la physique classique. Il faudra

---

1. Est-ce très surprenant ? Pour nous faire une idée, osons une analogie à notre échelle : imaginons qu'un extra-terrestre ne connaisse le monde des humains que par l'observation des foules nombreuses, celles qui assistent aux concerts en plein air, aux matchs de football, aux bals du 14 Juillet... S'il est très doué, il devient vite capable d'expliquer certains des phénomènes qui agitent ces foules. S'il poursuit avec opiniâtreté ses études et ses observations, il peut arriver à découvrir que ces multitudes sont formées d'individus juxtaposés. Mais, muni des seules lois qu'il a tirées de l'observation des foules, aura-t-il une chance de comprendre le langage qu'utilisent deux êtres humains pour communiquer ? Or, pour autant qu'on puisse user ici de métaphores, l'atome est à la matière ce que l'individu est à la foule...

prendre conscience qu'à la différence du pétrole, les lois traditionnelles de la physique ne sont pas raffinables, qu'il n'est pas possible de les accommoder aux caprices de l'atome, moyennant simplement un petit nombre de modifications mineures. Le vin nouveau mérite des bouteilles neuves. Au moins provisoirement, il faudra accepter de rompre avec les anciennes coutumes. Ce geste brutal, courageux, c'est un jeune physicien timide, Niels Bohr, qui l'a le premier accompli. Son audace dégonfla la baudruche en la perçant d'une flèche inattendue.

3. L'idée de quantum ou les prémices d'un nouveau monde

... et nous voici comme dans un pays tout inconnu au sein même du réel pur.
PAUL VALÉRY, *London Bridge.*

Dans sa note de 1913, Niels Bohr propose d'expliquer les propriétés déroutantes de l'atome d'hydrogène en introduisant dans la physique un concept révolutionnaire, celui d'état quantique. Treize ans auparavant, le 14 décembre 1900, Max Planck avait lu devant l'Académie des sciences de Prusse un mémoire que l'on peut tenir pour l'acte de naissance de la mécanique quantique. Il y avançait l'idée du *quantum* pour résoudre un problème particulier, celui du corps noir, concernant certains phénomènes de rayonnement. Notons au passage qu'il y a un joli pied de nez du vocabulaire dans le fait que c'est d'un corps « noir » qu'a jailli la « nouvelle lumière » ! Facétieuse sémantique...

Le problème du corps noir était le suivant : la physique classique prévoit qu'un four, même tiède, contient une énergie infinie à cause du rayonnement qui se trouve, dans son enceinte, en équilibre avec la matière des parois. Ce résultat est une conséquence de ce qu'on appelle l'« équipartition de l'énergie », qui veut qu'à l'équilibre, l'énergie d'un système soit équitablement partagée entre tous ses degrés de liberté (le champ électromagnétique qui constitue le rayonnement ayant un nombre infini de degrés de liberté, il porte une énergie infinie). Ce résultat est évidemment contraire à l'expérience courante : cette dernière nous dit en effet qu'il n'est pas nécessaire d'être kamikaze pour cuisiner de bons plats chauds. Les fours ne sont pas des bombes. Nous voyons bien que tout morceau de matière, quand on l'échauffe, commence à rayonner, à passer au rouge, puis au blanc, au fur et à mesure que sa température s'élève. On peut montrer que ce changement de couleur ne dépend pas de la nature de la surface et que, pour un corps noir, la couleur ne dépend que de la température. Par conséquent, le rayonnement émis par ce corps noir aux hautes températures est un phénomène simple qui devrait admettre une explication simple par les lois bien connues du rayonnement et de la chaleur. Or, l'application de ces lois conduisait à un résultat qui n'était pas du tout en accord avec les résultats expérimentaux.

Planck s'attaqua au problème en 1895. Il tenta de représenter les mesures du spectre de rayonnement thermique par des formules mathématiques simples. Il finit par en trouver une qui concordait parfaitement avec les résultats expérimentaux les plus précis. Commença alors pour lui un intense travail théorique. Quelle pouvait être la signification de la nouvelle formule ? Planck découvrit — non sans effroi — que tout se passait comme si les atomes rayonnant à la surface du corps noir ne pouvaient échanger de l'énergie que sous la forme de paquets d'énergie, qu'on appela des *quanta* (ce mot est le pluriel latin de *quantum*, qui signifie « combien » et qu'on retrouve dans « quantité »). Une lumière monochromatique, de fréquence ν, ne semble pouvoir échanger de l'énergie qu'en payant avec des pièces de monnaie dont la plus petite a une valeur égale à $h\nu$, où h est la constante de Planck. Plus précisément, les paquets peuvent avoir une énergie égale à hν, ou bien à 2hν, ou bien à 3hν, etc. Il n'y a pas d'échange possible à d'autres valeurs.

Cette conclusion était diamétralement contraire aux principes de la théorie électromagnétique de la lumière, qui décrit celle-ci comme étant formée d'ondes on ne peut plus continues. Reprenant une idée gourmande du physicien Gamow, nous dirons que le rayonnement est ici comme le beurre, qui ne peut être acheté au supermarché que par plaquettes d'une demi-livre[1], et pourtant tout le monde sait bien que le beurre, en tant que tel, peut exister *a priori* en n'importe quelle quantité. Mais on ne peut se le procurer en une quantité qui soit comprise entre rien et une demi-livre. Les physiciens résument la chose en disant que le beurre est continu (c'est du moins l'idée qu'ils s'en font lorsqu'ils l'étalent sur leurs tartines matinales), mais ne s'échange que par *quanta* (c'est du moins l'idée qu'ils s'en font quand ils font leurs courses).

Contrairement à ce qu'on entend souvent dire, le discontinu que Planck découvre ici affecte non la matière, mais les interactions. Ce sont les forces, non les objets, qui se trouvent discrétisées. Les calculs de Planck montrent que les échanges d'énergie électromagnétique sont portés par des grains, alors qu'on les croyait continus. Voilà la vraie révolution, qui ébranle la conviction que les physiciens avaient depuis Newton, selon laquelle on peut toujours faire tendre une force vers zéro. Ce que Planck découvre, c'est que dans toute interaction il y a échange et, de plus, qu'il existe un échange minimum au-dessous duquel il n'y a plus d'interaction. Le quantum d'interaction s'interprète comme étant le plus petit « quelque chose » que deux systèmes doivent échanger pour qu'on puisse dire qu'ils interagissent. Interagir, c'est échanger une sorte de « ballon » minimal.

La constante de Planck vaut $6{,}625.10^{-34}$ joule-seconde.

---

1. Par souci de réalisme, précisons qu'il existe aussi des plaquettes de 125 g, ce qui n'invalide en rien notre argumentation.

Elle est donc le produit d'une énergie par un temps. Sa valeur numérique est si faible que ses effets n'apparaissent pas directement à grande échelle. Puisqu'elle est si ridicule par rapport aux nombres que nous avons l'habitude d'utiliser, on pourrait se croire autorisé à la négliger, à dire qu'elle n'a aucune importance. Dans bien des cas, ce serait une grave erreur : la constante de Planck a beau être ridicule, elle n'en est pas moins fondamentale. Elle intervient aujourd'hui dans tous les secteurs de la physique, à l'exception de la gravitation. Cette dernière résiste farouchement aux pressants assauts de la mécanique quantique. Cette incompatibilité, qui est l'un des grands défis de la physique théorique contemporaine, s'appuie sur des raisons « profondes », comme on dit quand on ne veut pas en dire plus.

Max Planck fut extrêmement perturbé par sa propre conclusion. Il mit des années à accepter qu'il pouvait s'agir de quelque chose de plus profond qu'un simple artefact mathématique. C'est « dans le désespoir » (Max Planck, *Physikalische Abhandlungen*, III, p. 398) qu'il vécut la perte — qui allait suivre — des instruments anciens de la raison et leur remplacement par des idées neuves. Sa constante injectait de la discontinuité dans des processus qui avaient toujours été perçus comme étant fondamentalement continus. On considérait comme une évidence que l'énergie pouvait s'échanger en n'importe quelle quantité. Planck fut aussi choqué que si on lui avait dit, par exemple, que la température d'un radiateur pouvait passer de dix à vingt degrés sans passer par aucune température intermédiaire ! Pourtant, il fallut bien se rendre à l'évidence (qui n'en était d'ailleurs pas une !) : le concept de continuité n'est pas un concept absolu. C'est à Planck que revient le mérite d'avoir porté le premier *une-deux* contre la continuité.

En 1905, Einstein conclut le *une-deux* de Planck par un uppercut décisif : il attribue au rayonnement lui-même, et non plus seulement aux seuls échanges d'énergie, une structure corpusculaire. Le rayonnement, essentiellement discontinu, est, d'après lui, formé d'un ensemble de corpuscules transportant chacun un quantum d'énergie. Pour prolonger l'idée de Gamow à propos du beurre, Einstein dirait que non seulement le beurre s'échange dans le commerce par plaquettes d'une demi-livre, mais qu'il est de surcroît préalablement constitué de paquets indivisibles d'une demi-livre.

Mais revenons à Bohr. Celui-ci avait en tête le modèle de Rutherford. Il reprit les travaux de Planck et d'Einstein pour tenter d'établir une relation entre les propriétés connues de l'atome et la théorie quantique naissante. Il repensa le modèle de Rutherford en « quantifiant » — le mot est lâché — les orbites des électrons. Cela le conduisit aux principes suivants :

— A chaque orbite électronique du modèle de l'atome planétaire est attachée une énergie bien déterminée, qui est l'énergie des électrons se déplaçant sur cette orbite, et cette énergie ne peut prendre que certaines valeurs discrètes. Comme dans le cas du rayonnement, elle est « quantifiée », c'est-à-dire qu'elle n'est pas quelconque : à chacune d'elles on peut attacher un nombre entier. Il existe donc des *états quantiques* impossibles à décrire selon les lois de la physique classique, et dont la juxtaposition forme ce que l'on appelle un spectre (voir plus loin).

— Le rayonnement n'est pas émis d'une manière continue, mais seulement lorsqu'un électron passe d'une orbite stationnaire à une autre, c'est-à-dire lors des transitions d'un état quantique à un autre état quantique.

— Si ΔE est la différence d'énergie entre deux états quantiques, la fréquence de la lumière émise lors de la transition de l'une à l'autre est donnée par la formule $\Delta E/h$. Et revoilà la constante de Planck, cette fois au cœur de la matière ! Le quantum s'exporte bien, semble-t-il...

Les électrons d'un atome ne peuvent donc s'assembler autour d'un noyau que selon certains modes bien définis — les états quantiques —, à l'exclusion de tous autres. Dans les conditions normales, c'est le mode qui a la plus basse énergie qui prévaut. L'atome est alors dans son état dit

« fondamental », qui correspond à une configuration stable de plus petite énergie. Tout changement n'est possible qu'en fournissant une quantité d'énergie suffisante pour passer à l'état quantique suivant, situé à un niveau d'énergie supérieur.

On peut se représenter les niveaux d'énergie de l'atome de Bohr en comparant celui-ci à une harpe (l'atome, pas Bohr !). Quand on la pince, chaque corde émet un son bien précis. De même, toutes les fois qu'un électron change d'orbite dans un atome, il se produit une émission d'ondes lumineuses dont l'énergie est bien déterminée. Mais cette analogie a ses limites : les hypothèses de Bohr sont en réalité en complète contradiction avec les lois ordinaires de la physique. Certes, l'électron de Bohr tourne bien autour du noyau, mais ou bien il n'émet aucun rayonnement (c'est le cas lorsqu'il est dans un état quantique), ou bien celui qu'il émet a une fréquence sans rapport avec celle de sa rotation : dans un cas comme dans l'autre, les équations de Maxwell hurlent en silence leur indignation.

A cause des hypothèses de Bohr, un vent violent va souffler sur les équations. Son modèle se nourrit d'un trop curieux mélange de physique classique et de physique quantique (qui n'a pas encore ce nom). Il manque de cohérence. Tant qu'ils sont sur leur orbite, les électrons obéissent aux lois classiques de Kepler, mais lorsqu'ils passent d'une orbite à l'autre, ils obéissent à de nouvelles règles. Comment concilier les deux faces de ce comportement ?

Au fil des années qui suivirent, le modèle de Bohr continua d'être étudié. Que pouvait-il bien signifier ? Les questions jaillissaient à la queue leu leu : quelles causes provoquent le changement d'orbite des électrons ? Peut-on prédire les instants où s'effectuent ces « sauts quantiques » ? L'atome devenait un casse-tête de luxe.

La fréquence du rayonnement émis est déterminée non seulement par l'énergie de l'électron avant l'émission, mais aussi par son énergie après. Comment décrire le déroulement du processus d'émission si le champ rayonné sait à l'avance ce que sera l'état final de l'atome ? A cette question, Bohr répondra qu'il faut renoncer à décrire le processus d'émission comme une histoire qui se déroule continûment dans le temps : il s'agit plutôt d'un bond, d'un *saut* quantique, qu'il faut prendre comme un tout, sans chercher à l'analyser en étapes successives. Finalement, on ne pourrait rien dire du saut quantique, si ce n'est justement qu'on ne peut rien en dire. Mais n'anticipons pas...

4. La notion de spectre ou l'ostentation discrète des atomes

Nous sommes la triste opacité de nos spectres futurs.
MALLARMÉ, *Toast funèbre.*

En 1923, Louis de Broglie étend aux particules matérielles, notamment aux électrons, l'idée de quantum de rayonnement proposée par Einstein. Pour cela, il associe au mouvement d'un électron une « onde fictive » dont la longueur d'onde s'exprime en fonction de la quantité de mouvement de l'électron. De plus, il montre que cette onde associée au mouvement de l'électron fournit une interprétation simple de la condition par laquelle Bohr avait caractérisé les états stationnaires de l'atome d'hydrogène. Cette condition revient à exiger que l'onde de De Broglie se referme sur elle-même après avoir fait un tour complet autour du noyau. L'existence d'états stationnaires, qui était si mystérieuse en mécanique classique, devient recevable si l'on adopte un point de vue ondulatoire. Est-ce encore le signe qu'il sera « payant » de manger à plusieurs râteliers, à celui de l'onde et à celui du corpuscule ?...

Les états stationnaires qu'invoque Louis de Broglie sont l'analogue des modes de vibration des cordes de harpe ou de guitare, nous l'avons déjà dit. L'onde de l'état fondamental de l'atome correspond à la note fondamentale de l'instrument, et les états excités aux harmoniques. Sur une corde vibrante tendue entre deux points fixes, les configurations possibles des ondes stationnaires sont représentées sur la figure 5. On les appelle des modes de vibration. L'onde (a) est la plus familière, elle correspond au mode le plus grave. On peut facilement l'exciter en grattant la corde près du centre. Les autres ondes correspondent à des modes plus élevés qui, dans le cas de la corde, produisent des harmoniques, c'est-à-dire que leur fréquence est un multiple entier de la fréquence du fondamental (ce n'est pas le cas pour les systèmes vibrants plus compliqués). Ces modes de vibration produisent des ondes qui ont une amplitude nulle en certains points de la corde. Ces points s'appellent des nœuds. Ils ne vibrent pas. Quand on gratte une corde de guitare, on excite simultanément plusieurs modes différents. Certaines personnes arrivent même à faire de la musique.

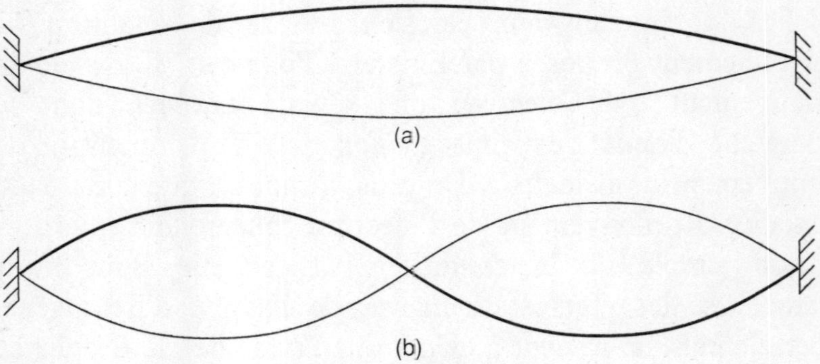

Figure 5. — Ondes stationnaires.

Une corde de harpe en vibration montre des figures simples. La note fondamentale (la plus basse) est obtenue avec la forme (a). La forme (b) donne une note plus haute. Si l'on fait vibrer la corde au hasard, on obtient une superposition de ces deux formes, et aussi des harmoniques supérieurs.

De notre point de vue, le plus important, à propos des modes de vibration, est que leurs fréquences sont restreintes à des valeurs particulières, repérables par des nombres entiers. Autrement dit, ces fréquences ne sont pas quelconques. On dit qu'elles forment un spectre *discret.* Si on les représente sur un graphe, elles se répartissent sur une espèce d'échelle irrégulière où la distance entre deux barreaux consécutifs n'est pas toujours la même. Cette propriété est partagée par toutes les ondes stationnaires, qu'il s'agisse d'ondes acoustiques, d'ondes élastiques ou de n'importe quoi d'autre.

Considérons un électron dans un atome. L'onde par laquelle on le représente possède des modes de vibration, et les fréquences permises forment, comme nous venons de le dire, un ensemble discret de valeurs. Le fait que l'onde stationnaire de l'électron ne possède que certaines fréquences implique que l'électron ne possède que certaines énergies (nous avons vu tout à l'heure comment la constante h de Planck permet de relier fréquence et énergie), qui sont les niveaux d'énergie atomiques. Ils sont tous calculables, du moins en principe.

Il est maintenant possible d'expliquer d'un seul coup deux choses importantes. D'une part, la structure des spectres atomiques : lorsqu'un électron se trouve sur l'un des états d'énergie, il est dans un état stationnaire et ne peut rayonner une quelconque quantité d'énergie dans une onde électromagnétique, car il devrait alors réduire son énergie d'une quantité équivalente. Mais seules certaines énergies sont permises, correspondant aux niveaux atomiques. Il ne peut donc rayonner qu'en émettant une quantité d'énergie assez grande pour le faire descendre à l'un des niveaux inférieurs. L'atome émet alors un quantum de lumière, un photon, dont l'énergie correspond très exactement à l'écart d'énergie entre les deux niveaux. On comprend ainsi que les atomes aient un spectre de lumière structuré en raies séparées.

On comprend d'autre part la stabilité de l'atome. Dans le schéma classique, l'électron est libre de spiraler de plus en plus près du noyau, rayonnant sans limite. Ce n'est plus possible dans le schéma quantique. De même qu'il y a une note la plus basse sur une corde de guitare, il y a une onde stationnaire de plus basse énergie autour du noyau : ce niveau d'énergie est le niveau fondamental. Son existence peut aussi s'interpréter à l'aide du principe de Heisenberg, ainsi que nous le montrerons au prochain chapitre.

Un problème important à résoudre pour le physicien est celui des valeurs numériques que peut prendre une grandeur observable. Par exemple, comment calculer les énergies des états quantiques de l'atome d'hydrogène ? En physique classique, on représente une grandeur physique par une fonction particulière des variables de position et de vitesse, et cette fonction peut prendre *a priori* n'importe quelle valeur numérique. En mécanique quantique, la situation est radicalement autre : une grandeur physique n'est plus représentée par une fonction, mais par un *opérateur*. Par exemple, à la fonction classique (appelée hamiltonien) qui décrit l'énergie de l'atome d'hydrogène correspond l'opérateur hamiltonien. A cet opérateur quantique est associé un « problème aux valeurs propres » : il s'agit de trouver l'ensemble des fonctions telles que l'opérateur agissant sur une fonction redonne la même fonction à un facteur numérique près. Ce facteur numérique, c'est la *valeur propre* associée à l'opérateur. Il appartient au spectre de l'opérateur et correspond à l'une des valeurs observables. Dans le cas de l'hamiltonien, ces valeurs propres correspondent aux niveaux d'énergie que peut prendre un électron.

Quant aux fonctions propres qui sont solutions du problème aux valeurs propres, on les interprète de la façon suivante : si l'électron est dans un certain état quantique d'énergie bien définie, cette énergie, comme nous venons de le voir, est une des valeurs propres de l'opérateur hamiltonien. Le formalisme quantique décrit alors l'électron par la fonction propre associée à cette valeur propre, qu'on appelle sa fonction d'onde. Cette fonction est une fonction des coordonnées d'espace et de temps. Le formalisme de la mécanique quantique donne les règles qui précisent ses propriétés mathématiques ; d'autres règles permettent, connaissant la fonction d'onde, de prédire les résultats fournis par des mesures physiques effectuées sur le système. De ce point de vue, la fonction d'onde apparaît comme étant le catalogue de tous les résultats que pourrait donner une mesure faite sur le système.

En général, la fonction d'onde est continue et étalée dans l'espace. Elle ne donne donc pas la position exacte de l'électron. Mais le formalisme permet, à partir d'elle (précisément par le carré de son module), de calculer la probabilité de trouver l'électron en tel ou tel endroit. Si l'on mesure la position d'un électron, la fonction d'onde qui le décrivait juste avant la mesure, et qui était étalée sur un certain volume d'espace, est brutalement réduite, puisque l'electron apparaît dans une zone très restreinte de l'espace. Parmi tous les lieux où l'électron pouvait apparaître, un seul a été choisi, de façon rigoureusement aléatoire. On dit qu'il y a eu « réduction du paquet d'ondes ». Nous en reparlerons.

Mais tout cela est peut-être un peu trop technique. Retenons pour l'instant que le formalisme de la mécanique quantique interprète l'existence des états quantiques, permet de calculer leur énergie, prédit les résultats des mesures. Et que, tout cela, il le fait magnifiquement.

L'atome est un être *fantomatique*, disait Ernst Mach pour expliquer qu'il n'y croyait pas. Mais alors, une question vient nous hanter : comment Ernst Mach aurait-il réagi si on lui avait dit comment calculer le *spectre* d'un fantôme... ?

V

Le principe de Heisenberg ou le sens de la mesure

Je ne respire pas dans cette incertitude.
RACINE, *Bérénice*, II, 12.

Les historiens des sciences, quand ils essaient de dater le moment où l'on passe d'un état donné de la science à un nouvel état qui ne lui ressemble plus, disent qu'ils n'en ont pas de signe plus certain que celui-ci : le fait que la langue des scientifiques, les mots dont ils se servaient paraissent tout à coup vieillis, insuffisants, parfois même incompréhensibles. Tel fut le destin de deux mots pourtant très ordinaires, des mots sur lesquels tout le monde croyait pouvoir compter, des mots tellement chargés d'histoire qu'on n'hésitait plus à leur attribuer un sens définitif : ces deux vocables sont ceux de *position* et de *quantité de mouvement* ou, si l'on préfère, d'*impulsion*. Dans le langage ordinaire, ce dernier terme est suggestif de quelque chose comme « élan spontané », c'est du moins le sens qu'a retenu la publicité. En physique, l'impulsion d'une particule est quelque chose de très différent, en tout cas de nettement moins apte à déclencher les fantasmes : l'impulsion d'une particule est simplement le produit de sa masse par sa vitesse. Cette variable joue un rôle privilégié dans les équations de la dynamique des corps.

En physique classique, le mouvement d'une particule est entièrement déterminé par la connaissance des forces qui agissent sur lui et par celle des conditions initiales. Il suffit de savoir d'où la particule vient (sa position initiale), avec quelle vitesse elle est partie (son impulsion initiale), et les forces qu'elle a subies. En principe, l'équation du mouvement permet alors de tout dire de sa trajectoire, antérieure ou ultérieure. En physique quantique, les choses ne sont pas aussi nettement déterminées.

Prenons un exemple très simple, celui de l'expérience de pensée dite « du microscope de Heisenberg ». Soit un électron, dont nous savons par hypothèse qu'il est au repos, autrement dit que sa vitesse, et donc son impulsion, sont *exactement* égales à zéro. Supposons que nous voulions connaître sa position. Ce n'est bien sûr pas à l'œil nu que nous la verrons. Il va nous falloir utiliser un microscope. L'ennui, c'est que tous les microscopes donnent des images légèrement floues. Cela est dû non à de remédiables difficultés techniques, mais au fait que les ondes lumineuses sont déformées à la traversée de l'objectif par un effet de diffraction qui tient à leur nature même et qu'on ne peut donc pas faire disparaître. De ce fait, si l'on veut avoir une localisation pas trop mauvaise de l'électron, il faut utiliser une grande lentille et éclairer l'objet par des ondes de petite longueur d'onde, autrement dit de grande énergie. Nous choisirons, par exemple, des rayons γ. Quand un rayon γ heurte un électron, cet électron recule. Après le choc, notre électron aura donc une certaine vitesse. Pouvons-nous la connaître exactement ? Non, hélas, car le recul dont il s'agit ne peut être déterminé que si l'on connaît l'angle de diffusion du rayon à travers le microscope. Or, tout ce que l'on sait, c'est que ce rayon a traversé la lentille quelque part, et nous avons délibérément choisi une lentille aussi grande que possible pour avoir une image qui soit la plus nette possible.

Autrement dit, avant le choc entre le grain de lumière et l'électron, nous connaissions par hypothèse l'impulsion exacte de ce dernier (elle était nulle), mais nous ignorions sa position. Après le choc, nous avons une meilleure connaissance de sa position, mais nous n'avons plus qu'une connaissance approchée de son impulsion.

Ainsi nous nous trouvons devant un choix aux allures de piège, de dilemme cornélien. Ou bien nous diminuons la perturbation apportée à l'impulsion de l'électron en utilisant une lumière de plus grande longueur d'onde (dont les grains sont de moindre énergie), mais nous avons une image très floue. Ou bien nous demandons une image nette et nous déterminons l'image de l'électron de façon très précise, mais au prix d'une grande lentille et d'une lumière de petite longueur d'onde, ce qui ne permet pas de bien connaître l'impulsion de l'électron. Dans tous les cas, nous voyons qu'il est impossible de connaître exactement et simultanément la position et l'impulsion d'un électron. Nous nous retrouvons dans la situation, mainte fois citée, du naturaliste qui voudrait étudier le comportement d'un oiseau qui ne chante que dans l'obscurité. S'il l'écoute, il ne peut le voir ; s'il le voit, il ne peut l'entendre. C'est très frustrant, surtout si l'animal est beau quand il chante.

Il ne faut pas s'imaginer que cette indétermination est liée à l'imperfection de l'appareil expérimental. Indétermination ne signifie pas imprécision. Chaque grandeur prise séparément peut être mesurée avec une précision aussi grande que l'on veut, exactement comme en physique classique. Le problème de l'indétermination ne se pose que si l'on veut mesurer ces grandeurs *simultanément*.

Le microscope à rayons γ que nous venons de décrire n'est qu'un exemple parmi beaucoup d'autres de la manière dont on peut essayer de suivre le trajet d'un électron. Tout autre dispositif serait affecté de la même façon. Il ne faut pas en déduire que nous sommes incapables de déterminer simultanément la position et le mouvement d'un électron, mais bien plutôt que l'électron ne possède pas ces deux attributs simultanément. Ces deux concepts, pris ensemble, n'ont pas de sens pour l'électron. Ce qui est vrai pour l'électron l'est aussi pour toutes les autres particules, de même que pour l'atome pris dans son ensemble.

Nous ne sommes guère capables de nous représenter un objet n'ayant pas une position et une vitesse bien définies. La physique quantique correspond donc bien à une crise de la *représentation* des objets physiques. Le quantum brise volontiers les images, violente les intuitions et interdit les métaphores. C'est un iconoclaste. A cause de Heisenberg et des autres, personne ne peut aujourd'hui dire qu'il sait dessiner un atome : le formalisme ne renvoie pas à des réalités repérables. Et pourtant, notre prédiction des phénomènes atomiques est d'une extraordinaire précision. Nous calculons fort bien des phénomènes que nous sommes incapables de nous représenter. Nous pouvons en concevoir de l'agacement, mais la sagesse réside peut-être dans une calme acceptation de cet état de choses. La philosophie quantique préconiserait-elle un renoncement tempéré ? C'est à voir. Nous reviendrons plus loin sur cette question.

L'indétermination dont nous parlons peut être exprimée d'une façon quantitative. Le moment est donc venu de présenter, avec toute la solennité qui s'impose, la seule expression mathématique de ce livre (hormis l'incontournable $E = mc^2$, dont Bernard d'Espagnat parlera plus loin). Cette formule élémentaire ne doit pas effrayer, et notre lecteur non féru de mathématiques n'a aucune raison objective de déserter à cette étape de notre propos. Il doit la considérer comme un moyen simple et condensé d'exprimer quelque chose de très profond. Est-il prêt ? Oui, Alors, allons-y ! Si nous décidons d'appeler x la position de la particule et p son impulsion, Heisenberg nous dit simplement que :

$$\Delta x \, \Delta p \geqslant h/2\pi$$

Dans cette expression, Δx désigne l'indétermination sur la position de la particule, Δp l'indétermination sur l'impulsion de la particule, et $\Delta x \, \Delta p$ le produit des deux indéterminations en question. Quant à h, c'est la constante de Planck, qu'on peut s'étonner de retrouver en pareille compagnie. Nous l'avions vue apparaître à propos des échanges d'énergie entre le rayonnement et la matière, et la voilà maintenant qui se mêle incongrûment à des histoires de position et d'impulsion. On aura tout vu !

Si on prend l'inégalité de Heisenberg d'un point de vue naïf, elle nous dit que le produit de l'incertitude sur la position par l'incertitude sur l'impulsion est plus grande que la constante de Planck divisée par 2π. Plus la vitesse d'une particule serait connue avec précision, moins sa position serait connue, et vice versa. Donnons un exemple pour fixer les ordres de grandeur : supposons que nous sommes à Saclay, dans un laboratoire, et que nous connaissions la localisation d'un électron à un angström près, c'est-à-dire à un dixième de milliardième de mètre près (c'est typiquement le diamètre d'un atome). Dans ce cas, l'incertitude sur l'impulsion est telle qu'il n'est pas impossible qu'une seconde plus tard l'électron soit à 1 000 kilomètres de son « point » de départ, c'est-à-dire nettement en dehors de nos frontières... C'est en ces termes que certains énoncent le principe d'indétermination de Heisenberg, et c'est généralement sous cette forme qu'il est vulgarisé. A première vue, ce principe défie l'objectif que s'était donné la science, celui d'une connaissance toujours plus fine des choses. Tout se passerait comme si la constante de Planck édifiait une sorte de barrière, ou plutôt d'horizon, qui limite notre connaissance de la réalité.

L'interprétation la plus répandue de ce principe en fait une lecture un peu différente : elle évite de parler d'*incertitude* à propos de cette relation de Heisenberg, car ce terme est porteur de trop de malentendus. Simplement, elle remarque que si l'on ne peut pas connaître, par la mesure, la position et la vitesse d'une particule, c'est tout simplement parce qu'on lui pose une mauvaise question. En effet, parler d'incertitude à propos de la position ou de l'impulsion, c'est implicitement supposer qu'on peut connaître celles-ci exactement. Or, ce que montre l'inégalité de Heisenberg, c'est qu'il est illégitime de prétendre caractériser une particule quantique par les mêmes attributs qu'un corpuscule classique. Ce qui est sacrifié dans cette affaire, c'est seulement l'idée de « petite boule ». Le jeu de billard — c'est maintenant tout à fait sûr — ne nous aidera guère à comprendre le ludique petit monde des particules.

Le concept de particule dotée d'une position et d'une vitesse bien définies n'est donc qu'une représentation de la réalité qui a ses limites, ses défauts, ses lacunes. D'une façon générale, il ne faut pas confondre une représentation de la réalité avec la réalité elle-même : « *le concept de chien n'aboie pas* », remarquait déjà Spinoza dont l'histoire ne dit d'ailleurs pas s'il avait un chien. En définitive, l'inégalité de Heisenberg apparaît non plus comme une limitation de notre pouvoir de connaître, mais comme une limitation de la représentation corpusculaire des particules. Elle indique la limite de validité des concepts classiques en nous montrant « jusqu'où on peut aller trop loin » avec eux.

Si la constante de Planck était strictement nulle, les concepts de vitesse et de position seraient en toutes circonstances parfaitement déterminés. Mais la nature a manifestement fait un autre choix. Certes, la constante de Planck est suffisamment petite pour que nous ayons pu forger en toute bonne foi, par l'observation du monde macroscopique, les concepts de vitesse et de position, mais elle est assez grande pour que ces concepts n'aient plus cours dans le monde microscopique. Là, tout se passe, vu « d'en haut », comme si la constante de Planck criait à l'adresse des malheureux physiciens : « *Ô vous qui faites ces mesures, sachez que vous n'irez pas plus loin !* »

En raison de cette inégalité, il est impossible d'attribuer un chemin ou une trajectoire bien définis à une particule. Nous sommes pourtant habitués à l'idée que les corps décrivent dans l'espace des trajectoires que la géométrie peut définir : la Terre décrit une trajectoire elliptique dont le Soleil occupe un foyer ; un ballon de football peut décrire une trajectoire compliquée, mais nul ne doute que celle-ci soit réelle. D'ailleurs, le fait qu'elle existe facilite la récupération du ballon par les joueurs et permet d'établir un score sans ambiguïté. La trajectoire du ballon l'a — ou ne l'a pas — conduit au fond des filets ! Nous en déduirons que le football, comme nous le soupçonnions, ne relève sans doute pas de la mécanique quantique... même si l'échange d'un ballon rond lors d'une passe ressemble fort à celui d'un quantum d'interaction !

D'une façon générale, nous ne doutons pas que le point d'arrivée d'une particule matérielle soit relié à son point de départ par un chemin qui relie entre eux tous les points intermédiaires. Mais, comme nous venons de le voir (et nous l'avions déjà vu avec l'expérience des fentes de Young), il n'existe pas de trajectoire bien définie pour l'électron. Il est en particulier interdit d'imaginer que dans l'atome les électrons tournent autour du noyau comme une planète tourne autour du Soleil. *Exit* le système planétaire et ses orbes cristallins !

La stabilité de l'atome, comme nous l'annoncions au chapitre IV, est une conséquence du principe d'indétermination de Heisenberg. L'existence d'un état fondamental lui est liée. Pour diminuer son énergie, l'électron doit s'approcher du noyau et rester confiné à proximité, ce qui augmente l'indétermination sur son impulsion. Dire que son impulsion est largement indéterminée signifie que celle-ci peut être grande. L'augmentation de l'énergie cinétique associée à son mouvement finit par excéder la diminution d'énergie électrique obtenue en se rapprochant très près du noyau, et il n'est plus possible de diminuer l'énergie totale, qui est la somme des énergies cinétique et électrique. Cela correspond à l'état fondamental. En d'autres mots, l'indétermination quantique équipe l'électron d'une sorte de bouée qui l'empêche de descendre « plus bas ». Il ne peut plus tomber sur le noyau. Nous voilà soulagés.

Le principe de Heisenberg a une autre conséquence d'importance. La description classique de la nature reposait sur la détermination d'une ligne de séparation fixe entre d'un côté l'objet, de l'autre le sujet. On pouvait donc se permettre de négliger le phénomène de l'observation. Le système étudié demeurait indépendant, supposait-on, des mesures effectuées sur lui. A cause de cette coupure, les images et les représentations formées par l'esprit humain trouvaient une application non ambiguë. Ce n'est plus le cas avec l'atome. L'action exercée par les conditions de l'expérience sur les processus atomiques est incontrôlable, et il est impossible d'opérer une soustraction qui permettrait de retrouver la manifestation « pure ». On dit, pour résumer la chose qu'il y a du « flou quantique ».

Voilà pour la philosophie de l'affaire. Mais ce n'est pas tout. Le principe de Heisenberg a aussi des conséquences pratiques inestimables. Les physiciens d'aujourd'hui l'utilisent surtout comme pompe à finances, chaque fois qu'ils doivent justifier les accélérateurs gigantesques qu'ils réclament : si l'on veut étudier, expliquent-ils doctement aux contribuables ou à ceux qui les représentent, le comportement de la matière à une échelle encore plus petite, on doit pouvoir explorer des domaines de dimensions de plus en plus faibles. Or, pour qu'une particule puisse servir de sonde dans un domaine de dimension d, il faut qu'elle puisse être localisée dans un volume de taille inférieure, autrement dit que son extension spatiale propre Δx soit plus petite que d. D'après l'inégalité de Heisenberg rappelée ci-dessus, cela exige que son spectre de quantité de mouvement ait une largeur supérieure à $h/2\pi d$. Ce spectre doit donc s'étendre au moins jusqu'à une quantité de mouvement $h/2\pi d$, d'autant plus grande que d est plus petit, c'est-à-dire que le domaine à explorer est plus restreint. Autrement dit, plus l'objet qu'on veut étudier est petit, plus l'impulsion (ou l'énergie) de la particule-sonde doit être élevée, et plus grand (et plus cher) l'accélérateur nécessaire pour la produire.

Notons qu'il y a là comme un paradoxe : l'étude d'objets minuscules exige des scalpels gigantesques. Pour voir les choses en finesse, il faut taper fort sur l'enclume du réel.

« Cela fait partie de mes principes », aurait ajouté Heisenberg, probablement avec détermination !

VI

Le principe de superposition ou la quintessence quantique

Je ne troublerai pas l'onde mystérieuse.
Paul VALÉRY, *Fragments de Narcisse.*

Avant l'irruption de la constante de Planck, la majorité des physiciens, tout comme l'homme de la rue, considérant une particule de matière supposée isolée des autres, n'hésitaient pas à lui attribuer par la pensée des caractéristiques individuelles bien définies telles que position, vitesse ou toute autre propriété interne. Que ces caractéristiques fussent connues ou inconnues, peu leur importait. Ils étaient convaincus que ces propriétés étaient bien celles de la particule, et que la particule les avait de toute façon, même en l'absence d'observateurs. La particule, avec toutes ses propriétés, était donc une « chose » en soi. Elle existait intrinsèquement, tout comme les pierres ou les arbres. C'est cette conception classique de l'objectivité que Bernard d'Espagnat qualifie de « forte ». Donnons un exemple plus précis : quand on dit que *deux charges électriques de même signe se repoussent*, on est objectif au sens *fort* du terme. Ce qu'on énonce est supposé porter sur les choses elles-mêmes, indépendamment de notre rapport à elles. Il se trouve que la plupart des énoncés de base de la physique classique sont à objectivité forte. Elle voit l'univers comme une grosse mécanique indépendante de nous, compliquée certes, mais dont les pièces et les rouages sont susceptibles d'être décrits par elle.

Cette conception traditionnelle de l'objectivité n'a de sens que si l'on tient pour évidente la notion d'une réalité physique indépendante de nos facultés, et accessible, au moins en partie, à notre connaissance. Elle part donc d'un point de vue réaliste : une réalité existe antérieurement à toute observation. Le but naturel de la physique est alors simplement de décrire le plus exactement possible cette réalité, composée d'objets qui sont supposés indépendants de la manière dont nous la connaissons. Des physiciens comme Planck ou Einstein pensent qu'il est possible aux hommes, même s'ils sont limités par leur nature, de retrouver la constitution des choses elles-mêmes, ou — comme l'affirme Planck — d'atteindre « *l'absolu, l'universellement valable, l'invariant qui s'y cache* ». Dans cette conception, la physique s'apparente à une version moderne de la quête du Graal. Il s'agit pour elle de dévoiler les secrets de celui qu'Einstein appelait « le Vieux », avec l'espoir d'aboutir ultimement à une vision *authentique*, et si possible *esthétique*, de la réalité objective. « *Dieu est parfois compliqué*, reconnaissait Einstein, *mais il n'est pas malfaisant.* » On devrait donc pouvoir y arriver un jour, à ce dévoilement !

Comme on a commencé de le voir, la mécanique quantique ne s'accorde pas bien à cette vision des choses. Reprenons l'exemple du modèle de Bohr, très instructif de ce point de vue. Il nous montre comment, en physique, le travail de la critique peut détruire les images et les modèles. Ces derniers n'apparaissent au bout du compte que comme des intermédiaires à partir desquels on ne peut extirper que des concepts abstraits, impossibles à représenter par des images. Nous avons déjà dit au chapitre IV que le modèle de Bohr n'est pas « vrai », du moins qu'il ne faut pas prendre sa description de l'atome trop à la lettre : les orbites des électrons sont difficilement rapportables à un mouvement réel dans l'espace ; la notion de trajectoire semble se dissoudre à l'intérieur de l'atome ; on doit renoncer à explorer le caractère de soudaineté et de discontinuité qu'implique l'idée de saut quantique, l'électron ne semblant pas être localisé de la manière suggérée par cette image. En définitive, si l'on essaie ainsi de faire un bilan critique du modèle de Bohr, on se rend compte que toutes les images qu'il contient doivent être détruites. Est-ce à dire qu'il n'aura servi à rien ?

La réponse, bien évidemment, est négative. Car ce que nous venons de rencontrer ici, dans cette histoire turbulente de l'imagerie de l'atome, n'est rien de moins qu'une démarche caractéristique de la physique. L'idée qui la sous-tend est très efficace, donc très utilisée. Elle consiste à abstraire un principe formel à partir d'un modèle. On part d'une image plus ou moins concrète, puis on tente d'isoler le principe abstrait qui la fonde.

Les physiciens Gell-Mann et Telegdi ont inventé à ce sujet une appétissante analogie, qu'ils ont utilisée à propos d'une tout autre question, mais qui s'applique très bien ici : il s'agit d'une recette de cuisine (d'après eux typiquement française, mais nous n'avons pas vérifié !) qui consiste à cuire une tranche de veau entre deux ailes de faisan. Dans le veau est ainsi créé, affirment-ils, un arôme délectable (là non plus, trois fois hélas, nous n'avons pas eu l'occasion de vérifier...). Ensuite, on jette le faisan et on sert le veau exquisément parfumé. Le faisan a donc finalement contribué au mets non pas directement par sa chair, mais par la quintessence de celle-ci. Bien que le faisan soit absent du plat au moment où celui-ci est servi, sa présence au cours de la préparation aura été essentielle[1].

1. Ce principe culinaire, nous a-t-on dit, est présent dans bien d'autres recettes françaises, mais l'auteur doit confesser en la matière une incompétence crasse qui, croyez-le bien, fait sa honte.

1. L'essence du concept d'onde

Voilà le nœud secret de toute l'aventure ?
MOLIÈRE, *L'Étourdi*, II, 4.

Soyons iconoclastes : transposons le principe de cette recette de cuisine à la physique. Ceux qui ne voient dans cette dernière que « l'ensemble des recettes qui marchent » auront tôt fait de nous encourager. Choisissons comme faisan, c'est-à-dire comme modèle de départ, le modèle ondulatoire, autrement dit la notion d'onde en général. Entendons-nous bien : il ne s'agit plus de discuter s'il y a différentes formes d'ondes, mais de parvenir à saisir ce qu'elles ont toutes en commun. Pour trouver l'arôme, le fumet, la quintessence de cette notion, cherchons une propriété des ondes qui ne soit pas particulière à tel type d'onde ou à tel autre, mais qui leur soit commune à toutes. Nous en trouvons aisément une, qui est que *la superposition de deux ondes particulières et du même type est aussi une onde*. Voilà une propriété que le cartel des ondes détient en exclusivité (deux boules ou deux corpuscules sont bien incapables de se superposer, c'est d'ailleurs très appréciable pour jouer au billard) et qui est bien conforme à l'expérience courante. Songeons aux ondes que nous pouvons créer sur un étang bien calme. Si nous agitons un bâton dans l'eau à un certain endroit, nous créons des ondes concentriques à partir de ce lieu. Si nous agitons le bâton à un autre endroit, nous créons un autre système d'ondes, centré cette fois sur cet autre endroit. Si maintenant nous agitons simultanément un bâton en chacun de ces deux endroits, nous engendrons un système d'ondes plus complexe, formé par l'interférence des deux premiers, mais qui est également ce qu'on appelle une onde, c'est-à-dire un mode d'oscillation de la surface ; et cette onde est obtenue par le procédé que l'on appelle « superposition ». Mathématiquement, il est on ne peut plus élémentaire : il consiste tout simplement à faire l'addition, en chaque point de l'étang, des amplitudes des ondes composantes, fonctions elles-mêmes des coordonnées spatiales de ce point et du temps.

Cette idée est générale. Nous avons pris l'exemple des ondes sur l'eau, mais le même principe de superposition s'applique aussi bien à n'importe quel autre type d'onde, tout à fait indépendamment de la matière de leur support. Nous pouvons donc penser que nous avons trouvé en lui ce fameux arôme que nous cherchions.

Passons à table donc, voyons si cet arôme est bon et ce que l'on peut en faire.

2. Simple affaire de principe, en somme

Pourquoi ces choses et non pas d'autres ?
BEAUMARCHAIS,
Le Mariage de Figaro, V, 3.

Selon la démarche que nous nous sommes proposé de suivre, c'est cette quintessence qu'il convient maintenant d'abstraire du modèle. Il est temps de jeter le faisan, au moins de l'oublier. Ne pensons même plus aux diverses ondes particulières dans l'air ou sur l'eau. Ne gardons présentes à l'esprit que les propriétés formelles très générales de toutes ces ondes, c'est-à-dire essentiellement le principe de superposition que nous venons de décrire. Nous conviendrons donc de représenter les états physiques d'une particule par des entités — appelons-les a, b, c... — dont on se bornera à exiger deux propriétés, ce qui n'est pas grand-chose :

1) D'abord que l'on sache ajouter ces entités entre elles, le résultat étant une entité du même type.

Cette propriété est évidemment nécessaire pour que la superposition soit possible.

2) Ensuite que l'on sache multiplier ces entités par un nombre. Dans le modèle original, cela a en effet un sens de parler d'une onde d'amplitude double ou triple d'une onde donnée, quelle que soit la nature de l'onde en question : nous avons donc là un des arômes à conserver.

En mathématiques, un ensemble de telles entités est appelé *espace vectoriel*, et ses éléments sont appelés des *vecteurs*. Désormais, nous appellerons donc les entités a, b, c des *vecteurs d'état*. Ces vecteurs d'état sont une extension du concept de fonction d'onde présenté au chapitre IV.

La description des états physiques par des vecteurs d'état, ou, si l'on préfère, l'affirmation équivalente que le principe de superposition leur est applicable, est l'idée fondamentale de la mécanique quantique. Il est surprenant de constater qu'une idée aussi dépouillée, un postulat aussi simple aient conduit à des progrès si considérables. Mais — car il y a un mais ! —, pour simple qu'elle soit du point de vue qui est ici le nôtre, une telle idée est pourtant très éloignée du sens commun. En apparence d'abord anodine, elle se révèle choquante après examen. Pour nous en rendre compte, regardons la situation suivante, qui permettra d'aborder de plain-pied la lancinante question quantique.

3. Les nœuds de la question quantique

Vous voilà sur les bras une fâcheuse affaire.
MOLIÈRE, *Le Misanthrope*, I, 3.

Imaginons une particule élémentaire, indivisible, susceptible d'exister dans deux états différents. A chacun de ces deux états nous faisons correspondre les vecteurs d'état *a* et *b* respectivement[1]. Ces états spécifient l'état interne de la particule. Supposons que cette particule pénètre en venant de la gauche, en suivant un canal I, dans l'appareil schématiquement représenté par la figure 6. Cet instrument est lui-même conçu de telle sorte que, par l'entremise de dispositifs non représentés sur la figure, la particule soit dirigée dans le canal A si elle se trouve dans l'état *a*, et dans le canal B si elle se trouve dans l'état *b*. En conséquence, si nous savons *a priori* que la particule est soit dans l'état *a*, soit dans l'état *b*, l'observation de sa position à la sortie nous apprend laquelle de ces deux possibilités est réalisée.

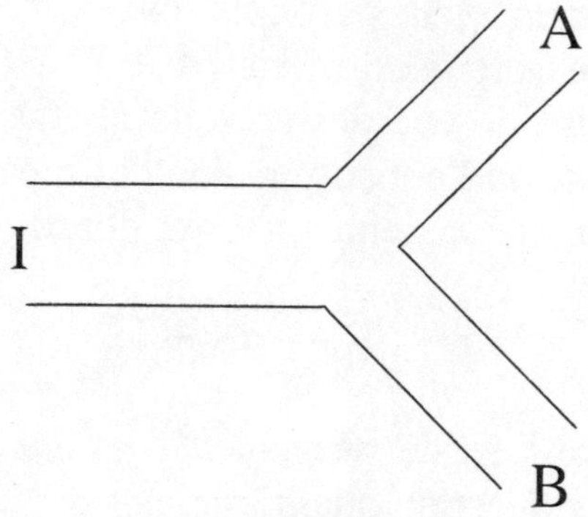

Figure 6

Pour décrire l'état de la particule du point de vue spatial, c'est-à-dire pour spécifier si elle est dans l'un des trois canaux *I*, *A* ou *B*, nous utiliserons également des vecteurs d'état que nous désignerons par les lettres I, A ou B. Pour décrire l'ensemble des données, spatiales et internes, nous formerons tout simplement les produits de ces vecteurs *I*, *A* ou *B* avec les vecteurs d'états internes *a* et *b*. Vous allez voir, c'est un jeu d'enfant. Par exemple, une particule qui est encore située dans le canal d'entrée I et qui se trouve

1. Pour ceux de nos lecteurs qui ont déjà entendu parler du *spin*, ces deux états a et b pourraient être par exemple les états « spin en haut » et « spin en bas » d'une particule de spin 1/2.

dans l'état interne *a* sera tout simplement décrite par le produit *aI*. Dans ces conditions, les effets des dispositifs que nous avons imaginés peuvent être symboliquement traduits par les formules :

$$aI \rightarrow aA$$
$$bI \rightarrow bB$$

Ces formules ne font que transcrire ce qui vient d'être dit à propos de l'action de l'appareil sur la particule.

Appliquons maintenant notre principe de superposition. Il nous apprend que l'état décrit par $a + b$ est *aussi* un état interne possible de la particule. Supposons alors que, dans une autre expérience, la particule soit justement dans cet état, c'est-à-dire soit décrite par $(a + b)I$. Que va-t-il lui arriver ? Du point de vue des vecteurs d'état, la réponse est immédiate, puisqu'on l'obtient en ajoutant membre à membre les deux relations précédentes, ce qui donne :

$$(a + b)I \rightarrow aA + bB$$

Seulement voilà : que peut bien signifier le membre de droite ? Toute la question quantique, mesdames et messieurs, est *là* ! On voit bien qu'elle est délicate. La particule, nous l'avons dit, est supposée indivisible. Il n'est donc pas question qu'elle se répartisse comme le ferait un fluide entre A et B. Autrement dit, si on cherche à la voir, on l'observera soit dans le canal A, soit dans le canal B, mais pas un peu dans chacun des deux canaux.

Une interprétation possible *a priori* consisterait à dire que, dès qu'elle parvient à l'embranchement de la figure 6, la particule se dirige soit dans A en prenant l'état interne *a*, soit dans B en prenant l'état interne *b*. Mais cette interprétation ne tient pas, comme on s'en rend compte en supposant que l'expérience est répétée un très grand nombre N de fois avec, chaque fois, recombinaison des faisceaux venant de A et B en I' (voir figure 7). Cela nous conduirait à dire que l'état final est décrit, pour la moitié des cas, par aI', et, pour l'autre moitié, par bI', autrement dit qu'il représente un simple mélange des deux états a et b. Or, on montre facilement (grâce à un tout petit peu de mathématiques) que la valeur moyenne d'une certaine grandeur physique liée à la particule, si on la calcule au moyen de cette hypothèse, n'est pas celle qui résulte de la considération de l'état unique $(a + b)I'$. Les deux états ne sont donc pas équivalents. Du point de vue des principes, ce résultat négatif est extrêmement important. C'est même le plus fondamental de tous ceux que nous avons présentés, parce qu'il contient le germe de toutes les difficultés qu'il y a à interpréter la physique quantique. Ce résultat nous apprend en effet que l'état de superposition quantique $(a + b)$ n'est ni un mélange, ni une coexistence des états a et b. Il est d'une autre nature.

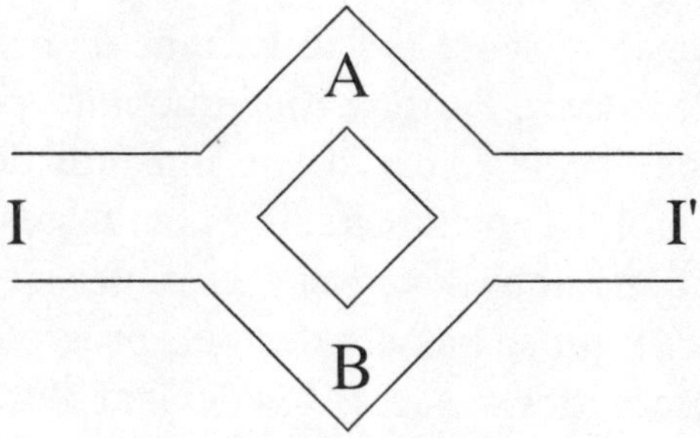

Figure 7

« Quelle est donc l'interprétation correcte de la relation $(a + b)I \rightarrow aA + bB$? » allez-vous me dire. « Interrompez, s'il vous plaît, ce suspense intolérable ! » Eh bien, je vous le dis, elle tient dans l'affirmation que si l'on répète N fois l'expérience originale (figure 6) à partir de l'état interne $a + b$ et en observant la particule à la sortie, on la trouvera grosso modo N/2 fois dans l'état a et dans le canal A, et N/2 autres fois dans l'état b et dans le canal B. Cela veut dire que nous savons évaluer la probabilité — **mais seulement la probabilité** — que, par exemple, la particule soit trouvée après traversée en tel ou tel lieu, et dans tel ou tel état interne. Mais **on ne peut plus dire**, et c'est là une remarque capitale, **que cette particule *se trouvait* déjà en ce lieu juste avant la mesure, et donc que ce soit là une propriété qu'elle *possédait* indépendamment de l'observation**[1].

On ne doit pas tenter de se former une image prétendument plus « objective » de ce qui se passe dans l'intervalle de temps qui précède lesdites observations. Si, procédant naïvement, on tente de se former une telle image, on fait des prédictions erronées concernant certains résultats d'expériences (recombinaison des faisceaux) et on tombe dans des contradictions analogues à celles que nous avons citées. Autrement dit, on se trompe chaque fois que l'on essaie d'en dire davantage que ce que nous venons de dire. Gare donc aux précisions abusives ! La sémantique quantique est une sémantique minimale.

Il faut donc se résigner : si le vecteur d'état (la fonction d'onde) contient toute l'information que nous pouvons avoir sur le système étudié, alors il est illusoire de vouloir en savoir plus qu'il ne peut dire. Les coulisses du réel, si coulisses il y a, ne nous sont pas accessibles. Demander que l'on décrive « ce qui se passe » dans un processus quantique entre deux observations successives devient alors une contradiction, puisque le mot *décrire* se réfère à l'emploi des concepts classiques, alors que ces concepts ne peuvent être appliqués qu'aux points d'observation.

C'est justement après s'être convaincu de la difficulté d'un tel exercice que Richard Feynman, Prix Nobel de physique, a cru bon d'avertir ceux qui seraient tentés de s'y livrer : « *Je pense qu'il vaut mieux dire tout de suite que personne ne comprend la mécanique quantique... Si vous le pouvez, évitez de vous dire : "Mais comment peut-il en être ainsi ?", sinon vous serez submergés, noyés et entraînés vers*

1. C'est l'auteur qui souligne.

un gouffre dont personne encore n'a réussi à s'échapper. Personne ne sait comment il peut en être ainsi. »

Cette remarque, peu nuancée, il est vrai, va dans le sens de ce que disait Simone Weil à propos de la théorie de la relativité restreinte : « *La théorie est simple dès qu'on renonce à la comprendre.* » Nous voilà donc doublement prévenus : si nous nous contentons d'observer ou de prédire comment la nature se comporte, alors nous pouvons la trouver simple et lisible ; si nous persistons à vouloir la connaître plus en profondeur, si nous tentons de déchirer ses voiles, alors nous exposons nos neurones à de vives (et vaines ?) fatigues.

L'expérience que nous avons décrite soulève un autre problème, celui de la mesure en mécanique quantique. L'interprétation courante explique que le système qui est décrit par la superposition $a + b$ saute brusquement dans un état bien défini (soit l'état a, soit l'état b) au moment où il devient l'objet d'une mesure. La mesure détruit donc la superposition quantique. Elle oblige la particule à « prendre position », au sens propre comme au sens figuré. De quoi cette réduction du paquet d'ondes procède-t-elle ? A-t-on le droit de plaquer sur le formalisme une telle recette ? Nous reviendrons sur cette question, qui est colossale, au chapitre VII, sans bien sûr prétendre la résoudre. Donnons simplement dès maintenant une idée de sa portée à l'aide d'un exemple inventé par Louis de Broglie en 1959.

De Broglie nous propose de considérer une boîte dans laquelle on a placé un électron. Avant de faire une quelconque observation, la probabilité de trouver l'électron est grosso modo la même partout dans la boîte, puisque la fonction d'onde qui le décrit s'étale dans tout le volume de la boîte. Supposons maintenant que nous scindions la boîte en deux parties A et B, grâce à une double cloison à glissières. Nous avons envie de dire qu'aussitôt après la séparation, l'électron est soit dans la boîte A, soit dans la boîte B. Pourtant, la fonction d'onde de l'électron est non nulle dans la boîte A et non nulle dans la boîte B. Elle le décrit comme une espèce de fantôme dilué dans les volumes des deux boîtes A et B. Si la fonction contient tout ce que l'on peut savoir de l'électron, autrement dit si le formalisme de la mécanique quantique est complet, alors nous ne pouvons pas évoquer une meilleure localisation spatiale de l'électron que celle-ci. En particulier, nous ne pouvons pas dire que l'électron *est* dans une seule des deux boîtes tant que nous ne sommes pas allés l'y voir (nous rencontrons là l'idée déjà évoquée que la physique quantique est non locale). La connaissance de la fonction d'onde de l'électron dans chacune des boîtes nous permet simplement de calculer la probabilité d'observer l'électron dans A ou dans B. Mais pas plus. « Maudit soit cet électron que la pensée ne saisit pas ! » protestent les esprits qui aiment saisir les choses dans leur entier.

Si nous faisons une observation, bien sûr, l'électron ne nous apparaît que dans une seule des deux boîtes. Ce que l'interprétation courante de la physique quantique nous oblige à admettre, c'est que la fonction d'onde s'annule aussitôt dans l'autre boîte, même si les deux boîtes ont été préalablement éloignées l'une de l'autre.

L'électron nous apparaît comme un corpuscule ayant une position bien définie, mais, avant cela, il était mathématiquement décrit comme « quelque chose » d'étalé dans les deux boîtes. L'observation s'est donc accompagnée d'une modification de la description mathématique de l'électron.

Considérer, comme le souffle notre bon sens, que l'électron était déjà dans la boîte avant d'y être détecté, c'est refuser l'interprétation orthodoxe de la mécanique quantique. C'est nier que le formalisme quantique puisse être complet. C'est considérer que la fonction d'onde ne nous dit pas tout, qu'elle oublie des éléments de réalité. Ce point sera discuté plus à fond au chapitre VIII.

4. L'interprétation de Copenhague, ou l'art de mettre de la mesure en toutes choses

Il lui proposa de faire le voyage de Copenhague, et lui en facilita les moyens.
VOLTAIRE, *Candide.*

Nous venons de présenter la substance de ce qu'on appelle la mécanique quantique « orthodoxe ». Celle-ci reconnaît que les probabilités d'observation qu'elle permet de calculer sont vraies pour n'importe quel observateur et, en ce sens-là, elle est une théorie tout à fait objective. Pourtant, comme nous venons de le voir, l'opération de mesure joue un rôle crucial dans l'énoncé des principes mêmes. Les descriptions de l'appareil et du protocole de mesure interviennent explicitement dans la compréhension de n'importe quel phénomène, ce qui donne à l'opération de mesure un statut très spécial, inédit dans l'histoire de la physique. C'est là d'ailleurs un des points clés de l'interprétation de Copenhague, qui fut parrainée par Niels Bohr : il le formalisa en disant qu'aucun phénomène ne peut *« être interprété comme fournissant des informations concernant des propriétés qu'auraient les objets eux-mêmes [independent properties of the objects] »* (Niels Bohr, *Atomic Physics and Human Knowledge*, 1958). La notion de « phénomène » prend donc le pas sur celle de « réalité ». Cette dernière ne relève d'ailleurs pas explicitement de la physique, évacuée qu'elle est dans le champ de la métaphysique. Du point de vue de Niels Bohr, la recherche du réel est apparemment un safari sans espoir, une utopie dépassée. C'est même une entreprise dénuée de sens.

Dans sa réponse à l'article EPR (voir chapitre VIII), Bohr explique qu'il est impossible d'obtenir une séparation bien nette entre le comportement des objets atomiques et leur interaction avec les appareils de mesure qui définissent leurs véritables conditions d'existence. En clair, cela signifie que la vitesse d'une particule, par exemple, n'est pas une propriété de la particule, mais une propriété partagée entre la particule et l'instrument de mesure. Il n'y a donc pas de sens à lui attribuer une valeur si les conditions de la mesure ne sont pas remplies. De cela, Bohr déduit que l'on doit bien se garder de tout raisonnement sur la réalité objective non observée.

Ce rôle de l'observateur est en toute rigueur irremplaçable. Entendons-nous bien : le mot « observateur » est ici à prendre dans son sens générique. Il importe peu de savoir si c'est Pierre, Paul, Jacques ou Gustave qui fait la mesure. Le mot « observateur » ne réfère pas à tel ou tel individu particulier. Ce qui compte, c'est de savoir si, oui ou non, une mesure a bel et bien été faite, et de connaître le type de mesure dont il s'agit. Comme on l'a vu avec l'expérience des deux fentes, ce sont les conditions de l'expérience qui déterminent si c'est l'aspect ondulatoire ou l'aspect corpusculaire d'une particule qui se manifeste. Élaborer des énoncés sur les « particules elles-mêmes » n'est donc pas possible. En physique quantique, la valeur d'une grandeur n'est définie, on vient de le voir, que par la mesure. Tant qu'on ne fait pas de mesure, la grandeur n'est connue que par la probabilité qu'une éventuelle mesure qu'on ferait d'elle donne telle ou telle valeur.

La grande leçon de la physique quantique est que les phénomènes physiques sont en quelque sorte *définis* par les questions que nous posons à leur sujet. C'est en poussant ce principe à l'extrême que des physiciens comme John Archibald Wheeler sont arrivés récemment à une conception qu'ils appellent *« the it from bit »*. Cet épitomé aux allures de slogan condense leur idée que tous les éléments du monde physique, chaque particule, chaque champ de force, l'espace-temps lui-même, bref, que tous les *« it »* (ça) n'acquièrent leurs propriétés, leur sens et aussi leur existence qu'en répondant par oui ou par non aux questions qui leur sont posées *(« bit »)*. Le concept de choix binaire étant à la base de la théorie de l'information, d'autres théoriciens, tel David Deutsch, tentent de reformuler les principes de la mécanique quantique à l'aide de cette dernière. C'est une affaire à suivre dans les années qui viennent, ne serait-ce que pour les répercussions qu'un tel rapprochement pourrait avoir dans le domaine de l'informatique (voir David Deutsch, « Quantum computation », *Physics World*, juin 1992, pp. 57-61).

Pour l'instant, retenons que la physique quantique ne vise pas la réalité elle-même, mais plutôt notre interaction avec elle. Son objet est de dire *ce que nous pouvons dire* de la nature, non *ce qu'est* la nature.

Si réalité il y a, la physique quantique ne la voit qu'« en situation ».

5. Deux gabarits d'objectivité : la forte et la faible

Nous n'avons aucune communication à l'être.

MONTAIGNE, *Essais*, II, 12, « Apologie de Raymond Sebond ».

C'est en ce sens que Bernard d'Espagnat dit que la physique moderne n'est qu'à « objectivité faible ». Puisque le formalisme qui la sous-tend fait directement appel à la notion d'opération de mesure, remarque-t-il, on ne peut pas en donner une formulation convaincante où il ne serait nulle part question d'observateurs et d'instruments. Il faut donc considérer que la connaissance scientifique a maintenant un « sujet », et reconnaître que le couplage entre ce sujet connaissant et l'objet connu est formellement insécable. L'objectivité faible prend en compte cette nouvelle donne, qui retire l'observateur de la position de « survol » où la physique classique l'avait relégué. Le voilà donc qui entre de plain-pied dans la physique.

Finalement, ce qui différencie l'objectivité faible de l'objectivité forte peut se résumer de la façon suivante : dans un monde à objectivité faible, on parle de la probabilité d'*observer* une particule à tel endroit ; dans un monde à objectivité forte, on parle de la probabilité que la particule *soit* à tel endroit. Dans le premier cas, le réel décrit est le réel observé ; dans le deuxième, on observe le réel en soi, tel qu'il existe indépendamment de toute observation.

Pour prétendre décrire la réalité en soi, il faudrait être capable de formuler toutes les lois physiques en termes d'objectivité forte, c'est-à-dire avec des propositions ne portant que sur les choses elles-mêmes, ce que la mécanique quantique ne parvient pas à faire. L'action exercée par les conditions de l'expérience sur les processus eux-mêmes étant incontrôlable, il est impossible d'opérer la soustraction qui permettrait de retrouver la manifestation « pure ». Nous n'avons accès qu'à une « allégorie du réel », non au réel lui-même.

Il convient donc de faire une distinction entre *réalité indépendante* et *réalité empirique.* La notion de réalité indépendante couvre l'ensemble de ce qui est. Son existence ne relève pas de l'observateur. La réalité empirique est l'ensemble des phénomènes : l'observateur l'approche toujours mieux.

La réalité indépendante reste au-delà de la portée de la physique. Cette dernière se représente une réalité qui n'est pas la réalité elle-même. C'est pour cela que Bernard d'Espagnat dit que la réalité est *voilée.* Certes, elle se dévoile peu à peu grâce aux efforts des physiciens, mais ce dévoilement n'est pas complet. La réalité en soi ne nous fait pas la grâce de se donner. Elle est « scientifiquement indicible ».

Cette conclusion semble contraire au « sens de l'Histoire », parce qu'elle est incompatible avec l'idée que nous nous faisons d'ordinaire du progrès scientifique. En effet, la maîtrise opérationnelle que la physique permet d'avoir sur le réel laisserait plutôt penser qu'elle a accès à toutes les intimités de la réalité et qu'aucune extrémité ne lui échappe.

Ce n'est pourtant pas le cas. Au moment où ses progrès deviennent exponentiels, la physique découvre paradoxalement sa finitude. Elle voit qu'elle bute sur un horizon qui la retient de saisir l'ontologie des choses.

Si l'on en croit Edgar Morin, cette limitation est néanmoins un gage de sérieux. Il explique en effet que *« nous ne devons reconnaître comme dignes de foi que les idées qui comportent l'idée que le réel résiste à l'idée »* (*La Méthode*, tome 4, p. 245). Selon ce critère, l'objectivité faible, qui prend acte de la résistance du réel aux concepts physiques, est une idée vraiment digne de foi.

Et — c'est miracle ! — notre livre devient du coup un livre sérieux. Il était temps...

Question (provocante) à Bernard d'Espagnat : *Que répondez-vous à ceux qui reprochent au réalisme faible que vous défendez de repousser les arguments positivistes avec des arguments réalistes « forts » et, symétriquement, de rejeter les arguments du réalisme fort avec des arguments positivistes ?*

Bernard d'Espagnat : N'est-ce point là une critique superficielle et polémique ? Si l'École A et l'École B soutiennent des thèses incompatibles, appelons-les A′ et B′, et si chacune le fait au moyen d'un lot d'arguments dont certains sont corrects et d'autres non, serait-ce un « point faible », critiquable d'un point de vue logique, que de défendre une thèse C′ — incompatible aussi bien avec A′ qu'avec B′ — en empruntant à l'École A tels et tels arguments corrects et en faisant de même en ce qui concerne l'École B ? Il est bien évident que la réponse est non. Telle quelle, la critique semble donc n'être que du vent.

Mais, dira-t-on peut-être, elle doit quand même

avoir un peu de vrai ; elle sonne si bien ! Pour dissiper cette impression, une « petite phrase » ne suffirait pas. Je chausserai donc de gros sabots... Mais, ne voulant lasser personne, je le ferai en appendice (*cf.* Appendice 3, p. 269).

VII

Du problème de la mesure aux aléas de la mise en boîte

L'idéal du calme est dans un chat assis.
Jules RENARD, *Journal.*

1. De quoi s'agit-il au juste ?

Lors de la description de l'expérience des fentes de Young, nous avons vu que les figures d'interférences ne se construisent que si l'on s'abstient de mesurer par quelle fente sont passés les électrons. Elles résultent de la superposition quantique, au sens où nous venons de la définir, des états « *l'électron est passé par la fente 1* », « *l'électron est passé par la fente 2* ». La mécanique quantique décrit cette situation en représentant l'électron par une fonction d'onde dont la structure envisage ces deux possibilités. Elle est la somme de deux termes ($a + b$), chacun représentant une des possibilités offertes à l'électron. Cette superposition ne dure que tant que nous ne faisons pas de mesure sur le système, c'est-à-dire tant que nous ne cherchons pas à savoir par quelle fente l'électron est passé. Mais dès que nous faisons une observation, la superposition cesse. Il se produit une *réduction du paquet d'ondes*, et l'électron, qui était décrit par une onde qui emplissait tout l'espace, apparaît sous la forme d'un impact très localisé. L'observation l'a obligé à prendre position. *A priori*, il pouvait atteindre plusieurs endroits différents sur la plaque, pratiquement tous à l'exception des bandes sombres. La probabilité qu'il arrive à tel ou tel endroit pouvait se calculer à partir de la fonction d'onde. Mais, parmi toutes les potentialités, une seule se réalise chaque fois. La pluralité des valeurs possibles est abolie par l'actualisation de l'impact de l'électron en un endroit précis du détecteur ; tous les possibles sauf un s'anéantissent par l'élection d'un seul.

Tout se passe comme si l'appareil de mesure était en quelque sorte une loterie qui tire au sort l'un des résultats possibles.

Pour nous se pose la question de savoir quel est le responsable de cette réduction du paquet d'ondes. Comment s'opère le passage d'un ensemble de résultats potentiels à un résultat actuel ? Par quel biais passe-t-on d'une règle du formalisme (le principe de superposition), d'un principe de calcul, à une description physique de la réalité ? Ces questions posées, une autre surgit dans la foulée : de quoi la réalité de l'électron était-elle faite avant qu'on ait opéré une mesure sur lui ? Plus généralement, quelle est la concrétion du réel dont parle la physique ?

Ces questions sont à la base de ce qu'on appelle le « problème de la mesure » en mécanique quantique. En 1952, Erwin Schrödinger, l'inventeur de l'une des équations de base de la théorie quantique, écrit : « Le problème de la mesure reste le point le plus délicat, pour ne pas dire le point aveugle de la théorie, celui qui *ne peut pas* être comblé par de pures mathématiques ». Aujourd'hui encore, il reste la pierre angulaire des interprétations de la mécanique quantique. Chacune d'elles est caractérisée par la solution qu'elle propose au problème de la mesure et par la conception de la réalité qui la sous-tend. Aucune n'est encore parvenue à faire l'unanimité.

2. La crise existentielle du chat de Schrödinger

Je suis dans un fichu état, avouez-le.
Roger MARTIN DU GARD, *Les Thibault.*

Aux yeux d'Erwin Schrödinger, la réduction du paquet d'ondes est comme de la magie. Il refuse l'idée même de saut quantique. Il publie en 1935 un article dans lequel il critique l'interprétation de la fonction d'onde en termes d'amplitude de probabilités.

Pour illustrer son propos, Schrödinger invente une expérience de pensée, à la limite du canular, destinée à rendre manifeste, par une situation déconcertante, les aspects paradoxaux d'une interprétation naïve du formalisme quantique. Malheureusement pour la réputation de Schrödinger au sein de la SPA, cette expérience est beaucoup plus cruelle que celle proposée par Einstein dans son article EPR (voir chapitre VIII). Par certains côtés, elle ressemble à une roulette russe dont on aurait banni la clause de libre participation.

Imaginons avec lui qu'un appareil puisse détecter l'émission d'une particule qu'un atome radioactif émet lorsqu'il se désintègre. Il se trouve que l'instant exact de la désintégration radioactive d'un atome ne peut être connu à l'avance. La mécanique quantique la décrit en effet comme un processus spontané, sans explication causale. Elle ne nous fournit aucune information sur l'instant exact où cette désintégration se produira, et cela, quelle que soit la connaissance qu'on a de l'atome et de son histoire passée. Mais elle nous permet de calculer la probabilité que l'atome se désintègre dans la nanoseconde ou dans la seconde qui suit.

Revenons à notre sujet. Imaginons aussi une boîte, et à l'intérieur de cette boîte plaçons un chat, en l'occurrence *le chat de Schrödinger* (voir figure 8). Ajoutons à tout cela un dispositif conçu de telle sorte que, si l'émission de la particule issue de la désintégration a lieu, alors un marteau s'abat sur une fiole contenant un gaz mortel (Schrödinger, qui connaît la chimie, précise qu'il pourrait s'agir d'acide cyanhydrique...) et la casse. Le gaz se répand aussitôt dans la boîte et le chat meurt en expirant un ultime *miaou*. En revanche, si l'émission de la particule n'a pas lieu (parce que l'atome ne s'est pas désintégré), le marteau reste bloqué, la fiole reste intacte et le chat a la vie sauve. Dès que tous ces appareils sont mis en place, refermons la boîte.

Figure 8. — Le chat de Schrödinger.

Le chat de Schrödinger est mathématiquement décrit par une superposition quantique. Formellement, son état est impossible à représenter par un dessin.

La fonction d'onde du système complet (boîte + chat + dispositif virtuellement mortifère) est évidemment très complexe, puisque ce système contient un très grand nombre de particules. Mais, après qu'un certain temps s'est écoulé, sa fonction d'onde est du type $a.A + b.B$. Autrement dit, c'est une superposition quantique de l'état *atome désintégré*

- *marteau baissé - fiole cassée - chat mort* et de l'état *atome non désintégré - marteau levé - fiole intacte - chat vivant* (si aucune mesure n'a été effectuée). On retrouve une situation analogue à celle des électrons dans l'expérience des fentes de Young, où on ne peut comprendre la figure d'interférences que si l'on décrit chaque électron comme étant la superposition quantique d'un électron passant par la fente 1 et d'un électron passant par la fente 2.

Dans le contexte qui nous occupe, on est tout juste capable de calculer la probabilité que l'atome soit trouvé désintégré (et donc que le chat soit trouvé mort) en cas de mesure sur lui. Le calcul se fait à partir de la fonction d'onde du système, dont l'évolution dans le temps est déterminée par l'équation de Schrödinger.

Si l'on suit le formalisme de la physique quantique, tant que le résultat de l'expérience n'a pas été observé, le système est décrit par une fonction d'onde qui superpose les états « chat mort » et « chat vivant ». Autrement dit, le formalisme décrit le chat comme étant dans un état incertain, ni mort ni vivant, ce qui est, avouons-le, une situation existentielle bien difficile à concevoir. Schrödinger en concluait que la mécanique quantique devenait absurde quand on l'appliquait à des objets complexes.

On peut évacuer la question en disant que, de toute façon, cet état *chat mort + chat vivant* ne peut pas être observé « en l'état », et que le mieux est donc de ne rien dire à son sujet. « Ce dont on ne peut parler, il faut le taire », écrit Wittgenstein en conclusion de son *Tractatus*. C'est un point de vue. Nous verrons qu'il y en a bien d'autres.

Le point important ici est que, d'après l'interprétation de Copenhague, il n'y a pas plus de sens à dire que le chat est vivant ou mort qu'à se demander par quelle fente est passé l'électron dans l'expérience des deux fentes. Là encore, on se trompe chaque fois que l'on essaie d'en dire trop. Ce qu'il nous faut accepter, semble-t-il, c'est que la phrase « le chat est soit mort, soit vivant » n'a aucun sens. Pour savoir en définitive ce qu'il en est de la véritable situation existentielle du chat, il n'y a qu'un moyen : ouvrir la boîte et constater si l'animal est animé ou non. La fonction d'onde est alors réduite, l'état $a + b$ est devenu soit a, soit b. Des deux possibilités après la mesure (la vie ou la mort), une seule s'est réalisée, comme si la réalité ne prenait réellement corps que lorsqu'elle est observée. Mais comment est-on passé de la superposition de deux états à un seul état, d'un chat mort-vivant à un chat vivant ou mort ? Est-ce le fait d'ouvrir la boîte qui a déterminé l'état dans lequel on retrouve le chat ? Le simple fait de l'observer peut-il le faire passer de vie à trépas ? Peut-on imaginer sans sourire un regard assez puissant pour tuer un aussi gros animal ? Ou bien ce dernier était-il déjà dans l'état où on l'a trouvé avant l'ouverture de la boîte ?

Ces questions peuvent agacer ou paraître ridicules. Stephen Hawking dit que lorsqu'on lui parle du chat de Schrödinger il sort son fusil, ce qui est une manière assez radicale de trancher la question posée (rien de tel qu'un bon coup de feu pour sortir le chat de sa superposition...) en même temps qu'une façon très personnelle d'envisager la pratique de la physique théorique. En réalité, la question que pose le chat de Schrödinger est très délicate. Des réponses ont été proposées, qui tantôt se réfèrent à une interprétation particulière de la mécanique quantique, tantôt modifient le formalisme de cette dernière de façon à la rendre — si possible — plus « acceptable ».

Livrons un rapide florilège de ces propositions, sans prétendre à l'exhaustivité.

3. Petit panorama des solutions offertes au chat

La réponse est le malheur de la question.
Maurice BLANCHOT.

Pour un certain nombre de physiciens, l'embarras dans lequel nous plonge cette histoire est si grand que la seule solution consiste à modifier la théorie quantique elle-même ; elle ne serait qu'une théorie approchée, incapable d'assurer la cohérence de ses propres règles, tout au moins quant à la théorie de la mesure. Ces contre-propositions existent sous plusieurs variantes. La théorie quantique n'ayant jamais été mise en défaut par l'expérience, elles doivent relever un redoutable défi : celui de faire au moins aussi bien qu'une théorie qui fonctionne parfaitement, mais avec des fondements conceptuels différents. On devine que ce n'est pas une petite gageure.

D'autres physiciens acceptent tel quel le formalisme quantique, mais contestent l'interprétation qui en est faite par l'École de Copenhague, jugée trop minimaliste.

Examinons d'abord quelques-unes des contre-propositions qui ont été formulées. Dans ce registre, on trouve des tentatives qui relèvent essentiellement d'un retour au mécanicisme. Deux catégories de personnes les regardent avec les yeux de Chimène : d'abord celles qui n'acceptent pas l'idée que les résultats des expériences puissent être décidés sur des coups de dés ; ensuite celles qui n'acceptent pas l'idée d'objectivité faible (beaucoup de ces personnes appartiennent aux deux catégories à la fois). Parmi toutes ces propositions, citons les plus célèbres, qu'on appelle les *théories à variables cachées.* Plusieurs physiciens, comme Louis de Broglie ou David Bohm, ont tenté d'en construire. On connaît la boutade du mathématicien Hadamard : « *Donnez-moi cent paramètres et je vous ferai un éléphant*, disait-il : *donnez-m'en un cent unième et je lui ferai remuer la queue !* » Les théories à variables cachées s'inspirent de cette idée, qui est en réalité très sérieuse. Elles tentent de résoudre le problème en supposant que l'état final du chat est prédéterminé par un paramètre dont on ne connaît pas la valeur, mais qui fixe à l'avance l'instant précis de la désintégration de l'atome radioactif. Si cet instant est antérieur à l'ouverture de la boîte, le chat sera trouvé mort. S'il est postérieur, il aura la vie sauve.

Ces théories rétablissent un déterminisme fondamental tout en restaurant l'objectivité forte, mais c'est au prix de difficultés qu'il ne faut pas sous-estimer. Elles sont souvent très compliquées du point de vue mathématique, et, partant, pas très satisfaisantes du point de vue de l'esthétique. D'autre part, celles qu'on dit « locales » se heurtent à une limitation mise en évidence par le physicien John Bell dans les années soixante et connue sous le nom d'*inégalités de Bell.* Nous consacrerons un chapitre entier à cette question (chapitre VIII).

Une autre voie consiste à ajouter à l'équation de Schrödinger un petit terme supplémentaire (non-linéaire) qui a pour effet de faire converger la superposition quantique vers un état propre bien défini lorsque les dimensions du système deviennent macroscopiques (à l'échelle microscopique, les termes correctifs sont si infimes qu'ils ne modifient pas les lois quantiques traditionnelles). Cette idée est relativement récente (1986). On la doit à G. Ghirardi, A. Rimini et T. Weber. Peu avant sa mort, John Bell s'est beaucoup intéressé à cette hypothèse. Car, disait-il, fallait-il attendre les humains, ou même un observateur muni d'un PhD, pour valider l'observation d'un système quantique ? De fait, l'idée de Ghirardi *et alii* élimine d'emblée le problème du chat, entité macroscopique s'il en est. Plus exactement, elle empêche le problème de se poser. Mais elle rencontre des difficultés que Bernard d'Espagnat a commentées dans son livre *Penser la science.* Par exemple, son conflit avec la relativité semble difficilement réductible. Il convient donc d'être plus que prudent à l'égard de ce modèle non standard.

En réalité, la frontière qui sépare ceux qui acceptent le formalisme quantique de ceux qui ne l'acceptent pas n'est pas très nette. Il y a une zone intermédiaire dans laquelle on peut ranger par exemple les auteurs qui, invoquant un effet de taille, affirment que le chat a une complexité suffisante pour réduire la fonction d'onde. Plus généralement, les dispositifs de mesure qui sont macroscopiques auraient la capacité de modifier les états microscopiques. On peut aussi imaginer que le chat est un « objet » suffisamment gros pour que n'importe quel observateur puisse se rendre compte de son état sans être amené pour autant à perturber l'animal. Cela revient à dire que, quelque part entre les objets de la dimension de l'atome et ceux de la dimension d'un détecteur, la physique quantique retrouve les règles classiques. Cette interprétation pose le problème du lieu de cette frontière entre le microscopique et le macroscopique. Où mettre le poste de douane ? A quel niveau de complexité faut-il placer la barrière qui sépare les êtres ou objets non réducteurs du paquet d'ondes des êtres ou objets capables de le réduire ? Rien, dans la théorie quantique, ne l'indique clairement, même si des suggestions ont été faites. On peut par exemple avancer l'idée qu'il y a une différence non seulement quantitative, mais aussi qualitative, entre le macroscopique et le microscopique, liée au fait que les équations de la microphysique sont réversibles par rapport au temps, alors que celles de la macrophysique ne le sont pas.

Dans le même genre d'idées, d'autres physiciens, comme Zeh, Zurek et Joos, font intervenir l'environnement (attention, pas au sens écologique du terme...), expliquant que ce dernier mesure continuellement le système de façon incontrôlable. Comme les objets macroscopiques ont un spectre en énergie très dense, avec des niveaux très voisins, ils ne sont jamais complètement isolés. En toute rigueur, on ne peut jamais dire d'un système macroscopique qu'il est sans interaction avec son environnement. Dans le cas particulier du chat, c'est cette interaction avec l'environnement qui fait cesser la superposition quantique « chat mort-chat vivant ». Elle agit comme un mécanisme très efficace et très rapide de décohérence. Il n'est donc plus nécessaire qu'il y ait un observateur pour que cette « décohérence » soit effective : le couplage avec l'environnement suffit. Bernard d'Espagnat reviendra sur cette très intéressante idée.

Venons-en maintenant à ceux qui, acceptant le formalisme, le réinterprètent d'une façon différente de l'École de Copenhague. Il nous faut ici citer deux interprétations très exotiques. D'abord celle du Prix Nobel américain Eugene Wigner, qui propose une solution dualiste. Il considère qu'il y a deux réalités, aussi ultimes l'une que l'autre, à savoir la fonction d'onde (grosso modo la matière) et la conscience (grosso modo l'esprit). Son argument consiste à remarquer que tout le monde admet volontiers qu'il y a une action de la matière sur l'esprit, tout en postulant qu'il n'y a pas d'action de l'esprit sur la matière. Cela, dit Wigner, contredit la loi générale selon laquelle il n'y a pas d'action sans réaction. Il envisage donc l'idée d'une action de la conscience sur la fonction d'onde, qui lui paraît normale. Ainsi, c'est l'acte de cognition par un observateur doué de conscience qui serait responsable de la réduction du paquet d'ondes. Une espèce d'action transcendante de la conscience viendrait interrompre la superposition des deux états et imposerait l'état final du domestique animal. Son sort serait en quelque sorte décidé à l'issue d'une « opération de l'esprit ». Cette interprétation est sous-tendue par l'idée que l'esprit humain obéit à des lois spécifiques différentes de celles de la mécanique quantique ordinaire, qui ne régirait que la matière non pensante.

Il manque à l'interprétation de Wigner une théorie sérieuse de la conscience, qui n'est pas aujourd'hui en vue. Et il y a autre chose : supposons qu'à l'intérieur de la boîte on ait disposé un appareil photo qui, à partir de l'instant t, prend une série de clichés. Puis un dispositif automatique de reconnaissance des formes analyse les clichés et, si ces clichés sont tous identiques (le chat ne bouge plus), conclut à la fin tragique du chat. Une machine à écrire, programmée par exemple par un fervent lecteur de Molière et connectée au dispositif de reconnaissance des formes, écrit alors « *Le petit chat est mort* » sur une feuille de papier. L'observateur, qui est jusque-là resté passif, prend la feuille de papier sans la lire, l'insère dans une enveloppe en fermant les yeux, l'emporte avec lui et ne l'ouvre qu'un an après. C'est seulement à ce moment-là qu'il sait ce qu'il est advenu de son chat préféré. On trouve des physiciens pour qui c'est cette prise de connaissance qui déclenche dans le passé toute la chaîne d'événements que nous venons de décrire et qui aboutit au résultat qui a été lu. Dira-t-on que le sort du chat est resté suspendu pendant tout ce temps-là, ou bien conclura-t-on que le chat n'existe pas du tout ? Cette explication, on le voit, est pour le moins contraire aux idées reçues. Le fait qu'elle soit obligée de faire de l'esprit conscient une entité à part, délivrée des lois de la physique, la rend difficile à accepter sans preuve supplémentaire. On peut juste la classer dans le tiroir des spéculations qui, en science, n'est jamais considéré comme définitivement clos.

Une autre thèse, elle aussi fort exotique et même presque charmante, a été développée par un groupe très restreint de physiciens qui ont apporté au problème de la mesure (justement à propos du paradoxe du chat de Schrödinger) une solution encore plus audacieuse que toutes les autres : celle des *univers parallèles*. Cette interprétation ressemble à un canular, mais c'est un canular qui a été pris au sérieux par des physiciens eux-mêmes sérieux. Sa première version date de 1957. On la doit au physicien américain Hugh Everett, qui la proposa pour lever une difficulté de la cosmologie quantique.

Que nous dit la théorie quantique des univers parallèles ? Simplement que, lors de la mesure, il n'y a pas réduction du paquet d'ondes à une seule possibilité, mais division de l'ensemble *objet mesuré + appareil de mesure* en deux ensembles, en fait création de deux univers parallèles, l'un où le chat est mort, l'autre où le chat est vivant. Autrement dit, au moment de la mesure, l'univers se duplique systématiquement pour former deux branches ne différant que par l'état du chat, sans qu'il y ait intervention d'une quelconque conscience de l'observateur. Tous les résultats possibles de la mesure sont simultanément réalisés. Comme, dans chaque branche, le résultat indiqué par l'appareil de mesure peut être lu par des observateurs, il y a aussi dédoublement de ces observateurs, heureusement sans qu'ils s'en rendent compte, aucune communication n'étant possible entre les diverses branches d'univers ainsi créées.

En particulier, l'observateur de l'un des deux univers ne peut pas poser de question à son *alter ego* qui a été parachuté dans l'autre univers. C'est d'ailleurs pour cette raison que nous ne pourrions pas percevoir ces autres univers. Dédoublement des personnes, soit, mais pas dédoublement des personnalités. Pas de risque de schizophrénie, donc ! Chacun ne connaît que son propre univers, dans lequel il voit jouer les lois habituelles de la physique quantique, y compris la réduction du paquet d'ondes. Quant à la nature exacte des branches d'univers, elle est ouverte aux débats, y compris aux plus débridés. A l'instar des jeunes d'aujourd'hui, il semble bien que ces univers aient mille manières d'être « branchés ».

Cette théorie protéiforme (il existe plusieurs variantes) paraît extravagante, mais on ne peut pas la prendre au piège de sa propre logique. Il est aussi difficile de la réfuter que d'y souscrire. A son crédit, on peut porter le fait qu'elle repose sur une base mathématique cohérente et qu'elle supprime, sans modification du formalisme, le problème de la réduction du paquet d'ondes. Mais, aux yeux de ceux qui n'aiment pas le superflu, elle a le défaut de conduire à une fantastique prolifération d'univers, qui résulte du nombre considérable de mesures de toute sorte qui sont faites chaque jour depuis la nuit des temps. Inventer de multiples univers, disent-ils, simplement parce que le problème de la mesure se pose dans le nôtre, est à l'antithèse de ce que préconisait le bon Guillaume d'Ockham, armé de son rasoir à couper les hypothèses inutiles. La thèse des univers parallèles est encombrée d'impedimenta métaphysiques que beaucoup jugent trop lourds. Peu de physiciens s'y réfèrent aujourd'hui.

Mais le simple fait que l'on soit conduit à des théories aussi extraordinaires que celle-ci, cautionnées par des physiciens renommés, donne la mesure du problème (de la mesure)...

De ce *chat-pitre*, retenons deux leçons. La première, c'est qu'on ne peut pas, sans risque, considérer le monde classique auquel nous sommes habitués comme un simple prolongement du monde quantique ; d'où la difficulté (et le danger) qu'il y a aujourd'hui à décrire le monde extérieur en prenant appui sur les notions fondamentales de la science moderne. La deuxième leçon, c'est que le passage d'un principe de calcul à une description explicite des phénomènes n'est pas d'une tranquillisante immédiateté.

Contrairement à ce que notait Jules Renard dans ses cahiers, l'idéal du calme n'est donc pas dans un chat assis ! Celui de Schrödinger, en tout cas, initialement assis sagement au fond de sa boîte aux allures de cercueil virtuel, a déclenché de formidables tempêtes dans bien des cerveaux de physiciens. Telle n'est pas l'idée qu'on se fait de l'« idéal du calme »... A notre connaissance, jamais l'état de santé d'un animal de compagnie n'avait déclenché tant de passions savantes, ni fait couler tant d'encre docte aux quatre coins du monde. A l'instar de la pomme de Newton, le chat de Schrödinger est devenu une star vivante de la physique. Vivante ou morte ? C'est toute la question.

Schrödinger n'a pas dit si, au bout de cette devinette, il y avait ou non une prime à gagner. Mais, dans cette affaire, on devrait pouvoir donner sa langue au chat... sans pour autant être mis en boîte !

VIII

La non-séparabilité des couples qui se corrèlent

> *... C'est n'être en aucun lieu, que d'être partout.*
>
> MONTAIGNE, *Essais*, I, 8.

La physique quantique, nous l'avons vu, pose la question de l'accessibilité du réel. Sur ce point, les réponses que suggère son formalisme sont très différentes de celles de la physique classique. Ce dernier chapitre de notre première partie se propose d'examiner ces différences à propos d'une question particulière : celle de la localité (ou de la séparabilité) des objets que considère la physique.

L'idée de localité des objets est une idée qui semble évidente. Tout objet nous apparaît situé en une zone précise de l'espace. Lorsque nous disons que deux objets sont situés en des lieux différents, nous nous attendons que les effets de l'un sur l'autre décroissent avec la distance. Cela nous autorise à oublier, lorsque nous étudions l'un de ces objets, l'existence de l'autre. Chacun d'eux vit sa vie, en somme.

Cette conséquence de la localité apparaît explicitement dans le formalisme classique : nous n'avons pas besoin de tenir compte de ce qui se passe sur Sirius pour décrire la chute d'une pomme dans un verger terrestre, et nous considérons sans même hésiter que l'accélération qu'un électron subit dans un champ électrique ne dépend que de la valeur du champ au point où il se trouve. D'une façon plus générale, la physique classique considère que l'évolution d'un système physique ne saurait dépendre d'expériences effectuées en des points éloignés de l'espace.

Le caractère absolu de l'idée de localité a été mis à mal par la physique quantique, dont l'outil de base est, comme on l'a vu, la *fonction d'onde*. Or, la fonction d'onde d'une particule est en général « étalée » dans l'espace. D'où l'idée, suggérée d'abord par Schrödinger, que le formalisme quantique est *non local*. Ultérieurement, cette non-localité, qui heurte profondément le sens commun, a été expérimentalement établie.

Ce résultat est le fruit inattendu d'une passionnante controverse qui opposa deux géants de la physique théorique de ce siècle, Albert Einstein et Niels Bohr. Fruit inattendu, parce que leurs discussions ne portaient pas au départ sur la question spécifique de la localité, mais sur celle de la complétude du formalisme quantique. Le problème était de savoir s'il existe ou non dans la réalité des éléments qui ne seraient pas contenus dans le formalisme. Peut-on imaginer que la fonction d'onde d'un électron ne contienne pas tout ce que l'on peut connaître de lui ?

1. La controverse Bohr/Einstein : deux titans débattent

Petits princes, videz vos débats entre vous.
LA FONTAINE, *Fables*, IV, 4.

Bien qu'il ait été un pionnier dans la compréhension des phénomènes quantiques, Albert Einstein n'a jamais accepté l'interprétation courante de la mécanique quantique. Elle lui semblait incompatible avec l'idée — fondamentale à ses yeux — d'une réalité objective. De plus, le père de la théorie de la relativité n'arrivait pas à se satisfaire de l'impuissance de la théorie quantique à prédire autre chose que des probabilités. Cette impuissance trahissait à ses yeux le caractère incomplet et indirect du formalisme quantique. Quelques années avant sa mort, il écrivait encore à Louis de Broglie : « *Je dois ressembler à une autruche qui sans cesse cache sa tête dans le sable pour ne pas faire face aux méchants quanta.* »

C'est sur ces questions qu'il s'opposa à Niels Bohr. On peut résumer les termes de ce débat, qui fut à la fois titanesque et amical, par les deux questions suivantes :

1. La mécanique quantique fournit-elle une information entière sur les *phénomènes* qu'elle prétend décrire ?
2. Donne-t-elle une description complète du monde ?

Bohr jugeait que ces deux questions étaient synonymes et répondait sans hésiter oui aux deux. Einstein admettait à la rigueur une réponse affirmative à la première question, mais il se refusait à croire qu'il pût s'agir là d'une description définitive de la réalité. Il considérait la physique quantique comme une théorie ingénieuse, il reconnaissait son efficacité opératoire, il constatait sa portée pratique, mais il niait qu'elle pût dépeindre les structures intimes du réel tel qu'il existe indépendamment de nous. Elle n'était utilisable que comme expédient provisoire. Einstein écrivait à son ami Max Born : « *Je crois que la formulation actuelle est vraie comme le sont, par exemple, les énoncés de la thermodynamique.* » (*Correspondance entre Einstein et Born*, Seuil.) Effectivement, la thermodynamique (non statistique) prédit les propriétés de la matière à l'équilibre, mais est incapable de décrire des phénomènes tels que les fluctuations thermiques, le mouvement brownien et diverses autres choses qui ne peuvent s'expliquer que si l'on tient compte de la structure atomique de la matière. Elle n'est, en quelque sorte, que l'art de faire des moyennes.

Une des principales motivations de l'allergie d'Einstein à la mécanique quantique a été le caractère indéterministe de cette théorie. D'après lui, une *bonne* théorie physique ne doit pas seulement chercher à unifier dans une même représentation les lois et les observations empiriques (ce que d'ailleurs la mécanique quantique fait fort bien). Il exigeait d'elle, en plus, une perfection interne. Les théories idéales, au sens d'Einstein, doivent éliminer le hasard, sinon de toutes leurs constructions, en tout cas de leurs principes. Or la théorie quantique stipule que, connaissant l'état initial d'un système physique, on ne peut en général pas prédire avec certitude les résultats d'une mesure effectuée sur lui, mais seulement calculer les probabilités d'obtenir tel ou tel résultat.

Une deuxième motivation de l'opposition d'Einstein, non moins importante que la précédente, venait de ce qu'il tenait au réalisme ordinaire des physiciens. Il désirait retrouver une objectivité forte, que ne permettait justement pas la physique quantique. Il s'agissait pour lui de retrouver (ou de reconstruire) l'idée d'un monde réel dont les plus minuscules parcelles existent objectivement, au sens même où existent les tables et les chaises, que nous les observions ou pas.

Par ailleurs, Einstein tenait fermement au principe de « causalité locale » selon lequel des événements lointains ne peuvent pas exercer d'influence sur des objets proches sans qu'il y ait une médiation, de quelque ordre qu'elle soit. Cette conviction était partagée par la majorité des physiciens. Pour comprendre ce qu'elle veut dire, prenons l'exemple d'une paire de particules. Einstein considère qu'un tel système est nécessairement *séparable*, c'est-à-dire qu'on peut s'autoriser à parler séparément de chacune des particules qui le constituent. Cela revient à admettre qu'il est possible de diviser par la pensée tout système de deux particules en deux sous-systèmes (chacune des particules) qui constituent chacun une entité physique à part entière, au même titre que le système global.

Niels Bohr, quant à lui, refusait cette hypothèse de séparabilité, avec des arguments qui, à l'époque, pouvaient légitimement paraître « fumeux ». Pourtant, son intuition se révélera juste. Par ailleurs, il tenait le caractère probabiliste de la mécanique quantique pour fondamental et irréductible, ce qui excluait à ses yeux l'idée que les particules fussent des « choses » aux propriétés bien définies en toutes circonstances.

Le débat dont il est question, on le voit, porte sur des interrogations fondamentales. Le génie de ces deux hommes, Einstein et Bohr, lui donnera toute l'envergure qu'il mérite.

Se pourrait-il, comme le pensait Einstein, que la mécanique quantique soit une théorie valable pour décrire les propriétés moyennes de la matière, mais incapable de décrire les raisons du comportement des systèmes individuels ? Ou bien faut-il considérer, derrière Bohr, que, par l'intermédiaire de la fonction d'onde, la mécanique quantique nous dit tout ce que nous pouvons savoir des phénomènes physiques ? Le formalisme quantique reste confronté à ces questions depuis sa naissance.

2. L'argument EPR : Einstein monte au créneau

Les objections d'Einstein vis-à-vis de la complétude du formalisme quantique culminèrent en 1935 dans un article paru dans la *Physical Review*, qui énonce le cœur de ce qu'on appelle depuis le paradoxe EPR, du nom d'Einstein et de ses deux collaborateurs du moment, Podolsky et Rosen. Cet article d'anthologie a sans doute été le plus cité et le plus discuté de toute l'histoire de la physique. Suivant une méthode qu'il affectionnait, Einstein tenta d'y mettre en évidence le caractère incomplet de la mécanique quantique au moyen d'une « expérience de pensée ». Sans faire la moindre hypothèse relative au déterminisme ou à l'indéterminisme, la thèse qu'il y développait avait pour but de montrer que la théorie quantique ne nous dit pas tout de ce que nous sommes en droit d'attendre d'une *bonne* théorie physique.

Les hypothèses de départ d'Einstein sont les suivantes :

a) Les prédictions de la mécanique quantique sont justes.

b) Aucune influence ne peut se propager plus vite que la lumière.

c) Enfin, il adopte un critère de réalité physique très général, qu'il formule de la façon suivante : « Si, en ne perturbant aucunement un système, on peut prédire avec certitude (c'est-à-dire avec une probabilité égale à l'unité) la valeur d'une quantité physique, alors il existe un élément de la réalité physique correspondant à cette quantité. »

Pour Einstein, il y a donc des faits, des événements qui sont réels ; ils ne sont pas seulement des « réalités pour nous », mais bien d'authentiques « réalités tout court », qu'on peut distinguer des apparences par leur prédictibilité.

Einstein continue en expliquant qu'à tout élément de la réalité physique (par exemple la vitesse d'une particule) doit correspondre une grandeur définie par le formalisme, que cette grandeur soit mesurée ou non. C'est à cette seule condition qu'une théorie physique est dite « complète ».

L'application du critère de réalité physique à la théorie quantique conduit à ce qui a été improprement appelé le « paradoxe » EPR. En réalité, il ne s'agit d'un paradoxe véritable que pour les personnes qui attendent de la mécanique quantique une image complète du monde atomique. En effet, ce qu'Einstein montre (au moyen d'un raisonnement dont Bernard d'Espagnat exposera le principe dans le chapitre 4 de la deuxième partie), c'est que l'ensemble des trois hypothèses *a*, *b* et *c*, appliquées à une certaine expérience de pensée, conduit à attribuer aux sous-systèmes des propriétés dont ne rend pas compte le formalisme quantique. Il en déduit qu'il doit exister un niveau de description plus fin de la réalité physique, qui reste à découvrir. Cette conclusion est au passage un net encouragement pour les tenants du déterminisme, qu'ils n'ont d'ailleurs pas manqué d'entendre.

Selon l'interprétation de Copenhague, deux quantités dites

« conjuguées », telles la position et l'impulsion, n'ont pas de réalité simultanée en raison de l'interaction physique créée par l'opération de mesure : la mesure de la position modifiant l'état du système, son impulsion n'est pas mesurable simultanément. Ce résultat découle de la relation d'indétermination de Heisenberg (voir chapitre V), plus exactement de la « non-commutation » des opérateurs quantiques associés à la position et à l'impulsion. Si l'impulsion d'une particule est la quantité prise comme correspondant à un élément de réalité physique, la coordonnée de position ne peut pas être obtenue avec certitude, et, selon le critère défini plus haut, ne correspond donc pas à une réalité physique.

Einstein refuse cette conclusion. Compte tenu de ses hypothèses, l'expérience qu'il imagine montre qu'il y a moyen de connaître à la fois la position et l'impulsion. De ce fait, la position et l'impulsion doivent correspondre chacune à un élément de réalité physique. Comme ces deux éléments de réalité physique ne sont pas pris *tous les deux* en compte dans le formalisme de la mécanique quantique, celle-ci est incomplète. CQFD.

La réponse de Bohr à l'article d'Einstein, Podolsky et Rosen fut publiée par la *Physical Review* dans le courant de la même année (1935). La lecture de cet article est extrêmement difficile, comme à peu près tous ceux qu'a écrits Bohr. En simplifiant, on peut dire que la solution qu'il propose au paradoxe EPR est contenue dans l'idée que l'hypothèse *b* (ci-dessus) n'est pas totalement acceptable, et que le critère de réalité d'Einstein ne peut être retenu. Bohr explique qu'il est impossible d'obtenir une séparation bien nette entre le comportement des objets atomiques et leur interaction avec les appareils de mesure qui définissent leurs conditions d'existence. Cela signifie que la vitesse d'une particule, par exemple, n'est pas une propriété de la particule, mais une propriété partagée entre la particule et l'instrument de mesure. De cela, Bohr déduit que l'on doit bien se garder de tout raisonnement sur la réalité objective non observée.

On voit bien ce qui oppose les points de vue d'Einstein et de Bohr. Pour Bohr, les quantités considérées n'ont pas de réalité simultanée. Pour Einstein, elles en ont bien une, mais la théorie quantique n'est pas complète, puisqu'elle échoue à en rendre compte.

Cette controverse Bohr-Einstein a une envergure philosophique, puisqu'elle touche à la conception du monde, à l'idée que s'en fait l'homme, au rôle des théories de la physique. Mais elle est aussi du ressort de la physique, dans les termes où la formulait Einstein, puisque ce dernier tenait que le caractère à ses yeux incomplet de la mécanique quantique impliquait l'apparition dans l'avenir d'une théorie physique « meilleure », c'est-à-dire donnant plus d'informations. C'est là une question que l'expérience a pu trancher dans un sens défavorable aux espoirs d'Einstein. Elle a été élucidée en deux temps : d'abord par une découverte théorique faite en 1965 par le physicien John Bell ; puis par plusieurs confirmations expérimentales, peu probantes pour les premières, mais presque sans échappatoire pour les trois expériences réalisées en 1981-1982 à l'Institut d'Optique d'Orsay par Alain Aspect et son équipe.

Malheureusement pour le pathos de l'affaire, à l'époque de la découverte du théorème de Bell, Einstein et Bohr étaient tous les deux morts. Qu'en auraient-ils dit ? On ne le saura hélas jamais.

3. John Bell ou l'art de mettre la philosophie en équations

Nous avons dit que les trois hypothèses d'Einstein débouchent sur l'incomplétude de la mécanique quantique. Cela signifie que si ces hypothèses sont exactes, la mécanique quantique doit être soit remplacée, soit complétée. Mais, question préjudicielle, ces hypothèses, après tout, sont-elles exactes ? Oui, disait Einstein : le bon sens et les données de la physique, notamment de la relativité, se conjuguent pour montrer qu'elles le sont.

Le physicien John Bell, du CERN, était un avocat très convaincu d'une épistémologie explicitement réaliste. Pour cette raison, il était à première vue porté à donner raison à Einstein. Mais il remarqua cependant quelque chose de bien curieux. C'est que la théorie de Louis de Broglie et de David Bohm, qui vise justement à compléter cette mécanique grâce à l'introduction de paramètres supplémentaires (« cachés »), ne parvient à satisfaire aux hypothèses *a* et *c* qu'en violant l'hypothèse *b*. On parle alors de non-localité. S'agissait-il d'une imperfection de cette théorie particulière ? Cette conjecture, pour quelqu'un ayant les idées de Bell, était certes la plus séduisante. Mais ce dernier savait très bien que les idées qui, à première vue, paraissent les plus séduisantes ne sont pas pour autant toujours vraies. Il se proposa donc d'étudier la question d'une manière plus générale.

Il l'étudia si bien qu'à la surprise de beaucoup, et à la sienne propre en particulier, il put montrer que la conjecture était fausse. Non seulement la théorie de Louis de Broglie et de David Bohm, mais également n'importe quelle théorie prétendant décrire la réalité et satisfaisant aux hypothèses *a* et *c* viole nécessairement l'hypothèse *b* ou une hypothèse de portée très similaire. C'est là le contenu du théorème de Bell. Il se démontre en prouvant que toute théorie réaliste satisfaisant aux hypothèses *a, b* et *c* entraîne des restrictions portant sur les résultats prévus pour certaines mesures de corrélations, restrictions que l'on nomme inégalités de Bell. Pour donner un exemple de ce qu'une telle restriction peut être, les inégalités de Bell spécifient par exemple qu'un recensement de la population française ne pourra jamais aboutir à un nombre de personnes noires sachant faire de la bicyclette plus grand que le nombre des hommes noirs augmenté du nombre total de femmes sachant faire de la bicyclette présent(e)s dans cette population (à titre d'exercice, notre lecteur pourra démontrer cette proposition pour son propre compte...). En d'autres mots, John Bell a mis en évidence des situations particulières, appelées situations EPR, pour lesquelles les prédictions de la mécanique quantique entrent en conflit avec les inégalités de Bell. C'est le cas pour les phénomènes dits en corrélation *stricte*.

Pour deux phénomènes en corrélation stricte, une théorie satisfaisant aux hypothèses *a, b* et *c* comporte nécessairement des variables cachées et donnerait des prédictions définies si l'on connaissait les valeurs de toutes celles-ci[1]. Comme on les ignore, elle ne peut fournir que des probabilités. On peut définir plusieurs probabilités : celle d'obtenir un certain résultat pour le premier phénomène et tel autre résultat pour le second ; celle aussi d'obtenir un résultat donné pour le premier résultat quand on ne s'intéresse pas au second, etc. Bell a construit avec ces diverses probabilités une grandeur mathématique simple, dont il a démontré qu'elle est nécessairement inférieure à 2 si l'on prend en compte les conséquences de la localité. La mécanique quantique « à la Bohr » prévoit dans ces situations une valeur supérieure à 2, en violation des inégalités de Bell, comme s'il y avait une plus grande « conspiration » — ou une plus grande « coopération » — entre les particules corrélées.

1. Pour comprendre ce qu'apportent ces paramètres supplémentaires, revenons à l'histoire de la mise en boîte de l'électron que nous avions évoquée au chapitre VII. Supposons que les deux boîtes A et B soient éloignées l'une de l'autre. La boîte A reste à Paris, la boîte B est emportée à Genève. L'interprétation orthodoxe de la mécanique quantique nous dit que si un observateur ouvre la boîte B à Genève et constate que l'électron s'y trouve effectivement, alors la fonction d'onde dans la boîte A restée à Paris est réduite aussitôt à zéro. En excluant la possibilité que l'observation faite à Genève fasse disparaître un demi-électron à Paris et le fasse apparaître à Genève, il est raisonnable de dire que l'électron observé à Genève était déjà là avant l'ouverture de la boîte B. Cette assertion revient à introduire un nouveau paramètre qui n'est pas contenu dans la fonction d'onde et qui décrit la localisation de l'électron. Ce paramètre vaut par exemple 1 si l'électron est dans la boîte A, −1 si l'électron est dans la boîte B. On restitue ainsi formellement une localisation précise de l'électron, que ne reproduit pas la fonction d'onde. Le réalisme ordinaire est ainsi sauvé.

Une vérification expérimentale devenait possible, qui devait soit mettre en défaut la mécanique quantique et sa description d'une réalité quasi fantomatique, soit exclure l'existence, derrière elle, d'une théorie qui rendrait compte d'un réel *localement* défini.

L'expérience a nettement tranché en faveur de la mécanique quantique.

4. Le verdict de l'expérience : des photons avouent en cascade

L'expérience proposée par Aspect consiste à étudier des corrélations entre des polarisations de photons. Son choix s'est porté sur la mesure de la polarisation de la lumière émise sous certaines conditions par des atomes de calcium. On parle de « cascade radiative » : deux photons sont émis successivement par l'atome, et leurs polarisations sont fortement corrélées du fait qu'ils proviennent du même atome. Il existe des appareils simples (des polariseurs) qui laissent passer la lumière si elle possède une certaine polarisation, qui l'arrêtent si elle en possède une autre. En comptant, pour chaque type de photons, le nombre de ceux qui passent et celui de ceux qui ne passent pas, on évalue les diverses probabilités évoquées ci-dessus. Si la statistique est suffisante, on a là un moyen de tester au laboratoire les inégalités de Bell.

Les résultats des expériences effectuées à Orsay sont sans ambiguïté. On calcule, à partir des taux de comptage, la valeur de la fonction mathématique dont les inégalités de Bell disent qu'elle doit toujours être inférieure à deux. La mécanique quantique, elle, prévoit une valeur inférieure à 2,7. L'expérience a donné 2,697, en accord parfait, compte tenu des incertitudes résiduelles, avec la mécanique quantique. Les inégalités de Bell sont donc violées en la circonstance, et elles le sont conformément aux prévisions de la mécanique quantique. Il faut donc renoncer à interpréter la mécanique quantique dans le sens des idées d'Einstein, pourtant si sympathiques, et admettre que le monde se conforme bien aux prévisions de la mécanique quantique, même quand ces prévisions semblent extraordinaires. La physique, une fois de plus, donne une gifle au sens commun, qui doit commencer à s'habituer.

Le caractère étonnant de ce résultat apparaît si l'on revient aux prémisses du raisonnement EPR. En effet, le résultat des expériences, éclairé par le théorème de Bell, est que l'hypothèse *a* reste licite, mais qu'en revanche il faut abandonner l'une au moins des hypothèses *b* et *c*, d'inspiration relativiste. Selon la relativité, aucun signal ne peut se propager plus vite que la lumière. Donc, estimait Einstein, il y a des cas où l'on peut être tout à fait certain que de deux événements aucun n'influence l'autre. Ce sont les cas où ces deux événements sont si lointains dans l'espace et si rapprochés dans le temps que la lumière n'a pas le temps de les relier. C'est cette hypothèse qu'on convient d'appeler *principe de séparabilité d'Einstein.* En ce sens, on peut dire que les expériences d'Aspect ont établi l'existence de systèmes non séparables, prévue par la mécanique quantique. Il nous faut par exemple accepter l'idée — finalement très romantique — que deux photons qui ont interagi dans le passé constituent un tout inséparable, même lorsqu'ils sont très éloignés l'un de l'autre ! Ils ont un comportement global qui neutralise toute tentative d'explication en termes de photons possédant chacun en soi, à l'avance, la propriété qu'on a décidé de mesurer.

Bernard d'Espagnat reviendra sur ce résultat pour en dire le sens et en dégager la portée. Il est d'ailleurs temps de lui laisser la parole sur ce sujet et sur tous les autres. Le gong à deux faces de la complémentarité ne vient-il pas de sonner ?

DEUXIÈME PARTIE

par

Bernard d'Espagnat

1

La fin du mécanisme

> *Tout ce qui était extraordinaire lui était suspect.*
>
> CARDINAL DE RETZ.

Non sans humour, le physicien théoricien (et Prix Nobel) Richard Feynman a noté dans un de ses livres que quand l'occasion lui était donnée de jouer du *bongo drum* dans une réunion publique, jamais son présentateur n'avait l'idée de mentionner ses activités en physique... Cela, nous dit Feynman, illustre bien le fait que nous respectons l'art plus que la science.

Pertinente remarque qui peut être étendue. Dans l'ensemble, les personnes qui composent ce que l'on appelle le grand public cultivé respectent en effet davantage les arts que les sciences et, très généralement, plus ce qui touche à l'homme que ce qui touche aux choses. Aussi adoptent-elles trop aisément, sur ces dernières, des vues simplistes ; vues qu'au surplus nous, physiciens, contribuons quelquefois nous-mêmes, par inadvertance, à accréditer. Je me rappelle que, durant les années cinquante, le papier à lettres du CERN (le Centre européen pour la recherche nucléaire qui, à Genève, faisait alors ses premiers pas) portait en « logo » le modèle planétaire de l'atome. J'ai fait observer que pour vénérable qu'il soit, ce modèle est, hélas, reconnu aujourd'hui comme trompeur, et que, dans le domaine de la physique, le CERN ne devait pas donner aux gens des idées fausses. Et l'image a été changée.

Étienne Klein a exposé les raisons à la fois théoriques et expérimentales qui font que la physique contemporaine nous oblige à considérer d'un œil très neuf la matière qui nous entoure. Je me propose de prendre le relais. Mais, avant d'aborder les questions complexes dont il a fixé les contours, je pense qu'il n'est pas inutile de rappeler en quelques pages en quoi celles-ci nous concernent. Une remarque de Gilbert Hottois peut nous y aider. Ce philosophe d'outre-Quiévrain fait observer[1] que de ses attaches solides avec le milieu naturel, les mers, les bois, les nuits obscures, l'homme d'autrefois dérivait très spontanément l'impression d'un certain mystère du monde, qui l'incitait à la quête du sens. Et il note qu'aujourd'hui où l'homme, d'ordinaire, n'est plus en rapport qu'avec des objets fabriqués, cette incitation a disparu. Pourquoi ? Eh bien, tout simplement parce que ces objets sont des mécaniques et que le fonctionnement d'une mécanique, même complexe, est toujours dénué de vrai mystère, puisque l'on sait que des techniciens le connaissent.

A cela, il faut ajouter qu'une certaine vulgarisation scientifique joue dans ce processus un très grand rôle en ce qu'elle suggère — et d'une manière fort persuasive — d'extrapoler une telle vision mécaniste à l'Univers dans son entier. Certes, nombreux sont ceux, à l'heure actuelle, qui aspirent sincèrement à dépasser cette vision. Mais il n'est pas facile de le faire de façon pleinement rationnelle quand on dispose d'informations du type de celles que l'on peut aisément avoir sous la main. Pour bien voir cela, imaginons un « honnête homme » au sens du XVIIe siècle, c'est-à-dire non pas un spécialiste de telle science ou de telle autre, mais un esprit ouvert, qui regarde au-delà du quotidien et cherche à se former une idée du monde et de la place de l'homme dans le monde. Et supposons de plus que la tournure d'esprit de cette personne ne la pousse pas à aller

1. G. Hottois, « Réflexions philosophiques sur la technoscience contemporaine », in *Reflets et perspectives de la vie économique*, XXV, 1986, p. 397.

trouver un astrologue ou un gourou, mais qu'elle va plutôt essayer de se renseigner du côté de sources qu'elle considère comme plus sérieuses, en l'espèce du côté des sciences. Dès lors, ce qui est vraisemblable, c'est que cette personne va d'abord s'informer et acquérir des connaissances dans des domaines où, effectivement, la science a beaucoup progressé durant ces dernières décennies. Pensons à l'intelligence artificielle, à la neurologie, à la biologie moléculaire, etc. Notre honnête homme va d'abord lire des livres portant sur ces choses-là.

Et que va-t-il y découvrir ? En premier lieu, bien sûr, que, dans le détail, la réalité est d'une complexité admirable, extraordinaire. En cela, il ne se trompera pas. Mais, vraisemblablement, il va aussi y découvrir — ou plutôt *croire* y découvrir — que si, dans le détail et quantitativement, la réalité est chose très complexe, au plan conceptuel, elle est au contraire extrêmement simple. Prenons la biologie moléculaire, par exemple. Son concept fondamental est, comme son nom l'indique, celui de molécule. Et les molécules, elle nous les décrit (d'ailleurs, à son niveau, elle a de bonnes raisons de nous les décrire ainsi) comme des espèces d'objets solides qui ont des formes, qui s'accrochent les uns aux autres, et dont certains servent de moule pour en fabriquer d'autres, comme dans les phénomènes de réplication de l'ADN. Elle nous fait savoir que ces molécules sont elles-mêmes constituées d'objets plus petits, les atomes, qui, en elles, sont chacun bien localisés en raison des forces qui les lient. Si, comme il est probable, notre homme a également entendu dire que les atomes eux-mêmes sont, à leur tour, composés d'objets plus petits (noyaux, électrons, etc.), il est vraisemblable que, de cette première exploration de la vulgarisation scientifique de notre époque, il dérivera l'idée que, finalement, la réalité ultime, c'est cela. Entendons : un monde de petits objets localisés, liés par des forces, et dont l'assemblage rappelle le principe d'un jeu de meccano. Il pensera que, même si elle est un peu décevante, cette conception mécaniste (ou « mécaniciste ») du monde est celle qui, en fin de compte, s'est imposée. En d'autres termes, il se dira que, certes, les philosophes d'autrefois, les penseurs de tout poil avaient fabriqué des visions profondes de l'Univers, de l'homme et de ses rapports avec l'Univers, mais qu'au fond, tout cela est à ranger parmi les vieilles lunes, parce que nous disposons maintenant d'une description scientifique et que celle-ci nous fait voir l'Univers comme une mécanique. Comme une sorte d'immense horloge, beaucoup plus compliquée assurément qu'aucune horloge construite par l'homme, mais dont, cependant, celui-ci parviendrait progressivement, grâce à la science, à bien connaître les roues diverses et les ressorts.

Consciemment ou à notre insu — parfois même contre notre gré —, nous nous laissons envahir par cette sorte de *mécanicisme instinctif* qui prive le réel de tout sens possible et même de vraie profondeur. Pour notre « équilibre spirituel », comme on dit, cet état de choses comporte, peut-on estimer, certains dangers. Malgré cela, si le mécanicisme était corroboré par la science, il faudrait indéniablement s'y rallier. Il n'y a pas à s'insurger contre les faits. Mais, justement — et c'est là, d'une certaine manière, la grande nouvelle —, il ne l'est pas. Bien au contraire, la physique contemporaine, et plus précisément la physique quantique, jette à bas le mécanicisme.

Pour qui a lu la première partie de cet ouvrage, l'incompatibilité entre le mécanicisme et la physique contemporaine est, bien entendu, évidente. Il n'en est pas moins instructif d'analyser un peu dans le détail en quoi, précisément, elle consiste. Et, à cet effet, la première chose à faire est de bien repérer, de bien caractériser cette « philosophie implicite », cette sorte de « vision du monde admise comme allant de soi » que l'on peut appeler philosophie mécaniciste.

A y bien regarder, cette « philosophie » — que nous nous proposons de réfuter — comporte trois idées constitutives :

La première est que tout est descriptible, au moins qualitativement, au moyen des seuls *concepts familiers* ou de concepts obtenus à partir de ceux-ci par des chaînes relativement courtes d'abstractions ou de généralisations. En somme, c'est l'idée déjà notée que le réel est composé un peu comme une horloge ou un vieux chronomètre de grand-papa. Un chronomètre, c'est compliqué, certes : roues dentées de toutes dimensions, ressorts, etc. Et très subtil. Mais, pour en décrire la structure et le fonctionnement, de nouveaux concepts ne sont pas requis. Ceux de roue dentée, de ressort, de force de poussée (celle qu'une dent d'une des roues exerce sur celles d'une autre), nous les possédons au départ. Notons qu'en mécanique « rationnelle » et en physique classique en général, la situation est presque la même. Une notion comme celle de point matériel n'est, il est vrai, pas familière. Mais nous pouvons l'atteindre à partir de l'idée de grains de sable, par un passage à la limite intuitivement assez facile. Il en va plus ou moins de même pour les notions d'inertie, d'énergie, etc. Même une notion comme celle d'interférence peut être aisément ramenée à des intuitions de bon sens (un creux annulant une bosse, comme Étienne Klein l'a rappelé). Certes, la physique classique était quantitative et avait dû, pour cette raison, faire appel aux mathématiques. Mais, fondamentalement, celles-ci étaient surtout un habillage. Tout restait descriptible, au moins qualitativement, au moyen de concepts encore relativement proches de notions assez usuelles.

Or, la physique contemporaine réfute cette première idée. Pour le montrer, il suffit de prendre un ou deux exemples. Ainsi considérons la notion d'espace-temps, qui constitue un des fondements de la théorie de la relativité et sur laquelle nous reviendrons. Elle n'est pas du tout « usuelle ». Dans l'espace-temps, si l'on change de référentiel, le temps se transforme en partie en espace et inversement. Il est clair que cette idée-là ne fait partie ni de nos idées intuitives, ni des abstractions simples que l'on pourrait tirer de ces idées. Si nous remontons à des philosophies plus ou moins traditionnelles, nous ne trouvons rien de semblable. Donc, il s'agit vraiment de quelque chose qui dépasse tout à fait nos concepts familiers. La physique reconnaît pourtant que cette notion est nécessaire. Et l'on ne parlera même pas de la relativité générale, qui renchérit là-dessus avec des espaces courbes et *tutti quanti*...

Si, maintenant, nous nous tournons du côté de la théorie des particules dites élémentaires, nous y trouverons quelque chose d'encore plus frappant : c'est le phénomène de création et d'annihilation dont il sera question plus en détail au chapitre qui suit. Dans ce phénomène, comme on le verra, le mouvement se trouve transformé en objet. Nous prenons deux protons. Ils ont chacun un certain mouvement, une certaine vitesse, donc une certaine énergie. Nous les faisons se rencontrer, puis ils se séparent de nouveau. Nous avons toujours les deux protons, mais le mouvement de ces protons a été en partie transformé. On a vu apparaître d'autres particules qui ont été *créées* par ce mouvement. Or, un mouvement, c'est une propriété des objets, et il y a là par conséquent transformation d'une propriété d'objet en objet. Cela, c'est quelque chose qui dépasse tout à fait nos concepts familiers. En effet, dans l'attirail de nos concepts familiers, il y a d'une part les objets, d'autre part les propriétés de ces objets, comme la position, le mouvement, etc. ; et, normalement, ce sont là deux catégories qui ne se transforment pas l'une en l'autre. Évoquer une telle transformation paraît aussi absurde que si l'on disait que l'on peut transformer la hauteur de la tour Eiffel en une autre tour Eiffel, ou bien que dans une collision entre deux taxis ceux-ci peuvent réapparaître intacts, leur mouvement étant transformé en quatre, cinq, six... autres taxis ! Cela vise à faire sentir qu'il y a vraiment, dans la physique moderne, un dépassement nécessaire des concepts familiers. La première idée de la philosophie mécaniciste se trouve ainsi réfutée.

La deuxième idée de base de la philosophie mécaniciste (idée que la physique classique avait reprise) peut être appelée l'idée de *divisibilité par la pensée*. C'est l'idée selon laquelle, à supposer que l'on connaisse les lois physiques, les forces liant les différents objets les uns aux autres, etc., si, de plus, on connaît de façon exacte l'ensemble des parties d'un système, on connaît de ce fait le système tout entier.

C'est là une idée qui n'est pas toujours explicitée, qui en général, même, ne l'est pas, mais qui n'en est pas moins une idée fondamentale de la pensée mécaniciste. Prenons par exemple le système solaire, envisagé du point de vue de l'astronomie de position traditionnelle. Si, la loi de la gravitation universelle étant connue, nous connaissons en outre, à un certain instant, la position et la vitesse de tous les corps célestes qui composent ce système, nous pouvons tout calculer de ce qui se passera ensuite : position et vitesse de chacun à tout moment, corrélations, etc. Donc, nous connaissons le système. Du point de vue qui a été choisi, il n'y a rien d'autre à connaître que cela. En physique classique, même chose : il y va de soi que l'on peut diviser les systèmes de la sorte, par la pensée. En langage précis : supposées connues les lois de force, la connaissance (exacte) des parties y donne, par hypothèse, celle du tout qu'elles composent. En ce sens, l'on a pu dire que dans la pensée mécaniciste, et plus généralement en physique classique, le tout n'est finalement *pas* plus que la somme de ses parties.

Cette idée de divisibilité par la pensée est assurément grande et belle. Elle fonde celle d'analyse, qui est elle-même le socle sur lequel la science, depuis Galilée, s'est construite. A Dieu ne plaise qu'on cesse un jour de la communiquer aux générations nouvelles ! Des catastrophes s'ensuivraient. Et cependant, il s'avère aujourd'hui que son importance est essentiellement de l'ordre de la pratique. En d'autres termes, elle ne peut pas constituer l'idée-force d'une vision du monde. En effet, prise dans ce sens, elle est fausse. Elle est réfutée elle aussi, cette fois par la physique quantique. Le point est délicat. Il a déjà été abordé au chapitre VIII de la première partie, à propos de la controverse Bohr/Einstein relative à la complétude. Nous y reviendrons d'une manière plus spécifique au chapitre 4 de cette seconde partie.

La troisième idée de base de la philosophie mécaniste (idée que la physique classique a également reprise à son compte) est celle d'objectivité forte. L'expression n'est pas tout à fait familière, bien qu'Étienne Klein y ait déjà fait allusion plus haut. La plupart des scientifiques, pour désigner la notion à laquelle elle renvoie, utilisent simplement le mot « objectivité », qui leur paraît tout à fait clair et par conséquent suffisant. Mais c'est là méconnaître une donnée très importante : même concernant les énoncés scientifiques, le mot « objectivité » peut revêtir deux sens extrêmement différents.

Multiples sont les exemples du genre de difficultés qu'une telle ambiguïté peut entraîner. Donnons-en un qui se rapporte à une problématique un peu ancienne, mais qui est amusant et éloquent. Nous l'empruntons au passage des *Provinciales* de Blaise Pascal que cet auteur consacre à la notion de grâce suffisante. Comme on le sait, les amis jansénistes de Pascal niaient cette notion et ils étaient pour cette raison attaqués par la plupart des groupes religieux de l'époque, les jésuites, les dominicains, les molinistes, etc. Pascal, faussement naïf, imagine un personnage qui va voir successivement ces divers groupes d'opposants, qui dit à chacun : « Il faut que je parle de la grâce suffisante aux gens ; il faut que je me fasse une opinion ; qu'est-ce que la grâce suffisante ? », et à qui chacun fournit une définition différente. A la fin, il demande à son dernier interlocuteur : « Mais enfin, mon père, il faut bien que je dise quelque chose : si l'on m'interroge là-dessus, que dois-je répondre ? » Et le révérend père de répliquer : « Mon fils, c'est extrêmement simple : vous n'avez qu'à dire que l'on doit croire à la grâce suffisante et *vous devez surtout vous bien garder de définir cette expression.* »

Avec la notion d'objectivité, il se passe quelque chose de similaire. Dire cela, c'est sans doute grossir quelque peu le trait, mais, dans un sens, pas tellement. Et la chose est peut-être plus grave pour la notion d'objectivité que pour celle de grâce suffisante. Il se passe quelque chose de similaire, car nous autres scientifiques, quand nous disons « la science est objective », nous ne sommes pas tous d'accord entre nous sur ce que cette assertion veut dire au fond. En d'autres termes, quand nous proclamons cette vérité sur les toits sans préciser ce que nous avons dans l'idée, nous occultons — aux yeux du public, mais aussi quelque peu aux nôtres ! — certaines difficultés de compréhension que — avouons-le — nous n'avons pas toujours envie de regarder vraiment en face.

Les difficultés en question tiennent au fait qu'il y a au moins deux définitions possibles et raisonnables de ce fameux mot d'*objectivité*, et cela, même au sein de la physique. Pour le voir, tournons-nous vers les énoncés de base de cette science. Nous y trouvons d'abord, en particulier en physique classique, des énoncés qui ont ce que j'appelle une objectivité forte. Ce sont des énoncés qui sont objectifs en ce sens qu'ils peuvent être interprétés comme portant sur les choses elles-mêmes, tout à fait indépendamment de la connaissance que nous pouvons en avoir. Et, en général, ils sont, naturellement, interprétés comme cela. L'énoncé de la loi de la gravitation : « Entre deux objets massifs il existe une force — ou une accélération — inversement proportionnelle au carré de la distance entre ces objets », est un énoncé où l'être humain n'apparaît pas, qui peut, sans incohérence interne, être supposé porter sur les choses elles-mêmes (sur les choses « en soi ») et qui, en général, est effectivement compris ainsi. La majorité des énoncés scientifiques, en tout cas les énoncés de base de la physique classique, sont rédigés en de tels termes et compris comme on vient de dire, sans que les gens aillent se poser la moindre question philosophique à ce sujet.

Or, l'on sait déjà (voir première partie, chapitre VI) qu'en physique quantique « standard » (laissons de côté pour l'instant certaines spéculations « sauvages ») les choses ne se présentent pas de cette manière. Quand on demandait à Niels Bohr si la physique était objective ou subjective, il répondait en substance : « Bien entendu, elle est objective puisqu'elle est valable pour n'importe qui ! » C'est là une deuxième définition de l'objectivité. D'un énoncé objectif en ce deuxième sens, nous dirons qu'il est à « objectivité faible ». De tels énoncés sont en particulier ceux qui se formulent comme des règles : « Si l'on fait ceci, on observera cela. » Le point essentiel est que parmi les axiomes de la mécanique quantique usuelle, celle que l'on enseigne, il y en a qui sont à objectivité faible et qui ne peuvent pas être traduits en termes d'objectivité forte...

Ici, pour être exhaustif, il faut dire qu'il y a quand même à cela une échappatoire (autre que celle, hélas souvent utilisée, qui consiste à « faire du flou » !). Certaines modifications de la théorie quantique permettent *réellement* de retrouver cette « objectivité forte » à laquelle la physique classique nous avait si fort habitués. Il s'agit entre autres des modèles dits à « variables cachées non locales ». Il se trouve cependant que de tels modèles se heurtent à des difficultés considérables qui font que la plupart des physiciens sont très sceptiques à leur égard. Ce sujet est ardu, mais plus loin (chapitre 4), je tenterai cependant d'en faire connaître les très grandes lignes sans faire appel à une dissuasive technicité. Au point où nous en sommes, disons seulement que, tout bien considéré, la notion d'objectivité forte est, en physique, des plus malades.

Ainsi donc, la physique quantique représente une révolution par rapport au mécanicisme implicite insufflé en beaucoup d'esprits par le développement de plusieurs sciences. A première vue, ces sciences (biologie moléculaire, neurologie...) semblaient certes, par extrapolation naturelle de leur contenu, corroborer le mécanicisme en question. Mais nous le savons maintenant : cela tenait au fait qu'elles n'ont guère à se soucier de la physique fine des molécules qu'elles considèrent. En y regardant de plus près, nous avons vu que la physique quantique réfute totalement deux des trois idées de base du mécanicisme et rend la troisième quasiment insoutenable elle aussi.

Mais s'agit-il seulement d'une réfutation du mécanicisme ? En fait, certaines de nos conclusions vont manifestement plus loin. La preuve en est qu'elles surprendront même des personnes de formation scientifique classique, pourtant déjà bien familiarisées avec l'idée, étrangère au mécanicisme, de la construction des concepts. Pour une part, c'est une question de degré. Certes, la physique d'avant la relativité et les quanta ne se fondait pas sur les seules notions usuelles. Elle mettait en jeu des notions construites. Mais construites au moyen d'idéalisations qui — telle, encore une fois, celle de « point matériel » — ne heurtaient jamais radicalement l'intuition. Quoi qu'en pensent peut-être certains disciples de Bachelard, Niels Bohr n'avait, en ce sens, pas tort d'écrire que la mécanique classique est « fondée sur l'usage [...] d'images et d'idées qui se réfèrent aux événements de la vie quotidienne[1] ». Dans la physique contemporaine, les choses, on l'a vu, ont à cet égard bien changé. Mais il y a plus. En effet, la physique classique restait pleinement compatible, finalement, avec la notion de divisibilité par la pensée de la totalité de « ce qui existe », idée à laquelle on a vu qu'il faut renoncer. Pour les personnes qui ont pris l'habitude d'extrapoler conceptuellement les résultats fournis par la méthode analytique c'est là un grand bouleversement de la « vision scientifique du monde ». Et, de fait, comme nous le verrons, ce bouleversement est — pour elles, mais aussi pour tout un chacun — tellement significatif qu'il jette à fort juste titre la suspicion sur le « réalisme physique », c'est-à-dire sur la conception selon laquelle cette « totalité de ce qui existe » qui vient d'être évoquée serait « en droit » descriptible par la physique. Bien entendu, une telle « suspicion légitime » ne peut que se transformer en rejet pur et simple pour qui choisit d'adhérer à l'interprétation usuelle de la mécanique quantique, puisque l'objectivité de celle-ci est seulement « faible », au sens ci-dessus défini. Les chapitres suivants dessineront plus précisément les contours de ces perspectives.

---

1. N. Bohr, *Physique atomique et connaissance humaine*, Éditions Gonthier, 1961, p. 112.

2

Matière, événements et structures

Regarde au fond des choses.
MARC AURÈLE.

1. Matière

$E = mc^2$: aucune formule de physique n'a certainement jamais atteint le cent millième de la notoriété de celle-là ! Il n'est sans doute pas un *peón* de la Pampa, pas un pêcheur de perles d'Indonésie, pas un courtier de Wall Street qui n'en ait vaguement entendu parler, même si, dans leur immense majorité, ils ignorent tout de son sens.

Tout, vraiment ? Non, pas exactement. D'elle, ils savent quand même deux choses. La première, c'est qu'elle est d'une efficience extraordinaire (selon la couleur de leur jugement sur le monde, ils la rapportent en premier lieu soit à la bombe d'Hiroshima, soit aux bienfaits croissants de la fée Électricité). La seconde, ils l'expriment par l'assertion : « cette formule a quelque chose de mystérieux » ; ce qui est une manière floue mais concise d'énoncer une vérité : le sens de la formule d'Einstein ne s'inscrit pas à l'intérieur de notre vision familière du monde.

Ce sens qu'elle a, c'est l'équivalence masse-énergie, autrement dit celle d'une quantité, la masse, conçue en général comme une mesure de la « quantité de matière », et d'une autre, l'« énergie », qui, elle, dépend de la vitesse et de la position des corps, donc de *propriétés* de cette matière. La formule implique donc cette surprenante possibilité d'une transformation de matière en « propriétés de matière » à laquelle nous avons déjà fait allusion... Et c'est bien effectivement une telle « alchimie » qui se produit lors des transmutations d'atomes qui, dans les réacteurs, servent à produire de l'électricité. Là, les noyaux d'uranium se scindent en deux gros morceaux et plusieurs petits, et la somme des masses des produits de cette « fission » est moindre que la masse du noyau initial. La différence se retrouve sous forme d'énergie, mais la « quantité de matière », au sens habituel du mot, apparaît comme non conservée.

Oui, dira-t-on, mais les noyaux sont des objets déjà composés eux-mêmes de parties, les « nucléons » (c'est-à-dire les protons et les neutrons, eux-mêmes composés de quarks et de gluons), et le nombre de ces nucléons ne change pas au cours de la réaction. N'y a-t-il pas dès lors un moyen très simple de préserver l'idée habituelle, familière, d'une conservation de la matière ? Il suffirait d'identifier celle-ci aux nucléons eux-mêmes, et par conséquent d'en mesurer la « quantité » non plus par la masse, mais par le « nombre de nucléons ».

En soi, l'idée est cohérente, mais elle est réfutée par une donnée de la physique contemporaine dont il a déjà été fait mention. Il s'agit du fait qu'il n'existe aucune sorte de particules dont le nombre reste constant quelles que soient les circonstances. Toute particule, quel que soit son type — électron, nucléon ou autre —, peut éventuellement être créée, concomitamment s'il y a lieu avec son antiparticule, lors d'un choc entre deux objets subsistants, et aux dépens de la seule énergie de mouvement de ces objets. Et, inversement, une particule et une antiparticule du même type peuvent s'annihiler réciproquement et leur masse totalement ou partiellement se transformer en pure énergie de rayonnement ou en mouvement d'autres objets. Dans les grands accélérateurs, de tels phénomènes sont à l'heure actuelle couramment observés et étudiés.

Le mot « antiparticules » vient d'apparaître. Il s'agit de particules dont la masse est la même que celle de la particule correspondante (la masse de l'antiproton est égale à celle du proton, etc.) et dont la charge, si charge il y a, est opposée. Ces antiparticules ne se rencontrent pas à l'état libre, car si l'une d'elles est créée, elle finira pratiquement toujours par rencontrer une « âme sœur », autrement dit une particule du type correspondant, avec laquelle elle s'annihilera. Quant au terme de « création », que l'usage a consacré, il ne signifie naturellement pas une création *ex nihilo*. Il n'empêche : compte tenu des phénomènes *dits* de *création* et d'*annihilation*, le matérialiste « démocritéen » qui voudrait à toute force sauver le principe de conservation de la matière « ancienne manière » n'aurait que trois voies à explorer — toutes trois se révélant d'ailleurs finalement pour lui des impasses, comme on va le voir.

La première consisterait à « se raccrocher » au fait que l'on peut donner de l'Univers une description uniquement en termes de « fermions ». Ce terme générique désigne des particules, telles que le proton et l'électron, présentant la propriété que la création de l'une d'elles s'accompagne de façon nécessaire de celle de l'antiparticule correspondante. De ce fait, le nombre (abstrait) « nombre de fermions moins nombre d'antifermions » ne peut évidemment que demeurer constant. Notre matérialiste pur et dur pourrait dès lors songer à ériger ce nombre abstrait en existant, l'appeler « matière » et dire : « Voilà, bonnes gens, j'ai retrouvé la conservation de la matière ! » Mais il est bien douteux qu'à la réflexion cette approche le satisfasse, car elle ne fait rien d'autre qu'ériger en *être* une abstraction mathématique. La démarche est platonicienne, mais tout à l'opposé de celle de Démocrite, grande référence, comme on le sait, des matérialistes les plus authentiques.

Une autre voie à explorer consisterait à ériger en « description littéralement vraie du monde » un schéma théorique déjà un peu ancien mais, en vérité, remarquable, dû au physicien britannique P.A.M. Dirac. Il s'agit de ce que l'on appelle la « théorie de la mer infinie des états à énergie négative ». Selon ce schéma — audacieux ! — les particules sont susceptibles de se trouver dans certains états, dits « à énergie négative » (tel est leur nom : n'essayons pas de lui trouver une interprétation ésotérique !) ; et, de fait, ces états, qui sont en nombre infini et remplissent « tout » (d'où l'allégorie de la « mer »), sont, par hypothèse, normalement tous occupés, chacun par un fermion et un seul. Mais la chose n'est — toujours par hypothèse — pas directement observable. Ce qui l'est, c'est tout *changement* se produisant à partir de cet état fondamental. Si un fermion, sous l'influence d'un événement quelconque, quitte son état à énergie négative et se place dans un état à énergie positive, il nous devient par là subitement observable (à condition, bien sûr, que nous disposions des appareils appropriés). Et le vide, le « trou » qu'il a laissé dans la « mer » devient lui aussi observable, et, bien entendu, avec une charge opposée à celle du fermion, puisqu'il s'agit d'un « manque de charge » de la « mer ». Dans le schéma, ce trou n'est autre que l'antifermion, apparu — bien évidemment — simultanément avec le fermion. Le phénomène des créations de paires est expliqué ! Quant à l'annihilation d'une paire particule/antiparticule, elle s'explique tout aussi aisément : la particule rencontre un trou, elle tombe dedans et tout disparaît au sein de l'invisible « mer ».

A la lecture de ceci, beaucoup de profanes auront du mal à s'empêcher d'un peu sourire... Beaucoup penseront que l'auteur et les partisans d'une théorie aussi fantastique manquent vraiment d'esprit critique. La plupart réviseront cependant leur jugement quand ils sauront que la théorie en question — dont seule la face descriptive et qualitative a été ci-dessus rappelée, mais qui est, en fait, toute bardée de grosses équations — non seulement a permis une première réconciliation de la relativité avec les quanta, mais surtout a conduit à la prévision théorique de ces extraordinaires phénomènes de création et d'annihilation dont il est ici question et dont l'expérience n'a fait, pour l'essentiel, que confirmer *a posteriori* l'existence. Malgré cela, ce serait une erreur de croire que la communauté physicienne tend dans son ensemble à ériger en description littéralement vraie du monde cette imagerie de la « mer ». En elle, bien trop de choses inobservables sont postulées. On préfère aujourd'hui la concevoir comme un simple modèle heuristique ayant joué historiquement un rôle fécond, mais auquel il convient de préférer un formalisme plus abstrait rendant compte des mêmes phénomènes.

Comme noté ci-dessus, la deuxième voie que notre matérialiste « pur et dur » pourrait songer à explorer consisterait à refuser la solution formaliste qu'on vient d'évoquer et à ériger le « schéma de la mer » en description du monde tel qu'il est. La démarche ne se heurterait pas à une impossibilité logique. Il est *concevable* que la « mer » existe, qu'elle soit inobservable, qu'elle ne provoque aucune limitation de nos possibilités de déplacement, etc. Du point de vue des équations, tout ceci se tient et est cohérent. Mais, d'un autre côté, quelle distance « infinie » n'y a-t-il pas entre la conception du monde, et des matériaux constitutifs du monde, résultant de ce beau montage spéculatif, et l'idée initiale de notre matérialiste plus ou moins démocritéen ! Au départ, celui-ci nous disait en somme : « Allons, soyons sérieux : ne brodons pas, à partir des surprises que cause inévitablement toute découverte scientifique, une mythologie romantique du monde. N'allons pas échafauder quelque vision privilégiant des idées neuves, dont l'étrangeté même a un parfum de séduction, aux dépens des idées solides, bien ancrées dans l'évidence, et dont l'expérience aussi bien familière que scientifique confirme tous les jours la valeur. » Or, voici qu'à l'arrivée ce même esprit sobre irait faire sien un schéma dont les notions constitutives sont totalement incompatibles avec ces idées de « bon sens » !

La troisième et dernière possibilité que notre homme pourrait explorer est relative à un schéma conceptuel dérivé de celui de la « mer », mais différent et dont la substructure formelle est due au physicien Richard Feynman. Les antiparticules y sont conçues comme des particules qui « se propageraient de l'avenir vers le passé ». N'insistons pas : il est évident que, prise à la lettre, cette assertion contient une contradiction dans les termes. Si elle a un sens — et, dans le formalisme mathématique de Feynman, c'est bien le cas — c'est parce que ce formalisme lui en confère un, lequel ne peut dès lors être autre que formel lui-même. Aux yeux de notre matérialiste démocritéen, elle ne peut, s'il est cohérent, que combiner les déficiences des deux suggestions précédentes : elle est opposée au bon sens et, qui plus est, elle est platonicienne.

2. Événements

La physique prérelativiste s'inspirait largement d'une vision « chosiste » du monde. Deux notions, matière et champs (champ électrique, champ de forces...), la dominaient. Encore les champs furent-ils longtemps compris comme n'étant qu'un mouvement, une tension, d'une sorte de matière plus « éthérée » que l'habituelle. Quant à la matière elle-même, elle était conçue comme formée essentiellement de petits grains — c'est-à-dire de petites choses — liés entre eux par des forces.

Un tel tableau est bien sûr simplificateur. En un sens, il est même simpliste, car, en réalité, au cours du XIXe siècle de nombreux scientifiques nièrent cette vision chosiste, ou du moins refusèrent d'y voir une description du « fond de la réalité ». Même eux, cependant, l'acceptaient à titre de bonne convention de travail. Une convention qu'ils jugeaient même indispensable pour la plupart. Aussi le tableau précédent, simplifié certes, n'est-il pas, dans le fond, vraiment trompeur.

Une telle vision chosiste exalte le statique relativement au dynamique. Dans cette conception, en effet, même le mouvement n'est qu'une qualité — après tout secondaire et transitoire — d'une *chose* localisée, douée, elle, de permanence. L'avènement de la relativité et des quanta devait modifier cette hiérarchie. Ainsi, en relativité, le mot clé n'est plus le mot « chose ». Le mot clé est le terme, dynamique par essence, d'« événement ». Ceci tient au fait qu'il représente l'élément de base de cette théorie : le point dans le continuum d'espace-temps. Dans ce même continuum, l'objet, la « chose », n'est au contraire qu'une entité complexe et dérivée, un faisceau de lignes (dites « lignes d'Univers ») constituées chacune d'une suite d'événements. La notion correspondante est ainsi secondaire à celle d'événement.

En relativité classique, l'objet conservait encore, il est vrai, les attributs de pleine permanence qu'il possédait en physique prérelativiste. L'apparition de la physique quantique et son élaboration par l'École de Copenhague devaient rendre obsolète même cette idée. Bien que l'on trouve « sur le marché » diverses tentatives d'interprétation de la physique quantique (nous aurons à en reparler), la seule à avoir vraiment fait la preuve de son efficacité (qui est immense) est celle qui résulte des travaux de cette École-là. On lui donne souvent le nom, assez flou mais commode, d'« interprétation de Copenhague ». En fait, il s'agit d'une œuvre collective (Bohr, Heisenberg, Born, Pauli, Johann von Neumann en sont les principaux auteurs) à laquelle chaque participant a, comme il est naturel, donné un tour un peu particulier, différent de celui donné par les autres. Toutes ces variantes ont cependant des traits communs et, parmi ceux-ci, le fait qu'un objet atomique ou subatomique n'y jouit en général pas d'une authentique permanence, au sens où l'on entend d'ordinaire le mot. Il n'apparaît qu'ici ou là lors d'une mesure, c'est-à-dire lorsqu'il est détecté par un appareil (de dimensions macroscopiques) conçu pour effectuer cette détection. Mais il n'est pas possible, même par la pensée, de lui attribuer dans l'intervalle une « trajectoire », c'est-à-dire de l'imaginer occupant à chaque instant un lieu précis, même quand il n'est pas observé.

Des textes de Bohr émerge même une variante plus radicale encore de cette idée. Les objets atomiques et subatomiques n'y possèdent en soi aucun attribut qui leur soit propre. Ils constituent de fait des *touts* indivisibles avec les instruments d'observation. Ceux-ci, au contraire, sont descriptibles — en tant du moins qu'ils servent vraiment à observer ! — au moyen des notions classiques, et peuvent dès lors être conçus comme possédant de tels attributs. C'est seulement par convention, par commodité et dans le cadre d'une expérience donnée — donc au vu d'un dispositif expérimental convenablement précisé — que l'on peut s'exprimer comme si l'objet microscopique étudié avait déjà la propriété, encore inconnue, que le dispositif va mesurer. Il est bien clair que, principalement lorsqu'elle est ainsi comprise, la mécanique quantique relativise radicalement la notion d'objet atomique en la subordonnant à celle d'événement (en l'espèce, la mesure faite par l'instrument).

Mais pouvons-nous arrêter ici l'analyse ? Pouvons-nous dire que la physique quantique ne fait que confirmer le caractère premier de l'événement et, par voie d'inférence, la possibilité d'ériger celui-ci en existant ultime unique ? Il n'en est rien, pour deux raisons. La première est que les événements-mesures dont il vient juste d'être question sont des événements bien particuliers, dont la notion générale d'« événement » est loin de refléter les caractères essentiels. La seconde est que la non-divisibilité par la pensée — ou non-séparabilité —, mentionnée au chapitre précédent, ne peut pas être perdue de vue. Or, elle s'oppose évidemment à toute idée de centrer la physique sur l'événement, étant donné que cette notion est, par définition, purement locale (un événement a lieu à un instant *et en un point*). Impossible, par conséquent, de voir dans l'événement-en-général le constituant ultime du Réel.

De cette étude, il est permis de tirer deux leçons au moins. La première est que l'idée d'interpréter le monde comme une sorte de « nœud d'événements » appartient en définitive au lot des « fausses bonnes idées ». Elle est un progrès par rapport à la thèse chosiste. Elle va dans la bonne direction. Mais, finalement, elle échoue. Il nous faut un changement qui soit plus rude encore. La seconde leçon — plus générale — est que, compte tenu de tout cela, l'étrangeté de notre monde apparaît vraiment comme considérable. Si considérable, en vérité, qu'au premier choc elle peut décourager le néophyte. Mais si ce sentiment nous prend, ce sera le moment de nous rappeler la philosophique sagesse d'un Stendhal, qui nous fait remarquer au détour d'une phrase que les gens n'ayant aucune étrangeté en eux sont tout à fait rares et — souligne-t-il — « généralement inintéressants ».

3. Structures

On l'a bien vu, dans la première partie comme ici : selon la physique quantique « orthodoxe » (l'interprétation de Copenhague dans n'importe laquelle de ses variantes), nous n'avons pas le droit de penser un objet quantique (on dit aussi « microscopique » ou « atomique ») comme ayant *en soi* des propriétés du type position, vitesse, etc. Le modèle qui consiste à imaginer les objets comme constamment doués de toutes leurs propriétés mesurables, connues ou non, était vrai en physique classique ; en physique quantique, il ne l'est plus. Or, parmi les propriétés, il y a la forme (la configuration particulière des molécules, par exemple). La mécanique quantique nous met par conséquent en garde contre notre penchant spontané à considérer les formes — les *structures* — comme des propriétés possédées par les objets microscopiques, molécules ou autres. Concevoir les choses de cette manière est possible en certains cas, la physique quantique elle-même le montre, et à l'intérieur de certaines limites de précision, variables selon l'objet considéré. Mais il est interdit d'extrapoler et encore bien davantage de — si j'ose le terme ! — « ontologiser ».

Nous touchons ici à une zone de problèmes assez sensibles. L'une, en fait, des plus délicates de toute la physique actuelle : la zone frontière entre le « microscopique » (c'est-à-dire le domaine où le formalisme quantique commande tout) et le « macroscopique » (à savoir le domaine où la physique classique s'applique bien et où, au contraire, le formalisme quantique devient trop lourd pour être d'aucune utilité en général). Le casse-tête provient du fait que les deux formalismes en jeu, celui de la physique quantique et celui de la physique classique, non seulement sont très dissemblables, mais encore font référence — de manière tout à fait fondamentale — à des systèmes de concepts fort différents, pour ne pas dire antagonistes. Dans leur esprit, ils sont chacun « naturellement proches » d'une certaine philosophie de la connaissance, par l'entremise de laquelle ils se comprennent mieux qu'autrement ; mais ces philosophies sont différentes. Pour faire bref, disons que l'une est celle d'un opérationalisme qui confine à l'idéalisme, et que l'autre avoisine le réalisme que les philosophes appellent « naïf ».

Il est tentant de vouloir échapper à une telle tension en postulant que nous avons réellement affaire à deux « mondes » obéissant à deux physiques toutes différentes : celui des objets dits microscopiques (« petites » molécules, atomes et particules élémentaires), et celui des objets macroscopiques (disons : tous les autres). Certains non-physiciens — et quelques rares physiciens — prennent parti pour cette option sans en voir les difficultés. Très rapidement et schématiquement, notons certaines de celles-ci.

La première est de classification : si ces physiques sont différentes, il faut que la distinction entre objets microscopiques et macroscopiques soit tout à fait nette. Or, le moins que l'on puisse dire est que nous, physiciens, sommes incapables de définir entre ces deux catégories de choses une frontière qui soit tranchée. En effet, il y a des objets qui sont très gros, très lourds (jusqu'à une tonne !) et qui pourtant *doivent* être traités au moyen de la mécanique quantique. Les critères de poids et de taille sont donc, à l'évidence, inadéquats. Mais on est fort en peine d'en trouver d'autres. Nous reviendrons sur ces points au chapitre 6.

En sus de cette difficulté d'ordre scientifique, la thèse des deux physiques séparées soulève des problèmes d'ordre conceptuel dès que l'on entreprend de lui faire effectivement endosser le rôle que l'on aimerait qu'elle jouât. Dans l'esprit de la plupart de ses partisans, ce rôle serait, en effet, de rendre notre description scientifique du monde compatible avec le réalisme plutôt « chosiste » que nous avons intuitivement présent à l'esprit et avec lequel la physique classique pouvait fort aisément être accordée. Or, ceci est très difficile, car il entre dans notre idée même de « chose » non seulement qu'une « chose » a à tout moment une position, une vitesse, une forme déterminées, mais aussi qu'une « partie de chose » est elle-même une chose, et ainsi de suite, jusqu'aux extrêmes de petitesse. Il faudrait par conséquent qu'un atome, un électron, un quark soient de telles choses, soient donc pensables eux aussi comme ayant de tels attributs, autrement dit soient eux-mêmes des objets classiques, ce qui nie la thèse de départ et contredit les faits eux-mêmes.

La thèse des deux physiques séparées a connu des généralisations, certains auteurs ayant soutenu que chaque science a son domaine propre dont elle ne doit jamais sortir. Sous une forme aussi extrême, l'idée est très certainement fausse, et, de fait, il semble difficile, par des nuances et des subtilités d'ordre sémantique, de la rendre acceptable tout en lui conservant une vraie portée. Les noms ronflants dont sont parfois parées les tentatives ainsi faites (« macro-objectivisme », « thèse des ontologies régionales »...) ne doivent point trop impressionner. Ils réfèrent plus à des programmes, à des espoirs qu'à des solutions véritables, et ont l'effet pervers de faire finalement écran aux problèmes conceptuels posés.

Il serait dommage de quitter la question des structures sans mentionner un point qui concerne leur complexité. Il s'agit du fait que la complexité de *certaines* de ces structures peut s'expliquer à partir de lois générales mathématiquement tout à fait simples. Les penseurs à qui la chose échappe ont, à vrai dire, quelques excuses, car, dans le domaine de la science dite classique, le phénomène est moins net. Une structure telle que le système solaire présente bien une certaine complexité, qui est engendrée par la mécanique *classique*, mais ce n'est pas une complexité structurelle au sens strict du terme. En effet, il n'y a aucune raison de penser — dans la première partie, Étienne Klein a déjà noté des faits analogues — qu'il pourrait y avoir deux systèmes solaires identiques dans l'Univers : les petits et grands axes et les excentricités des orbites des diverses planètes peuvent prendre une infinité (non dénombrable !) de valeurs, dépendant de conditions dites « initiales » qui sont pleinement contingentes et n'ont par conséquent aucune raison de se reproduire d'un système à l'autre. La vraie complexité structurelle est celle, par exemple, d'un cristal de neige dans lequel, même si certaines distances peuvent différer d'un exemplaire à l'autre, beaucoup d'autres données — angles, etc. — se retrouvent, elles, à l'identique. Ou encore celle d'une grosse molécule organique, dont la forme est la même pour toutes les molécules du même type, ou, si elle varie, le fait seulement par paliers et selon des lois bien précises.

Ce type raffiné de complexité, la physique classique est assez démunie pour l'expliquer dans son tréfonds de façon simple. Les seuls effets « classiques » simples qui le rappellent sont certains phénomènes de nature ondulatoire. Aussi n'est-il pas surprenant que ce soit la mécanique quantique — appelée « mécanique ondulatoire » à ses débuts — qui, dans certains cas, en fournit finalement la clé. Ce n'est pas, loin s'en faut, une clé universelle. La mécanique quantique n'explique pas la morphologie des êtres vivants : elle en est infiniment loin ! A elle seule, elle ne permet même pas le calcul *exact* des structures des grosses molécules. Mais du moins explique-t-elle qualitativement l'étonnante *spécificité* des structures moléculaires, même très complexes. Et le point sur lequel on désire ici attirer l'attention est qu'elle le fait — au moins lorsque la molécule n'est point trop grosse — à partir d'une équation différentielle, l'équation de Schrödinger, dont la structure mathématique est des plus simples. Les « faits mathématiques » que la nature exploite ici sont qu'une telle équation a un grand nombre de solutions bien distinctes les unes des autres, pour certaines, très compliquées, et que le jeu de certains grands principes, eux aussi simples, a pour effet, dans certains cas, que c'est l'une de ces dernières qui est la solution stable, celle donc qui se manifeste. D'un point de vue général, la possibilité d'un engendrement du très complexe à partir d'une équation simple est un « théorème » digne d'attention, et, dans une discussion philosophique portant sur la complexité, le fait que certaines formes fondamentales de complexité naturelle relèvent de ce « théorème » ne doit pas être perdu de vue.

3

Une théorie modèle : la relativité

La perfection d'une pendule n'est pas d'aller vite, mais d'être réglée.
VAUVENARGUES.

Dans nos entretiens, argumentations et discussions, les mots « concrètement parlant », « soyons concrets », « ne nous égarons pas dans l'abstraction », reviennent comme des litanies. Un Huron qui nous entendrait pourrait croire que « concret » = « bien », et « abstrait » = « mal »... Les choses, cependant, ne sont pas aussi simples ! Il y a des domaines dans lesquels, à partir d'un certain niveau, on ne pourrait tout simplement *plus avancer* sans un recours à l'abstraction. En physique, science empirique, il faut donc jouer des deux cordes, et la règle y est celle-ci : l'on doit prendre l'expérience pour point de départ et scrupuleusement s'y référer en tant que moyen de contrôle. C'est en cela qu'il faut être concret, et c'est ce qui préserve des si dangereuses abstractions vides. Il faut en revanche *se bien garder* de prétendre décrire « ce qui se passe » par le seul moyen de « concepts concrets ». On le sait déjà, mais on ne le soulignera jamais assez : fort souvent, ces concepts concrets, ces « notions familières » ne permettent aucunement la description en question, mais au contraire nous égarent.

De ceci, la théorie de la relativité fournit, comme on le sait déjà aussi, une excellente illustration. Il est bon de l'examiner d'un peu plus près, car ces deux assises de la physique contemporaine que sont la relativité et la mécanique quantique, bien que très différentes, ne sont pas sans rapports. Il serait difficile de se former un aperçu équilibré de la seconde tout en ignorant même l'A B C de la première. De plus, c'est une bonne introduction au mode si fécond de l'abstraction quantique que la rencontre préalable avec une abstraction malgré tout moins déconcertante. Il n'est cependant pas question de perdre ici de vue l'objet même de ce livre, qui est la physique quantique, et le présent petit chapitre ne sera donc qu'un rapide coup de projecteur jeté sur l'« assise » relativiste. Notre but est seulement d'y discerner ce qui pourra servir à une plus exacte compréhension des questions conceptuelles posées par ces *quanta* qui nous occupent.

Il nous suffira pour cela de nous pencher sur la relativité dite *restreinte*, celle élaborée par Einstein en 1905 et qui ne concerne ni la gravitation ni l'étude des mouvements accélérés.

De cette théorie, l'on connaît déjà le joyau : l'équivalence masse-énergie, $E = mc^2$, considérée comme le « clou de la théorie » par tous ceux qu'intéressent surtout les applications. Les autres, ceux qui sont également soucieux de compréhension, la mettent très haut, mais pas plus haut, cependant, que le grand fondement théorique d'où sa découverte est issue. On pense ici à la notion d'espace-temps, et plus précisément au fait qu'un simple changement de point de vue — le passage d'un « référentiel », disons *la gare* pour faire bref, à un autre, disons *le train* — induit une transformation partielle du temps en espace, et vice-versa. Temps et espace sont *relatifs*. L'impact philosophique de cette rupture avec les notions familières a déjà été signalé. Il est immense, et je n'y reviens pas. Ici, c'est l'impact scientifique qui retiendra notre attention.

Mais d'abord : d'où provient cette étrange idée de relativiser ainsi le temps ? Disons-le en quelques mots : d'une réflexion purement théorique portant sur la structure mathématique de la théorie électromagnétique classique. Ce travail de pensée, fortement avancé déjà par Poincaré et par

Lorentz, fut mené à son terme par Einstein, comme chacun sait. Et un point d'histoire qui, pour nous, vaut d'être noté, est que la découverte en question fut faite sans référence à une base concrète directe. Einstein l'a explicitement dit : l'expérience de Michelson et Morley, dont la nature va être rappelée ci-dessous, n'a pas été, contrairement à ce que l'on imagine fréquemment, le point de départ de sa réflexion. C'est là une donnée de fait qui confirme le rôle essentiel (trop souvent occulté par la vulgarisation) de la théorie et de l'abstraction dans la genèse des grandes idées.

Cela dit, il est indéniable que le résultat de la très célèbre expérience de Michelson et Morley s'inscrit tout à fait bien à l'intérieur de la théorie relativiste, et par conséquent en confirme la validité. Pour comprendre ce dont il s'agit, il faut se rappeler que des expériences antérieures avaient mis en évidence d'une manière incontestable certains caractères ondulatoires de la lumière, qui la faisaient concevoir comme une vraie onde. Or, disaient Michelson, Morley et presque tous les physiciens de leur époque, s'il y a onde, il faut qu'il y ait « quelque chose » pour onduler. Évidence première de bon sens ! Ce quelque chose — support de l'onde lumineuse tout comme l'air, les solides, etc., sont supports de l'onde sonore — ne pouvait manifestement être l'air lui-même, puisque nous recevons la lumière venant des étoiles et qu'entre elles et la Terre il n'y a pas d'air. Il fallait donc que ce fût quelque autre milieu, plus subtil que l'air. On lui avait conféré le beau nom d'« éther ». Les étoiles, les planètes devaient « baigner » dans ce milieu, et comme elles ne sont pas fixes les unes par rapport aux autres, il fallait bien que certaines d'entre elles s'y déplacent. La Terre, en particulier, s'y déplaçait de façon quasi nécessaire, puisqu'elle tourne autour du Soleil. Même si, par une coïncidence étrange, le Soleil y est au repos, la Terre s'y meut donc. Et même si, par une coïncidence plus étrange encore, c'est elle qui, en juillet, est au repos par rapport à l'éther, elle ne peut plus l'être en décembre, puisqu'elle a tourné entre-temps. Pour qu'elle soit immobile dans l'éther tout au long de l'année, il faudrait que le Soleil s'y meuve d'une façon toute particulière, ainsi que toutes les autres planètes, les étoiles, etc. La supposition est absurde.

Pour l'essentiel, c'est ainsi que nos deux physiciens raisonnaient. En fait, ils avaient encore « dans leur manche » beaucoup d'autres arguments plus compliqués pour écarter, par exemple, l'idée d'un entraînement local de l'éther par la Terre, etc. Ils étaient donc tout à fait convaincus du mouvement dans l'éther de cette dernière. Or, disaient-ils, étant donné que la lumière ne se propage pas infiniment vite, le mouvement en question peut être détecté. En effet, puisque la lumière est — par hypothèse — onde dans l'éther, c'est évidemment par rapport à l'éther que sa vitesse de propagation est bien définie, et toujours la même dans tous les sens : de même que c'est par rapport au milieu-support, disons l'air, que le son possède une vitesse déterminée (la fameuse « vitesse du son »). Si donc la Terre se meut dans une certaine direction (par rapport à l'éther, toujours) et si deux repères terrestres se trouvent alignés dans cette direction, la lumière ne doit pas mettre le même temps pour se propager du premier au second que pour se propager du second au premier (à la limite, si la Terre allait à la vitesse de la lumière, la lumière émise par le repère arrière n'arriverait jamais au repère avant, de même qu'une voiture roulant derrière une autre ne peut jamais la rattraper si les deux ont la même vitesse). Inversement, il suffirait de détecter une telle différence dans ces temps de propagation pour établir que le mouvement en question existe bien.

Telle était donc, dans son principe, l'idée de l'expérience de Michelson et Morley. De fait, pour des raisons mi-théoriques mi-pratiques, le montage expérimental dut être plus complexe que celui qu'on vient d'esquisser. On le trouve décrit dans beaucoup de livres, et ses aspects techniques ne prêtent pas à controverse. Les calculs montraient (et montrent encore !) qu'avec l'appareillage dont ces physiciens disposaient, le mouvement de la Terre à travers l'éther devait vraiment être mis en évidence s'il existait.

Or le résultat de cette expérience, mille et mille fois recommencée, a toujours été négatif ! Certains disent que jusqu'à sa mort, Michelson est resté navré de ce qu'il considérait comme un échec. Si l'histoire est vraie, elle montre bien que même en science, l'importance d'une œuvre ne s'apprécie pas toujours aisément ! Avec le triomphe de la relativité, cet « échec », en effet, s'est mué à retardement en un succès exceptionnel, car il a confirmé l'une des prévisions apparemment les plus paradoxales de cette théorie : la vitesse de la lumière est la même par rapport à *tous* les référentiels en mouvement rectiligne et uniforme les uns par rapport aux autres. La lumière, certes, a des propriétés ondulatoires, mais tout se passe comme si c'était une onde dont le support (« ce qui » ondule) ne déterminerait ni la vitesse, ni d'ailleurs aucune autre propriété. Disons-le encore autrement et plus crûment : le support des « ondes lumineuses » — l'éther, autrement dit — n'existe tout simplement pas.

La relativité du temps et de l'espace nous fait toucher du doigt à quel point la physique contemporaine nous force à aller loin dans la renonciation au cadre rassurant des données du « bon sens » et des notions familières. Renonciation féconde, inhérente à une théorie au formalisme rigoureux, mais qui, il faut le dire, fut facilitée aussi par autre chose que les mathématiques. Cet « autre chose », qui permit à Einstein le saut décisif, fut une mise en doute « philosophique », déjà émise par plusieurs philosophes de son temps, du sens scientifique que telles et telles notions, même évidentes en apparence, peuvent avoir. Prenons un exemple pour fixer les idées. Soient deux tiges au repos, de longueurs égales. Imprimons à l'une d'elles un mouvement de vitesse donnée en la faisant glisser le long de la droite qu'elle définit. Pouvons-nous affirmer que la longueur de cette tige, maintenant en mouvement, est encore égale à celle de la tige restée au repos ? « Bien sûr que oui, répond le "gros bon sens". Cela est évident. Cela n'appelle aucune vérification. » « Mais — répondent en substance Einstein et les philosophes en question — comment le savez-vous ? Pour pouvoir l'affirmer, il faut que vous nous indiquiez comment vous allez vous y prendre pour vérifier l'égalité. » « Qu'à cela ne tienne — répondons-nous —, nous prenons la tige en mouvement, nous l'appliquons sur celle qui est au repos, et nous constatons que les extrémités de chacune d'elles coïncident. » Mais, durant le temps même que nous énonçons cette réponse, il nous saute aux yeux qu'elle n'est pas vraiment adéquate, car pour opérer de cette manière, il nous a fallu arrêter la tige : ce que nous avons comparé, ce sont les longueurs des deux tiges *au repos*. Nous n'avons donc pas vérifié ce que nous voulions vérifier !

Bien entendu, l'on peut imaginer d'autres méthodes, avec règles mobiles et fixes, mesures de temps, échanges de signaux lumineux, etc. Ce n'est pas ici le lieu d'en faire une revue critique, tâche qui incombe aux ouvrages spécialisés. Il s'agit seulement pour nous de saisir une idée directrice simple : si l'on ne trouve — et c'est le cas — aucune méthode valable qui permettrait, même « en principe », de vérifier une assertion par une mesure (ici, celle de l'égalité entre longueur des tiges fixe et mobile), cette assertion — quand bien même elle aurait toutes les couleurs de l'évidence — ne peut être tenue pour assurée. C'est la prise au sérieux de cette idée qui permit à Einstein de faire, comme nous le disions, le saut décisif et de construire une théorie — la relativité, précisément — où la longueur d'une tige en mouvement n'est pas égale à celle qu'elle aurait « au repos », où une horloge en mouvement est par là même ralentie, où le temps se transforme en partie en espace quand on change de référentiel, où la vitesse de la lumière est la même pour tous les repères, et ainsi de suite.

Et, du coup, voilà que cette théorie s'est vu conférer un rôle qui, pour n'être pas son rôle principal, n'en a pas moins quelque chose de fascinant, et auquel Einstein ne songeait certainement guère ! Celui de *modèle philosophique* à l'usage des férus d'épistémologie. C'est une bonne préparation aux analyses qui feront l'objet des prochains chapitres que de clore celui-ci par quelques réflexions en forme de travaux pratiques d'application de ce modèle.

Première question : au fond pourquoi estimons-nous que cette théorie « dérangeante » est juste ? Pourquoi disons-nous qu'elle est une vraie théorie scientifique au plein sens du terme ? Certes, pour une part, c'est à cause de son « élégance mathématique » (cette notion si difficile à définir !). Mais, bien évidemment, c'est avant tout « parce qu'elle marche ».

Alors, deuxième question : qu'est-ce que cela signifie ? Si l'on y réfléchit, on voit que dire d'une théorie qu'elle « marche », c'est dire d'un mot plusieurs choses. D'abord, c'est affirmer qu'elle permet de rendre compte des faits connus aussi bien ou mieux que les théories antérieures. Dans le cas de la relativité, ceci est vrai. Ensuite, c'est faire entendre que l'on a pu en concevoir des mises à l'épreuve par des tests expérimentaux — et, bien sûr, que ces tests ont été positifs (notons par parenthèse que ceci suppose le libre arbitre des expérimentateurs). De ce point de vue aussi, la relativité a fait ses preuves.

Mais il y a plus. Et ici, en vue de la suite, il est bon d'insister sur cette *troisième* condition qu'une théorie doit satisfaire pour être vraiment scientifique au sens le plus exigeant de ce terme. Ses notions de base doivent s'avérer utiles, non seulement pour l'analyse des faits et expériences ayant motivé l'élaboration de la théorie et ayant servi à la vérifier, mais aussi en d'autres domaines. La relativité est, sur ce point aussi, « irréprochable ». Les notions qu'elle a introduites contribuent en effet à l'explication de quantité de phénomènes — tant en astrophysique qu'en théorie des particules — dont l'étude scientifique n'a aucunement été entreprise dans le but exprès de la vérifier.

A titre d'illustration, citons un phénomène que l'étude des rayons cosmiques révèle et que la relativité du temps explique. Il s'agit du ralentissement de la vie moyenne des muons. Ces particules sont instables. Elles ont, au repos, une certaine vie moyenne, trop courte pour que celles créées en haute atmosphère par le rayonnement cosmique « primaire » (essentiellement des protons provenant des espaces interstellaires) puissent — compte tenu de leur vitesse, qui est connue — parvenir non désintégrées à la surface de notre globe, là où sont les laboratoires. Et pourtant, ces derniers en détectent en très grand nombre. Comment donc cela se fait-il ? Tout simplement parce que ces particules vont très vite et que leur vie moyenne mesurée dans le référentiel lié à la Terre se trouve de ce fait allongée, conformément à la loi relativiste du ralentissement des horloges en mouvement rapide ! De tels exemples pourraient être multipliés.

Plus loin dans notre étude, nous ferons connaissance avec certaines théories — les théories quantiques à objectivité forte — qui sont satisfaisantes en ce qui concerne les deux premiers points ci-dessus notés, mais qui ne remplissent pas la troisième condition que l'on vient d'énoncer. Il sera convenable que le degré de confiance que nous estimerons pouvoir leur accorder en soit appréciablement affaibli.

4

L'incertain et le non local

Celui qui prend du recul voit clair. Celui qui est trop près ne voit que du brouillard.
LAO-TSEU.

1. Indéterminisme

Durant tout le XIXe siècle et une partie du XXe, les hommes de science considérèrent la thèse déterministe comme s'imposant *a priori.* Il saute aux yeux, affirmaient-ils, qu'on ne saurait même concevoir la possibilité de la physique et de ses lois si l'on ne pose pas d'abord que le hasard n'existe pas : qu'il n'est que le nom de notre ignorance. Quant aux philosophes, la plupart, fidèles aux vues de Leibniz, faisaient chorus : rien, disaient-ils avec le Maître, n'arrive sans *raison suffisante.* Plus précisément, pour tout événement individuel qui se produit, il serait en principe possible à quelqu'un qui, par hypothèse, en saurait suffisamment long, de donner les raisons pour lesquelles c'est cet événement-là, et non un autre, qui effectivement se produit... Bien que, ajoutaient-ils, nous n'ayons de fait, le plus souvent, pas assez de connaissances précises pour pouvoir en pratique opérer une telle déduction.

Il est prodigieux de constater à quel point, en ceci, notre mentalité a évolué. Même et surtout dans les milieux scientifiques, on ne parle plus aujourd'hui que de dépassement du déterminisme, et cela à propos des phénomènes les plus divers. L'origine de ce retournement est à chercher dans l'avènement de la mécanique quantique. C'est entre 1920 et 1930 que les physiciens qui fondèrent cette théorie s'aperçurent, ce faisant, qu'une hypothèse déterministe à la Leibniz n'était aucunement nécessaire : que dis-je, qu'elle compliquait beaucoup les choses ! La théorie qu'ils construisirent était d'essence indéterministe et, fondamentalement, elle l'est restée. Mais l'indéterminisme quantique — et c'est son intérêt pour quiconque aime réfléchir — est chose bien plus subtile qu'on ne le pense. Nous ne perdrons par conséquent pas notre peine si nous l'examinons sous ses différentes faces, car, de fait, il en a plusieurs.

La première chose à noter (Étienne Klein l'a d'ailleurs rappelé), c'est que cet indéterminisme est tempéré. Il l'est même de deux manières bien différentes et qui conjuguent leurs effets. L'une se rapporte à la loi des grands nombres. Celle-ci induit un « déterminisme statistique » qui se manifeste en mille et mille occasions du fait que, le plus souvent, ce n'est pas à *un* électron que l'on a affaire, mais à des « assemblées » ou « flux » de plusieurs milliards d'électrons. L'autre a son origine dans le fait que les lois quantiques ne sont pas *toutes* indéterministes. Une des formules de base de cette mécanique, celle qui détermine les niveaux énergétiques des atomes et des molécules — l'équation de Schrödinger, puisqu'il faut l'appeler par son nom —, n'a rien d'indéterministe. En conséquence, les énergies internes que de tels systèmes peuvent avoir sont parfaitement déterminées.

Ce point est important, car sa méconnaissance est source d'assez fréquentes confusions. Pour ne donner qu'un seul exemple, on sait que la formation de noyaux atomiques lourds à partir de noyaux d'hélium dans le creuset des premières étoiles est d'abord apparue comme une énigme, car on ne comprenait pas comment trois de ces noyaux pouvaient rester voisins assez longtemps pour que leur fusion — donnant du carbone — se fasse. Ce sont les physiciens Hoyle et Salpeter qui eurent l'idée d'une explication possible. Elle était fondée sur le fait que l'équation de Schrödinger des systèmes à plusieurs particules prévoit dans certains cas l'existence d'états métastables de ces systèmes, chacun de ces états ayant une énergie déterminée. Le calcul de ces physiciens montra que si, par chance, le système de douze nucléons (quatre pour chaque noyau d'hélium) était susceptible de « revêtir » un tel état, cela devait, en certaines circonstances, obliger trois noyaux d'hélium à rester en contact un temps suffisant. Cela, à condition toutefois que l'énergie de cet état ait une valeur bien précise, qu'ils calculèrent. Or, précisément, l'état métastable en question existe, et a tout juste cette énergie ! Ceci, par parenthèse, est très heureux pour nous, car la vie a besoin de noyaux lourds, et si ce niveau n'existait pas, ou existait avec une énergie quelque peu différente, nous ne serions pas là pour parler de ces choses. L'état « existe » dans le sens que l'on vient de dire : l'équation de Schrödinger relative au système des douze nucléons a une solution présentant telles et telles caractéristiques, ce qui entraîne la possibilité de la fusion. C'est *cela* qui est déterminé, et non pas du tout l'instant ou le lieu où le rapprochement va se produire, ou d'autres circonstances du même genre.

On voit par là, entre autres choses, que le célèbre « principe anthropique » (le monde est « ajusté » de telle façon que l'homme existe), dont le phénomène ici rappelé donne une assez saisissante illustration, est totalement compatible avec l'indéterminisme quantique, et que voir, comme certains, une contradiction entre les deux ne peut provenir que d'une confusion. Ce simple exemple suffit à montrer combien une bonne compréhension du jeu déterminisme/indéterminisme en physique quantique est utile pour la formation d'idées générales non erronées. Le principe anthropique *ne* suppose *pas* que, dès l'origine des temps, tout ce qui m'entoure aujourd'hui ait été fixé, y compris la position des arbres du jardin du Luxembourg et la forme exacte de leurs branches.

Mais si vraiment l'équation de Schrödinger, l'équation de base de la théorie, est déterministe, en quoi la théorie est-elle indéterministe ? La réponse à cette question est que, dans bien des cas, le jeu même de cette équation a pour effet, on l'a vu au chapitre VI de la première partie, d'amener un vecteur d'état représentatif à prendre une forme du type :

$$aA + bB$$

Dans ce cas, une mesure de la position de la particule aura pour résultat — c'est un autre axiome de la théorie — que cette particule sera observée *soit* dans le canal A, *soit* dans le canal B. L'axiome en question fournit les probabilités de chacune de ces éventualités (1/2, 1/2 dans cet exemple).

Naturellement, dans le cas où l'expérience est faite non plus sur une seule particule, mais sur un faisceau en contenant plusieurs millions, le jeu de la loi des grands nombres vient restaurer une forme de déterminisme. Dans chaque canal on observera, à de petites fluctuations près, un nombre de particules proportionnel à la probabilité prédite par la théorie : c'est le déterminisme statistique dont nous parlions. Mais, sous sa forme conventionnelle, celle de l'interprétation de Copenhague, la théorie refuse d'aller plus loin dans le déterminisme. A ses yeux, les probabilités en question sont *intrinsèques*, ce qui signifie que le principe leibnizien de raison suffisante est récusé. Même un démon qui, par hypothèse, connaîtrait absolument tout de l'état initial d'une particule donnée (et de l'instrument) ne pourrait ni prédire dans quel canal la particule sera trouvée, ni donner les *raisons* qui font qu'on la trouve dans l'un plutôt que dans l'autre de ces deux canaux.

Mais le principe de raison suffisante a la vie dure. Aux yeux d'un certain nombre de penseurs, et non des moindres, il continue de s'imposer *a priori*, comme une sorte de nécessité de la raison. Il en va ainsi, par exemple, de tels ou tels adeptes de la philosophie dite réaliste, dont il sera question plus loin. Ils remarquent que la notion même de hasard vrai implique celle de probabilité, c'est-à-dire celle d'événements qui eussent pu avoir — mais n'ont pas — eu lieu. Et leur argument consiste à souligner le fait que de tels événements sont une simple vue de l'esprit, sans ancrage dans le réel. Comme tous les arguments philosophiques un peu percutants relatifs au sens, celui-ci peut être discuté (l'irréalité d'un événement qui ne s'est pas produit implique-t-elle qu'il n'aurait pas pu se produire ? Nombre de philosophes en doutent : la nature même du temps est en jeu). Il a cependant — lui ou d'autres de même visée — entraîné de grandes réticences à l'égard de la mécanique quantique conventionnelle (en vérité, la célèbre boutade d'Einstein : « le Bon Dieu ne joue pas aux dés » est presque trop connue pour qu'on la rapporte une fois de plus).

Aussi a-t-on très tôt vu apparaître des théories visant à retrouver les prévisions (toutes correctes, on le sait) de la mécanique quantique, mais dans un cadre déterministe. Dès 1927, quatre ans donc seulement après sa grande découverte de la longueur d'onde des particules, Louis de Broglie en proposait une, sous deux versions différentes dont l'une, celle dite de « l'onde-pilote », reprise et complétée plus tard par David Bohm, fait encore aujourd'hui figure de paradigme. Notons, sans entrer dans aucun détail, que, selon cette théorie, l'« interprétation de Copenhague » userait d'un langage trop vague quand elle présente les entités conventionnellement appelées « particules » simplement comme « ayant des propriétés corpusculaires et des propriétés ondulatoires », avec complémentarité entre les deux. La théorie de l'onde-pilote entend dépasser ce langage prudent. Elle affirme que la particule et l'onde existent l'une et l'autre simultanément et que la première est pilotée par la seconde. La théorie peut être rendue quantitative et, dans les situations simples, les prévisions essentielles de la mécanique quantique sont retrouvées. C'est ainsi, par exemple, que dans cette théorie, le « paradoxe » de l'expérience des deux fentes (première partie, chapitre II) n'en est plus un. Les électrons y sont pilotés par une onde qui, au-delà du diaphragme, est bien entendu différente selon que les deux fentes sont ouvertes ou que l'une d'elles seulement l'est : et le calcul démontre, moyennant certaines hypothèses *ad hoc*, que la formation des franges a lieu dans le premier cas et non dans le second.

L'existence même de telles théories (car, de fait, il y en a plusieurs) nous incitera à quelque réserve vis-à-vis des assertions trop abruptes visant à proclamer le caractère éminemment paradoxal de l'expérience des deux fentes. On pense ici par exemple à celle de Banesh Hoffmann[1] : « Il n'y a pas d'issue possible, la dure conclusion est inévitable... Nous *ne pouvons pas nous représenter* comment un électron qui tient assez de l'onde pour passer à travers les deux fentes... peut soudain s'apparenter assez à une particule pour produire un seul scintillement. » Ou même à celle du grand Richard Feynman[2] qui, après avoir décrit le phénomène par la mécanique quantique conventionnelle, ajoute : « Personne n'a jamais trouvé de mécanisme derrière la loi... Nous *n'avons pas la moindre idée* d'un mécanisme plus fondamental... » En toute rigueur, la simple existence de la théorie de l'onde-pilote réfute ces dires.

Mais, au delà de leur forme, qui est fautive, ces assertions sont cependant assez justes dans leur esprit, car on doit sérieusement douter que la théorie en question soit vraie. Dès que l'on veut la généraliser (par exemple aux phénomènes relativistes, ou encore à ceux, déjà mentionnés, qui mettent en jeu la création et l'annihilation des particules), on est forcé de la modifier d'une manière qui lui enlève beaucoup de plausibilité (par exemple, il n'y a plus alors de « particules » : des êtres à la définition purement abstraite

1. B. Hoffmann et M. Paty, *L'Étrange Histoire des quanta*, Éd. du Seuil, 1981.
2. R. Feynman, *Mécanique quantique*, Paris, Inter éditions, 1979.

les remplacent). Le caractère *ad hoc* (sauvetage du déterminisme, etc.) de la théorie ainsi modifiée devient de ce fait évident et assez gênant pour rendre sceptique à son égard. A cela, il faut ajouter que cette théorie a toujours été tout à fait stérile. A ce jour, nul n'a pu la mettre à profit pour prédire l'existence d'un seul fait non déjà prédit (d'une manière beaucoup plus simple) par les méthodes conventionnelles et qui ait pu être vérifié. C'est pourquoi cette théorie et d'autres semblables (on les nomme « théories à variables cachées ») n'ont jusqu'ici recueilli l'adhésion que d'une petite minorité de physiciens. Nous verrons cependant plus loin que, même si l'on *ne croit* à *aucun* de ces modèles, il y a de bonnes raisons d'estimer que leur simple possibilité d'existence est intéressante par elle-même.

Enfin, il ne faut pas quitter le sujet *indéterminisme* sans rappeler que les probabilités de la mécanique quantique conventionnelle diffèrent des probabilités classiques sur un point important, déjà mentionné au chapitre VI de la première partie et dans celle-ci au chapitre 1. Il s'agit du fait que les énoncés qui les mettent en jeu sont à objectivité seulement faible. Comme on le sait, ceci veut dire qu'ils ne nous fournissent pas la probabilité pour que l'objet considéré *ait* telle ou telle propriété (il n'est pas supposé *l'avoir* en soi), mais bien celle pour que, si *l'on* fait sur cet objet la mesure correspondant à la propriété dont il s'agit, *on* obtienne le résultat « oui ». Le petit mot « on », qui vient du latin *homo*, nous fait ici savoir que, au moins en tant que collectivité humaine, nous sommes partie prenante à toute l'affaire. Le physicien classique pouvait oublier ce « détail ». Le physicien quantique ne le peut pas.

2. La non-séparabilité

Les caractères les plus « révolutionnaires » de la mécanique quantique — par rapport, bien sûr, à la physique dite *classique* qui l'a précédée — sont, outre l'objectivité faible, l'indéterminisme et la non-séparabilité. Si l'on a ici abordé en premier lieu la question de l'indéterminisme, cela a été simplement dans le dessein de ne point trop heurter les traditions. Il est de fait qu'alors que les livres sur la matière — savants ou de vulgarisation — décrivent tous l'indéterminisme quantique et insistent avec raison sur l'importance qu'il présente, sur la question de la non-séparabilité, ils sont en général tout simplement muets !

Cela tiendrait-il à ce que cette seconde notion serait moins significative que la première ? Il n'en est rien. Elle est au contraire plus essentielle encore, et l'on verra plus loin pourquoi. Non, la raison de ce silence est autre. Elle tient au fait que la non-séparabilité quantique, découverte par Schrödinger qui l'appelait « imbrication » *(entanglement)* et, sous une autre forme, par Einstein (qui s'en méfiait), est un trait *moins manifeste* de la théorie que ne l'est l'indéterminisme. Elle n'est qu'*implicite* dans les axiomes de celle-ci. De plus, elle est dépourvue de conséquences directes pour l'action, comme on le verra. Jusqu'à la découverte du théorème de Bell (1964), elle n'avait même aucune conséquence expérimentale connue. Tout ceci explique, ami lecteur, que même si vous avez pratiqué certains des ouvrages de vulgarisation internationaux les plus en vue, vous n'en avez peut-être jamais entendu parler. Mais, si tel est le cas, il est grand temps de combler cette lacune car, je le répète, il s'agit d'une donnée de toute première importance pour quiconque se soucie de mieux apprécier — au-delà des recettes qui marchent — ce que la physique a vraiment à dire.

Cette donnée est donc importante, en particulier pour les

philosophes ! Et l'absence d'une bonne divulgation de cette notion est ce qui explique sans doute la teneur de certains propos que tels ou tels philosophes des sciences m'ont parfois tenus en privé. « Nous ne voyons pas, disaient-ils, qu'entre l'électromagnétisme classique et la mécanique quantique il y ait une telle différence. Dans l'une et l'autre théories, la notion d'onde est centrale. L'électromagnétisme classique décrit la propagation des ondes hertziennes, de la lumière, des rayons X, etc. comme une propagation de nature ondulatoire. La mécanique quantique, elle, associe une fonction d'onde à l'électron : la propagation de celui-ci est donc aussi de nature ondulatoire. Il est vrai, bien sûr, que les équations sont différentes dans les deux cas. Les ondes électromagnétiques obéissent à celles de Maxwell, la fonction d'onde à celle de Schrödinger. Assurément, la différence est très importante sur le plan technique, et donc essentielle pour le physicien. Mais le philosophe, lui, n'a pas vraiment à s'en soucier. »

Ce que ces propos m'ont révélé, c'est que l'attention des philosophes qui les tenaient avait été mal dirigée. Même si l'on fait abstraction des différences entre ces théories relatives au déterminisme et à l'objectivité faible, différences qui ne touchent pas les équations, il reste, entre ces *équations*, celles de Maxwell et celle de Schrödinger (toutes déterministes, on le sait), une différence qui est de portée non pas technique, mais véritablement « philosophique » : la réalité que prétendent décrire les équations de Maxwell est « divisible par la pensée » (au sens précisé au chapitre 1 de cette seconde partie), alors que celle décrite par l'équation de Schrödinger ne l'est pas (on dit aussi qu'elle est « non séparable[1] »). L'existence de la non-séparabilité révèle mani-

1. Ce que c'est que la non-divisibilité par la pensée, le nom même l'explique clairement. Ceux parmi les lecteurs qui voudraient comprendre un peu en détail en quoi et pour quelle raison la non-séparabilité — ou non-divisibilité par la pensée — est, peut-on dire, « inhérente » à l'équation de Schrödinger et à ses généralisations, sont invités à se reporter à l'Appendice 1.

festement au minimum une *dissonance* existant entre la mécanique quantique et la notion même d'espace. C'est là, indéniablement, une conclusion philosophiquement importante. Il est étonnant que les philosophes des sciences lui aient jusqu'ici accordé si peu d'attention.

3. La non-séparabilité en mécanique quantique non conventionnelle (*alias* non-localité)

Ces philosophes des sciences avaient peut-être quand même une excuse. Ils pouvaient encore supposer que la mécanique quantique conventionnelle ne constitue qu'une description *incomplète* de la réalité. En d'autres termes, ils pouvaient conjecturer que la position et la vitesse d'une particule possèdent à chaque instant une valeur précise, celle que leur mesure donnerait, et que, simplement, une mesure de l'une perturbe l'autre, ce qui fait qu'on ne peut *connaître* leurs valeurs aux deux à la fois. L'idée d'incomplétude rejoint celle de variables cachées. *A priori*, son intérêt paraît être de « conserver ses chances » à une conception qui s'est jusqu'ici avérée féconde, celle qu'objectivement rien n'existe d'autre que des choses localisées interagissant par l'entremise de champs « locaux » (un champ est dit « local » lorsque, à chaque instant, il a en chaque point une valeur définie ; tous les champs classiques, électrique, magnétique, etc., sont donc locaux). L'espoir serait que, dans ce cadre, la fonction d'onde non locale d'un système de particules (voir Appendice 1) ne soit qu'un simple outil de calcul et ne soit donc pas objective au sens fort. La localité serait, dans ces conditions, recouvrée.

Selon l'hypothèse de l'incomplétude, des particules qui ont toutes la même fonction d'onde ne sont pas pleinement identiques les unes aux autres. Elles diffèrent par leurs positions, leurs vitesses, etc. Au contraire, aux yeux du physicien orthodoxe disciple, disons, de John von Neumann, de telles particules sont identiques entre elles à tous égards, et c'est seulement l'opération de mesure d'une quantité qui introduit entre elles, *d'une manière aléatoire*, des différences. Face à ce physicien orthodoxe, le partisan de l'incomplétude se trouve donc un peu, en ce qui concerne la notion de mesure, dans la position du psychologue qui aurait inventé un test élémentaire — réponse à une question —, qui constaterait que ses patients ne donnent pas tous la même réponse, mais à qui un collègue (un peu jaloux, peut-être...) dirait : « Pauvre ami, votre test ne révèle rien d'objectif sur vos patients : ceux-ci répondent au hasard ! » Notre malheureux « psy » rétorquera peut-être : « Mais qu'est-ce qui vous *prouve* qu'ils répondent au hasard ? Pour moi, je *préfère* penser que, dès avant le test, ils ont en tête certaines idées précises, qui diffèrent d'un patient à l'autre et déterminent leurs réponses. » Transposée aux particules, telle est, en substance, la thèse de l'incomplétude. Contrairement aux idées reçues chez nombre de prétendus experts, les seules relations de Heisenberg, qui limitent en précision notre connaissance simultanée de la position et de la vitesse d'une particule, ne suffisent pas à la réfuter, car ces relations pourraient très bien n'être que « d'incertitude » au sens propre du mot, c'est-à-dire référer seulement à notre ignorance. Il reste qu'une *préférence* n'est pas une *preuve* et que donc notre « psy », s'il est lucide, doit rester rongé par le doute...

Alors, conjecture pour conjecture, qui a raison ? Il existe un cas, similaire à celui de cet apologue, dans lequel il semble que l'on puisse trancher[1]. C'est celui dans lequel mesures ou tests sont pratiqués non plus sur des individus, mais sur des paires, et où une corrélation stricte est observée entre les réponses. Pour comprendre ceci, supposons maintenant que notre « psy » s'intéresse à une population de

1. B. d'Espagnat, *Scientific American*, 241, p. 158 (1979) & *Pour la science*, 27, p. 72 (1980).

couples — maris et femmes — sur lesquels il opère comme suit. Il sépare les couples. Il emmène les maris à la cave pendant que son assistant conduit les épouses au grenier, et l'un et l'autre posent ensuite la question du test (réponse, disons, par *oui* ou par *non*) aux individus dont ils ont la charge, en notant pour chacun nom de famille et réponse. Si, en comparant à la fin leurs notes, ils constatent une corrélation stricte entre les réponses des membres de chaque couple (si M. Durand a répondu *oui*, Mme Durand a répondu *oui* ; si M. Dubois a répondu *non*, Mme Dubois a répondu *non*, et ainsi de suite), cela les convaincra que les individus questionnés n'ont pas répondu au hasard, mais bien selon des idées préexistant en eux au test et formées au sein de chaque couple avant qu'ils n'aient été séparés. Car si l'hypothèse contraire était vraie, c'est-à-dire si les maris avaient répondu au hasard et leurs épouses également, il est statistiquement évident qu'il y aurait eu de nombreux cas où le mari et la femme d'un même couple auraient répondu l'un *oui* et l'autre *non*.

Il est facile d'étendre ce « résultat » (on verra plus loin pourquoi l'on met ici *résultat* entre guillemets) au cas de plusieurs grandeurs différentes. Il suffit de faire appel à l'induction statistique telle qu'elle est pratiquée par les instituts de sondage. Sur une population de couples, notre « psy » et son assistant peuvent en effet sélectionner plusieurs échantillons statistiquement significatifs qu'ils soumettront à des tests différents, chaque fois selon la procédure ci-dessus décrite. S'ils observent pour chaque test la corrélation stricte dont nous avons parlé, ils devront conclure, par induction, que tous les éléments de la population totale — y compris ceux, les plus nombreux sans doute, qui n'ont pas du tout été interrogés — ont d'avance, *et relativement aux sujets des différents tests*, des idées précises qui font qu'ils ne répondraient certainement pas au hasard s'ils étaient interrogés. Transposée dans le domaine des particules et appliquée à un cas bien choisi de paires de particules en corrélation stricte, cette conclusion implique que la mécanique quantique est *nécessairement incomplète.* Dans une telle paire, en effet, les résultats des mesures des vitesses des deux particules sont bien en corrélation stricte, car ils sont toujours opposés. Et il en va de même relativement aux mesures de positions. Dans ce cas, donc, selon l'argumentation précédente, *aussi bien* la vitesse *que* la position de chaque particule doivent avoir, même en l'absence de toute mesure, des valeurs précises simultanées (par parenthèse, rappelons encore une fois que, contrairement aux idées reçues, ceci ne constitue aucunement une violation de données scientifiquement établies, et encore moins un « paradoxe ». En effet, il n'est ici dit nulle part que ces valeurs précises de la position et de la vitesse seraient *observables* simultanément).

Sur la question de la non-séparabilité, l'incomplétude dont il s'agit pourrait avoir une incidence importante. L'argumentation qui, plus haut (en physique quantique conventionnelle, section 4-2 et appendice 1), permettait de conclure à cette non-séparabilité était en effet fondée sur des propriétés de la fonction d'onde et de ses généralisations. Si l'objet a des attributs qu'aucune de celles-ci ne décrit, il devient concevable que ces dernières ne soient rien d'autre que de purs et simples outils de calcul qui, comme par exemple les probabilités *classiques*, ne se trouvent pas en correspondance *stricte* avec l'état objectif de l'objet étudié lui-même. Dans cette hypothèse, rien, évidemment, ne nous forcerait plus à rejeter la notion si naturelle — et historiquement si féconde — de divisibilité par la pensée. Concomitamment, bien sûr, nous conserverions précieusement l'idée « relativiste » de l'impossibilité de toute influence à distance plus rapide que la lumière.

Cette manière de dériver l'incomplétude suppose évidemment une certaine dose de réalisme (il y faut au moins croire que les patients existent !). Corrélativement, elle suppose aussi l'induction, comme on l'a vu (je dis « corrélativement » car, dans cette argumentation, les deux notions de réalisme et d'induction sont très voisines et quasi interchangeables), et elle suppose en outre la « localité », c'est-à-dire qu'hommes et femmes sont *réellement* isolés (sans que le mari, disons, puisse informer à distance sa femme afin qu'elle coordonne sa réponse avec la sienne).

Elle ressemble — en moins abstrait — à celle donnée dès 1935 par Einstein et ses deux jeunes collaborateurs de l'époque, B. Podolsky et N. Rosen[1], de sorte que, n'était l'intérêt historique de cette dernière, on pourrait en omettre purement et simplement la description. Mais cet intérêt est réel. Vous tolérerez donc, ami lecteur, une courte digression (guère plus d'une page ou deux) à son sujet.

En 1935, Einstein était déjà, sur des points essentiels, un réaliste. Dans l'ouvrage collectif publié en 1953 en hommage à Louis de Broglie[2], il écrivait notamment : « Je ne rougis pas de placer la notion d'*état réel* d'un système physique au centre même de ma méditation. » En même temps, il était très attaché à l'idée de localité, donc de divisibilité par la pensée de systèmes étendus en leurs parties. Cela se comprend aisément, puisqu'il était le « père » de la relativité restreinte, théorie où le rôle central est joué par la notion — éminemment « locale », comme on sait — d'*événement*. On conçoit donc que la non-divisibilité par la pensée (pour employer notre langage) lui ait souverainement déplu. Déplu au point que, non content de seulement conjecturer l'« incomplétude » de cette mécanique, comme les philosophes imaginés plus haut, il prétendit la démontrer.

Il prétendit la démontrer à partir justement de ses deux convictions profondes : la localité et le réalisme.

Pour formuler plus précisément la première, il s'inspira directement d'un des éléments fondamentaux de sa théorie de la relativité restreinte de 1905. Selon celle-ci, aucun signal ne peut se propager plus vite que la lumière. Donc,

1. A. Einstein, B. Podolsky and N. Rosen, *Physical Review*, 47, p. 777 (1935).
2. A. George, éd., *Louis de Broglie, physicien et penseur,* Albin Michel, 1953.

estimait Einstein, il y a des cas où l'on peut être tout à fait certain que de deux événements, aucun n'influence l'autre. Ce sont les cas où ces deux événements sont si lointains dans l'espace et si rapprochés dans le temps que la lumière n'a pas le temps de les relier. Pour lui donner un nom, appelons ce « principe » *principe de séparabilité einsteinienne* (on l'appelle aussi — avec des nuances — « *principe de localité* »).

L'autre idée d'Einstein était, encore une fois, que le mot de *réalité* ne peut ni être vide de sens, ni ne référer, en fin de compte, qu'à nous. Il y a des faits, des événements qui sont réels. Qui ne sont pas seulement des « réalités pour nous », mais bien de vraies « réalités tout court ». Comment les distinguer des apparences ? Réponse d'Einstein : par leur prédictibilité. C'est là une réponse conforme au bon sens : si je peux prédire à l'avance le résultat de la mesure que je ferai d'une grandeur physique donnée et si ma prédiction est exacte à tous coups, alors « il saute aux yeux » que la valeur trouvée pour cette grandeur ne peut être un rêve, une pure fabrication de mon esprit. Autrement dit, il « est évident » qu'il doit alors y avoir un *élément de réalité* correspondant à cette grandeur.

« Objection ! diront ici peut-être certains scrupuleux. Le cas de Procuste... » Ce brigand de l'ancienne Grèce avait, on le sait, la fâcheuse habitude d'étendre ses captifs sur un lit pour les mesurer. Jusqu'ici, rien de grave, sauf qu'il procédait en cela d'une manière toute personnelle. S'ils n'avaient pas tout à fait la longueur du lit, il les étirait jusqu'à ce qu'ils l'atteignent. Et s'ils étaient trop grands, il les raccourcissait de telle manière que le même but soit atteint. De sorte que, finalement, le résultat de sa mesure était toujours la longueur exacte du lit. Procuste pouvait ainsi prédire à tous coups le résultat de sa « mesure », mais il ne s'ensuit évidemment pas que ses patients aient eu, avant même la mesure, « réellement » pour taille la longueur du lit...

Même si Einstein n'a pas, lui, songé à Procuste (du moins

ne l'a-t-il pas dit !), en tant que scientifique épris de rigueur, il était bien conscient qu'une prédictibilité « à la Procuste » ne pouvait en rien lui servir de critère. C'est pourquoi, de concert avec Podolsky et Rosen, il introduisit dans son *critère de réalité* une condition de non-perturbation par l'opération d'acquisition de l'information. En définitive, ce critère fut donc énoncé ainsi :

Critère de réalité (EPR) : *Si, sans aucunement perturber un système, on peut prédire avec certitude la valeur d'une grandeur physique appartenant à ce système, alors il existe un élément de réalité physique correspondant à cette grandeur.*

Le principe de séparabilité einsteinienne et le critère EPR de réalité se complètent très bien l'un l'autre. Il est clair, en effet, que si je me propose de faire la prédiction dont il s'agit dans le critère, il me faut d'abord acquérir l'information qui est pour cela nécessaire. Mais comment m'y prendre pour être sûr qu'en faisant ce qu'il faut pour l'acquérir je ne me comporte pas — par mégarde, bien sûr — « à la Procuste » ? Réponse d'Einstein : le principe de séparabilité fournit pour cela un moyen sûr. Il suffit de « faire ce qu'il faut » en un lieu-instant assez éloigné dans l'espace et proche dans le temps du système dont il s'agit (considéré à l'instant qui nous intéresse) pour que même la lumière n'ait pas le temps d'aller d'un de ces événements à l'autre. Appliquant principe et critère au cas de paires de particules en corrélation stricte déjà considéré plus haut, Einstein, Podolsky et Rosen purent en déduire très simplement que la mécanique quantique devait nécessairement être incomplète.

Leur argument était construit comme il suit. Dans une telle paire, on le sait, les vitesses des deux particules sont opposées : il me suffit donc de mesurer l'une pour connaître l'autre, et cela sans la perturber si j'ai opéré dans les conditions qui viennent d'être énoncées. Le critère EPR de réalité s'applique donc. Conséquence : la vitesse de cette seconde particule *est* quelque chose de *réel* ; c'est un « élément de réalité ». Mais, d'autre part, puisque ce n'est pas moi qui, en opérant sur la première particule, ai *donné* à la seconde la vitesse qu'elle se trouve avoir, il est clair que cette seconde particule aurait eu cette vitesse-là même si, sur la première, je n'avais fait aucune mesure. Ou si j'avais mesuré autre chose. Par exemple, la position. Mais le cas de la grandeur physique « position » est ici très semblable à celui de la vitesse. La corrélation établie au départ a pour effet que si je connais celle de l'une des particules, je connais aussi celle de l'autre. Par conséquent, l'on peut raisonner sur la position comme on l'a fait sur la vitesse. Conclusion : la position de la seconde particule est elle aussi un « élément de réalité ». La mécanique quantique est une description incomplète.

Entre l'argumentation EPR et celle ci-dessus donnée en premier, la différence est, on le voit, assez légère. (Dans l'une, on raisonne sur les corrélations entre deux mesures supposées faites, alors que dans l'autre on n'en suppose faite qu'une seule, et on en déduit ce que l'on obtiendrait si on effectuait aussi la seconde). Les deux conduisent à la même conclusion. Il n'y a rien dans celle-ci qui puisse gêner l'« homme de la rue », ni même le physicien classique. Certes, elle déplaît au physicien quantique « standard », puisque la théorie telle qu'il l'enseigne comporte un postulat de complétude qui lui interdit d'assigner des valeurs précises à la fois à la position et à la vitesse d'une particule (interprétation « maximale » des relations de Heisenberg). Comme tout postulat, celui-ci, pourtant, est niable, et même, pour qui croirait devoir adhérer aux prémisses de l'une ou l'autre des deux argumentations ci-dessus décrites, de telles assignations s'imposeraient. Ce qui fait que la conclusion commune à ces deux argumentations s'imposerait aussi : la mécanique quantique ne serait, au mieux, qu'une description *incomplète* de la réalité physique. Ceci devrait, sans modifier les prédictions observables de la mécanique quantique, permettre, nous l'avons vu, de sauvegarder le principe de divisibilité par la pensée, et réaliserait tout naturellement la conciliation de la mécanique quantique avec la séparabilité einsteinienne, *alias* « principe de localité ».

Mais, naturellement, comme n'importe quels résultats, ceux-ci ne sont fiables que si sont vraies les prémisses dont on les tire. En ce qui concerne la première dérivation présentée, ces prémisses — réalisme, induction et localité — paraissaient hautement convaincantes. Les prémisses de la seconde sont la séparabilité einsteinienne, c'est-à-dire, encore une fois, à des nuances près, la localité, et le critère EPR de réalité. On connaît les raisons qui font qu'à première vue, l'une et l'autre paraissent elles aussi hautement vraisemblables (pour la première, il s'agit au premier chef du succès de la relativité, mais aussi, plus généralement, du fait que nous subissons peu l'influence d'événements distants). Si vraisemblables même qu'on est, en vérité, fort excusable *a priori* de considérer ces prémisses comme des quasi-évidences. Et cependant, *elles ne peuvent être toutes vraies*, comme nous le savons maintenant ! C'est là le contenu de la fantastique « percée épistémologique » qu'est le théorème de John Bell[1].

On ne rappellera pas ici la démonstration de ce théorème[2], mais on indiquera son principe. L'idée de base de toute exploration scientifique, celle du libre choix de ce que l'on décide de mesurer, étant admise une fois pour toutes, ce principe consiste à montrer que les deux prémisses de la dérivation EPR ont, prises ensemble, une conséquence qui est incompatible avec *certaines prévisions vérifiables* découlant des règles de calcul de la mécanique quantique ; ou, aussi bien, que les trois prémisses de la première dérivation ci-dessus décrite ont cette même conséquence. Celle-ci est une inégalité entre résultats possibles de mesures — dite inégalité de Bell — qui peut être comparée à l'expérience. Ceci fait que le jour où l'on pourra faire des mesures avec

1. J.S. Bell, *Physics*, 1, p. 195 (1964).
2. Voir, par exemple, B. d'Espagnat, *A la recherche du réel*, Presse-Pocket, Agora, Paris, ou les références de la note 1, p. 175.

une précision suffisante, il sera possible, en les faisant, de déterminer, de deux choses qui s'excluent l'une l'autre, laquelle est vraie : soit les règles opératoires de la mécanique quantique (celles qui permettent de calculer des probabilités de tels ou tels résultats de mesure), soit l'ensemble des deux (ou des trois) prémisses dont il s'agit (dans l'une ou l'autre des deux dérivations). Il est important de noter qu'entrent seulement ici en jeu les (prévisions de) résultats d'observation, sans ajout d'hypothèses, même apparemment « évidentes », sur la nature même (corpusculaire, ondulatoire ou autre) des objets en jeu. Le théorème de Bell déborde par sa généralité toutes les images intuitives (et souvent naïves) qu'on se forme très naturellement.

A l'heure actuelle, comme, encore une fois, Étienne Klein l'a déjà noté, les mesures qui ont été faites — principalement à l'Institut d'Optique par le groupe d'Alain Aspect[1] — sont déjà tellement précises que la conclusion s'impose à tout esprit non prévenu : c'est la mécanique quantique qui « gagne ». Pour être tout à fait complet, peut-être faut-il signaler que les personnes qui tiennent *mordicus* aux prémisses dont nous parlions ont encore la possibilité théorique de conjecturer que les prévisions vérifiables de la mécanique quantique sont « un tout petit peu fausses » : assez peu pour que les déviations expérimentales correspondantes soient inférieures aux « barres d'erreur » (pourtant minimes) des expériences, mais assez pour ne pas violer l'inévitable conséquence que Bell a déduite des prémisses. Inutile de dire que les modèles théoriques permettant de « concrétiser » cette conjecture sont purement *ad hoc* et non transposables à aucun autre phénomène. Leur degré de plausibilité est à ce point faible qu'aux yeux de l'immense majorité des physiciens, la question est réglée dans le sens que l'on vient de dire. En la matière, Einstein est réfuté : les prémisses « séparabilité einsteinienne » (ou « localité ») et « critère

1. A. Aspect, P. Grangier et G. Roger, *Physical Review Letters*, 49, p. 91 (1982).

EPR de réalité » ne peuvent être toutes deux vraies. De plus, toujours en raison du théorème de Bell, les prémisses de la première dérivation ci-dessus donnée ne peuvent, elles non plus, être toutes trois vraies. En mettant ensemble ces deux résultats, on est amené à identifier la prémisse fausse comme étant la localité. En conclusion de cette analyse, nous dirons donc que la localité est violée ; il y a non-localité.

4. Questions connexes

Il y en a plusieurs :

a) *Première question : de l'indéterminisme et de la non-localité, quelle est la propriété « la plus importante » ?* J'ai dit plus haut que c'était la seconde. Il est temps pour moi d'exposer les raisons de ce jugement. Elles sont très simples. Elles résident tout entières dans le fait que si l'on croit à la pleine validité des prévisions vérifiables de la mécanique quantique, la non-localité est — comme l'on dit de nos jours — rigoureusement *incontournable*. Selon la théorie détaillée que l'on considère — mécanique quantique conventionnelle ou théorie de l'onde-pilote —, elle se présente, il est vrai, sous des avatars différents : plutôt « non-divisibilité par la pensée » pour la première, plutôt « influences à distance instantanées et non décroissantes avec la distance » pour la seconde. Mais, manifestement, les deux choses sont très voisines, ne serait-ce que parce que l'une et l'autre impliquent une certaine *globalité*. L'une et l'autre sont, de ce fait, tout à fait contraires à l'esprit de la science classique.

Impossible, donc, d'échapper à la non-localité : le théorème de Bell bloque toutes les sorties. Il n'en va pas exactement de même en ce qui concerne l'indéterminisme puisque, on l'a vu, la théorie de l'onde-pilote est strictement déterministe (mais non locale !). C'est donc seulement parce que cette théorie (comme tous les modèles de même sorte que l'on peut construire) paraît extrêmement peu plausible (pour certaines raisons déjà mentionnées et explicitées ci-dessous) que nous croyons à l'indéterminisme. Il n'y a pas ici l'analogue du théorème de Bell : d'où le jugement qui précède.

b) *Deuxième question : qu'en est-il de l'objectivité forte ?* La théorie de l'onde-pilote a une autre caractéristique, plus remarquable encore que celle d'être déterministe. Elle est à objectivité forte. Contrairement à la mécanique quantique conventionnelle, elle peut par conséquent être interprétée comme décrivant le « réel en soi ».

Elle renoue ainsi avec une des traditions de la physique classique. Mais insistons bien sur le fait qui si elle y parvient, c'est à un prix considérable. Dans un livre comme celui-ci, il est difficile d'en faire apprécier le montant réel, car la lourdeur de la technique, le manque de maniabilité des formules, les difficultés d'application à tel ou tel problème précis (spin, création de paires, etc.) y contribuent pour une bonne part. Rappelons seulement que le « réel en soi » (l'« ordre implicite », dans le langage de David Bohm) décrit par la théorie de l'onde-pilote devrait, selon cette théorie elle-même, être incroyablement différent, non seulement, bien sûr, de notre Univers « manifeste », « sensible », mais encore de l'Univers dont traite — ou semble traiter — l'ensemble de la physique et de l'astrophysique contemporaines, même dans leurs parties les plus savantes. La globalité, ou non-localité, est la cause principale de cette différence. C'est elle qui fait que la théorie en question est contrainte de postuler que ce monde de l'ordre implicite est vraiment un monde de ressorts extraordinairement cachés, violant les lois de l'« ordre manifeste ». Dans ces conditions (voir aussi, ci-dessous, la réponse à la quatrième question), la meilleure manière de considérer cette théorie est peut-être, redisons-le, d'y voir une sorte de « laboratoire théorique ». Le monde *pourrait* effectivement être ainsi, et un tel « modèle rationnel d'explication concevable des choses » nous permet de mettre à l'épreuve la rationalité de telles ou telles idées et leur cohérence mutuelle. C'est là une contribution importante et qu'il faut saluer, même lorsque, tout bien pesé, on se découvre être plus que sceptique quant à la vérité ultime (au sens : *adaequatio rei et intellectus*) de la théorie en question.

Il existe d'autres modèles (ou « théories ») à objectivité forte ou visant à cette objectivité[1]. Je me bornerai à citer ici les deux principaux (à mes yeux !) : celui de Ghirardi, Rimini et Weber[2] et celui de Gell-Mann et Hartle[3]. *Mutatis mutandis*, les commentaires qui précèdent s'appliquent aussi à ces modèles.

c) *Troisième question : la non-séparabilité sous toutes ses formes rend-elle possible la transmission (instantanée et à des distances aussi grandes que l'on voudra) de signaux ? Peut-on tenter de se baser sur elle pour prédire des effets à distance inexpliqués par la théorie habituelle ?*

Ici, la réponse est un *non* absolument catégorique. Cela, certes, peut paraître assez surprenant, mais c'est ainsi. Plus précisément, on sait depuis longtemps et l'on peut démontrer rigoureusement[4] que l'hypothèse « les prédictions expérimentalement vérifiables de la mécanique quantique sont toutes correctes » entraîne la conclusion : « les influences à

---

1. Il va — ou il devrait aller — sans dire que seuls méritent considération ceux de ces modèles qui ont reçu une formulation mathématique et dont l'accord quantitatif avec les données expérimentales se vérifie dans le détail. La condition s'avère draconienne. Mais, en la matière, les inventions purement qualitatives sont tout aussi faciles à produire que dénuées du moindre soupçon d'intérêt.

2. G. Ghirardi, A. Rimini et T. Weber, *Physical Review* D-34, p. 470 (1986).

3. M. Gell-Mann et J.B. Hartle, in *Proceedings of the 3rd International Symposium on Foundations of Quantum Mechanics in the Light of New Technology*, Physical Society of Japan, Tokyo, 1990.

4. P. Eberhard, *Nuovo Cimento*, 46-B, p. 392 (1978).

distance par lesquelles on peut interpréter la non-séparabilité ne permettent la transmission ni d'énergie ni de signaux ». Or l'hypothèse que l'on vient de dire a jusqu'ici été confirmée dans toutes les situations, incroyablement nombreuses et variées, dans lesquelles elle a pu être mise à l'épreuve. On a donc toutes raisons d'adhérer à la conclusion.

Quatrième et dernière question : quel est le vrai « statut scientifique » de la non-séparabilité ?

Comme on va le voir, cette question est connexe de la précédente. On peut la préciser en comparant la découverte de la non-séparabilité, ou violation de l'idée de localité, à la découverte d'une autre violation : pensons par exemple à la violation de l'idée de temps universel dont il a été question ici, à la fin du chapitre 3, à propos de la relativité. Les deux découvertes présentent des similitudes indéniables. Elles sont toutes deux issues de considérations théoriques, la relativité pour l'une, le théorème de Bell pour l'autre, et elles ont chacune été expérimentalement vérifiées (expérience de Michelson et Morley, expérience d'Aspect). Vues sous cet angle, elles apparaissent toutes deux comme également « scientifiques ».

Et cependant, il y a entre elles une différence importante. La violation de la notion de temps universel a, on l'a noté, été utile non seulement pour expliquer les faits mêmes qui l'ont suggérée — et les résultats positifs de sa mise à l'épreuve par l'expérience —, mais aussi dans mille et mille autres domaines de la physique et de l'astrophysique où elle a servi à comprendre des phénomènes appartenant en propre à ces domaines. La réponse négative que l'on vient de donner à la troisième question ci-dessus semble devoir être un obstacle décisif à ce qu'il en aille de même relativement à la découverte de la non-séparabilité. En conséquence, alors que la violation de l'hypothèse du temps universel est un fait que toute personne doit reconnaître pour une donnée scientifique, quelles que soient ses options épistémologiques (ne parlons pas ici du *temps cosmique*, qui n'a rien à voir avec ce propos), il n'en va pas exactement de même en ce qui concerne la non-séparabilité. Aux yeux des réalistes, il s'agit bien d'une donnée nouvelle et pleine de sens, mais les personnes qui ne visent que l'opératoire ne sont pas obligées de souscrire sans réserve à ce jugement. Elles peuvent soutenir que l'impossibilité qu'il y a à utiliser la non-séparabilité pour transmettre des signaux supralumineux prive cette dernière d'une bonne part de son « sens physique ». Elles peuvent même ajouter (point très important !) que, par là même, cette impossibilité réconcilie la mécanique quantique avec la relativité : du moins si l'on considère également celle-ci comme une théorie aux seules visées opérationnelles.

L'impossibilité en question se retrouve, bien entendu, au sein des théories à objectivité forte mentionnées au point *b)* ci-dessus ; et l'on conçoit aisément qu'elle peut n'être pas sans rapport avec leur impuissance à faire mieux, au plan prédictif, que la mécanique quantique élémentaire. Du coup, si ces théories, diverses et compliquées, restent à juste titre pleines de sens pour le partisan du réalisme conventionnel, le physicien pour qui ce réalisme-là n'est pas une exigence première est en droit d'estimer qu'elles ne sont pas aussi indéniablement scientifiques que, par exemple, la relativité (dont l'apport reste plein de sens, même selon les critères de l'opérationalisme intégral).

5

Idéalisme, antiréalisme, etc. Portée et limites

Veille à être esprit.
ÉRASME.

Dans ce livre, le chapitre que voici est une *incidente philosophique.*

A première vue, l'idée sera jugée un peu bizarre par les personnes aux yeux de qui l'un des rôles essentiels de la recherche scientifique est de mordre toujours davantage sur les vieilles chasses gardées des philosophes. En soi, naturellement, cette thèse-là est juste. Il est très sain de faire basculer, chaque fois que possible, un problème classique de philosophie dans le domaine de la science, car il y recevra une solution mieux assurée. Mais faut-il en conclure, comme tels ou tels, à l'inutilité de la philosophie ou à sa réduction à la morale ? Nous allons voir sous peu qu'il n'en est rien.

On trouve aussi l'opinion opposée. Certaines personnes, elles-mêmes en général de formation philosophique, ne voient dans la science qu'une sorte de technique plus éthérée que l'habituelle. Elles posent qu'aujourd'hui comme autrefois, seule la philosophie est qualifiée pour le traitement des grands problèmes que nous appelons, avec raison, philosophiques. Cette conception aussi contient sa (petite) part de vérité.

Au rebours, l'erreur indéniable est une certaine intolérance qui, malheureusement, peut s'observer dans les deux camps.

Voyez avec quelle commisération certains philosophes contemplent, du haut de l'Olympe de la pensée, le « marais scientifique » et ses compromissions dans l'à-peu-près et la technicité ! Elle égale la répugnance de la plupart des scientifiques pour le verbiage et la préciosité qu'ils croient détecter (sûrement à tort !) chez les philosophes les plus lus. Si bien qu'en chacun des deux camps se développent des vues élaborées, subtiles, profondes, mais rigoureusement incompatibles avec celles développées dans l'autre. Cette scission n'est pas acceptable. Quelque prestigieux qu'il soit, le « grand penseur » n'a pas le droit de poursuivre son cheminement spéculatif sans du tout se soucier des faits. Quant au scientifique, lui aussi doit prendre garde. Lorsqu'il bute, dans sa démarche, sur un problème d'interprétation touchant peu ou prou la philosophie, il ne doit pas tenter de le résoudre « à la va-vite » : j'entends, à la lumière de ses seules préconceptions philosophiques personnelles. Celles-ci risquent d'être naïves, puisque, par définition, la philosophie n'est pas son métier. Au minimum, il doit au préalable *s'informer* des idées, et même, disons-le, des raisonnements qu'ont développés à propos de thèmes voisins diverses écoles philosophiques. Il améliorera ainsi ses chances de ne pas s'égarer.

Encore faut-il, bien sûr, que de tels problèmes d'interprétation se posent. Mais, en physique contemporaine, c'est manifestement le cas. Ainsi, la notion d'*objectivité faible* fait immédiatement penser — sans que cela implique une adhésion automatique, bien entendu ! — au doute cartésien et à la pensée kantienne. D'autres développements récents vont dans le même sens, comme on le verra. Une prise de connaissance de cette ligne de pensée-là s'impose donc particulièrement.

Comment la nommer ? Question mineure mais — absurdement — quasi insoluble pour qui veut éviter de lui donner d'emblée une coloration valant jugement de valeur. Bravant ce risque, je l'appellerai ici l'« idéalisme », nom qui lui est « techniquement » attribué dans les manuels. Mais en insistant sur le fait qu'il y a plusieurs variétés d'idéalismes. Au sens large où j'entends ce terme, même de grands hommes de science, tel Henri Poincaré, n'échappent pas à l'étiquette « idéaliste ». Et, par conséquent, le lecteur scientifique qui prend connaissance de ces pages sera bien avisé de ne pas attribuer au mot un quelconque sens dépréciatif. Bien entendu, l'idéalisme philosophique n'a rien à voir avec l'idéalisme conçu comme relatif aux visées, aux buts de vie ou aux projets de société. Ici, je le définirai seulement comme étant la thèse qui pose que *la connaissance humaine est limitée à tous égards par les facultés sensibles et intellectuelles de l'homme et se voit grandement déterminée par ces facultés mêmes.* Un corollaire de cette idée est le suivant : rien ne nous garantit que nos notions de base, même en apparence les plus « évidentes » — espace, temps, objet... —, atteignent réellement ce qui « vraiment est », certaines formes d'*idéalisme radical* allant même jusqu'à soutenir que cette dernière expression serait tout bonnement dénuée de sens.

Gardons bien présent à l'esprit le fait qu'en l'acception large ainsi définie, l'idéalisme a, sous une forme ou sous une autre, recueilli l'adhésion ou tout au moins la considération de nombre de grandes intelligences. Aujourd'hui, maintes écoles philosophiques, *empirisme, pragmatisme, phénoménologie, positivisme, antiréalisme, réalisme interne*, etc., ont pour points d'ancrage certaines thèses de l'idéalisme. Et, du côté des scientifiques, soulignons encore que dès le XIXe siècle, beaucoup de physiciens (avec Poincaré, on peut citer Helmholtz, Mach et bien d'autres) insistèrent, dans le même sens, sur la nécessité d'être particulièrement prudent dès que l'on songe à ériger notre expérience humaine collective en description des « objets en soi, tels qu'ils sont ». Peut-être même est-ce à cette époque que le monde des physiciens, peu dense et bien formé à l'histoire des idées, fut, dans son ensemble, le mieux instruit de la teneur de l'argumentation philosophique et le plus respectueux de ses avancées. Plus tard, les succès mêmes de la science accrurent la confiance intuitive des scientifiques en leur capacité à décrire le réel tel qu'il est vraiment. Et surtout, l'arrivée au sein de la science de cohortes toujours plus nombreuses de chercheurs débutants, peu informés des choses philosophiques, eut pour effet de diminuer l'esprit critique de la communauté relativement au bien-fondé de ladite confiance, tant, à première vue, celle-ci semble justifiée et paraît même aller de soi.

Mais ce sentiment est trompeur. On vient de voir que même durant le règne de la « physique classique », c'est-à-dire au XIXe siècle, des doutes ont surgi quant à sa justesse et que nombre de scientifiques ont, dès cette époque, tenu pour d'emblée assez convaincantes les vues de Kant concernant l'idéalité de l'espace et du temps. Selon ce philosophe, comme on le sait, espace et temps, loin d'avoir une existence « en soi », sont seulement les cadres *a priori* de notre sensibilité, autrement dit les formes selons lesquelles notre structure propre d'êtres humains nous contraint à organiser notre expérience. Certes, cette thèse kantienne fut provisoirement battue en brèche par l'apparition, en tant qu'élément fondamental de la théorie de la relativité, de la notion d'espace-temps, découverte qui révélait qu'en érigeant l'espace euclidien en intangible *a priori*, Kant s'était sérieusement trompé. Mais, aujourd'hui, c'est le développement même de la physique qui, à nouveau, pousse le balancier dans l'autre sens. La non-séparabilité est, on l'a vu, une donnée « incontournable » de toute approche réaliste. Or, elle témoigne de l'existence d'une sérieuse dissonance entre, d'une part, la structure quantique de quoi que ce soit que l'on puisse appeler « réel », et, d'autre part, la notion d'un espace où les constituants de ce réel seraient logés chacun dans une région déterminée, même si elle est inconnue. En outre — c'est l'autre versant, complémentaire, de la question — cette non-séparabilité ne permet pas, comme on le sait, la transmission effective des signaux. Elle se situe donc en dehors de la sphère des programmes d'action ; ce qui fait que, au moins d'un point de vue pragmatique, les phénomènes observés qui démontrent son existence ne sont pas tout à fait des phénomènes comme les autres. A certains égards ceci est assez « consonant » avec l'idée kantienne que l'espace que nous connaissons vraiment bien — celui dans lequel nous nous sentons vivre et agir — serait, non pas du tout un « en soi », mais plutôt une forme de notre sensibilité et une extrapolation de nos possibilités d'action. Ajoutons que, bien sûr, le message de la relativité n'en est pas pour autant perdu. Le lien entre espace et temps établi par elle demeure. Mais ce qu'il implique d'important, c'est que, dans cette manière de voir, qui dit « idéalité de l'espace » ne peut guère éviter de se prononcer aussi bien pour l'idéalité du temps.

Que l'on entende bien ces remarques. Il ne s'agit pas d'aller proclamer je ne sais quelle *démonstration* de l'idéalité du temps et de l'espace, ou de l'exactitude des vues de Kant. Il s'agit seulement de noter que, pour un physicien soucieux de comprendre à fond ce qu'il fait, une certaine connaissance de la ligne de pensée ici nommée « idéaliste » constitue un avantage ; et que même, en définitive, les connaissances actuelles sont de nature à l'inciter à faire dans cette direction un assez long « bout de chemin ». Mais il n'est pas question d'envisager une quelconque adhésion inconditionnelle à cette doctrine. Si, au surplus, l'on envisageait cette idée, ce qui va maintenant être rappelé suffirait, je pense, à en dissuader. En effet, au XIXe et au début du XXe siècle, l'influence du kantisme, pris alors dans toute sa pureté, ne s'exerça pas dans le sens esquissé plus haut et n'eut pas seulement des aspects positifs. Cela tient à ce que, si Kant a *entièrement* raison — c'est-à-dire si c'est l'esprit humain et lui seul qui, de par sa structure propre, détermine les cadres conceptuels où il insérera la description de son expérience —, alors il faut s'attendre que les cadres en question nous soient déjà familiers et s'imposent à nous avec évidence. Autrement dit, il faut s'attendre que *tous* les concepts, même théoriques, qui s'avéreront nécessaires à la description en question soient des concepts conformes à notre intuition habituelle (*gewohnlische Anschauung*, disent les Allemands). Déjà, avec la relativité, une telle vue, on l'a dit, posait des problèmes. Pour la description des atomes, même chose : car l'exigence de conformité avec l'intuition favorisait un recours privilégié à des notions facilement déduites de notre expérience courante, telles que celle de trajectoire d'électrons. Et si l'on en croit les historiens de la physique de cette période, les physiciens qui, au cours des années vingt, eurent à élaborer la description dont il s'agit, imbus comme ils l'étaient des conceptions alors prédominantes de l'idéalisme kantien, eurent de ce fait du mal à renoncer à ces notions visualisables. L'attachement trop durable de Schrödinger à une représentation purement ondulatoire, et par là, justement, « visualisable », des phénomènes, n'eut peut-être pas d'autre cause. Par contraste, Einstein, qui n'était nullement kantien, et qui, à l'époque, était même plutôt réaliste, faisait preuve d'un esprit, sur ce point précis, plus ouvert, disposé qu'il était à faire usage de n'importe quel concept, fût-il tout à fait éloigné de notre intuition habituelle, pourvu seulement qu'il fût adapté à la description du réel.

Il est d'autres réserves que l'on peut faire concernant la pensée idéaliste. Chez ses adeptes, en effet, on trouve fréquemment exprimée l'idée que les *lois* de notre physique seraient *uniquement* les produits de notre manière de voir les choses (des produits des formes de notre entendement). Cela aussi est fort kantien, mais est-ce réellement plausible ? Aujourd'hui, certaines grandes lois de la physique, exprimées par des équations (celles de Maxwell, par exemple), s'avèrent résister bien au changement des concepts que, pour les exprimer en langage courant, on « met derrière ». Comment rendre compte de cette permanence et de cette persistante fécondité autrement qu'en conjecturant, avec Poincaré, que les lois en question reflètent en quelque manière des structures existant au-delà des concepts construits ?

L'idée, pourtant, répugne à un grand nombre de philosophes contemporains. Cela tient au fait qu'implicitement, elle suppose un *être* dont il n'est pas possible de fidèlement décrire l'essence au moyen des concepts humains. Une telle hypothèse paraît à beaucoup n'être que le produit d'un certain manque d'esprit critique. Si bien que, de par le monde, la recherche philosophique s'oriente pour l'heure, semble-t-il, plutôt vers des conceptions — dites, par exemple, « antiréalisme », ou encore « réalisme interne » — où la notion de *vérité* prime celles d'*être* ou de *réalité*.

Ces positions sont dignes de toute notre attention, et cela d'autant plus qu'elles sont défendues par des philosophes, notamment anglo-saxons (Hilary Putnam et autres), dont l'esprit d'analyse et de rigueur est reconnu. Bien entendu, il en va d'elles comme de toutes les autres positions philosophiques. Il est fort délicat de résumer sans les trahir les arguments auxquels leurs adeptes se réfèrent pour les étayer. Disons-en cependant ceci : ils visent principalement à établir que le seul objet de toute connaissance possible est le monde des idées et de l'expérience *humaines*. De là, plusieurs des philosophes dont il s'agit concluent à une sorte de preuve que les notions d'*être* ou de *réalité en soi* n'auraient pas de sens. Et tous évitent au moins de les faire apparaître dans leur discours. Pour eux — et dans la tradition de Kant —, le beau mot de *réalité*, qui devient alors disponible, sert en fait à désigner bien autre chose : ils l'utilisent pour désigner précisément ce monde de l'expérience (collective) humaine dont il vient d'être question.

Pour mieux saisir la rationalité des démarches de cette nature, on peut se référer à celle que nous propose le célèbre philosophe de Louvain, Jean Ladrière[1]. Pour lui, le vrai problème, celui dont on est sûr qu'il a un sens, est de saisir comment la notion de réalité, dans l'acception qu'on vient de dire, est transférée de l'expérience vécue à ce qui se présente, au sein de l'expérience, sous les dehors d'une source *indépendante* de donné. Il s'attache donc à nous

---

1. J. Ladrière, « Physical Reality : A Phenomenological Approach », in *Dialectica*, 43, fasc. 1-2, p. 125 (1989).

décrire les étapes de ce processus, d'abord simple conscience réfléchie du caractère d'« incontournable réalité » de l'acte de vivre, puis découverte, grâce au langage, d'une certaine congruence entre ce que je vis et ce que semblent vivre les autres, puis formation de l'idée de monde, comme une sorte d'horizon commun à tous, où viennent s'inscrire nos expériences individuelles. Ensuite, les choses sont reconnues comme existant par elles-mêmes dans la mesure où elles s'insèrent bien dans ce monde, c'est-à-dire trouvent une place cohérente dans un système d'organisation des apparences qui paraît valable pour tous.

Selon Ladrière, la notion de monde physique n'apparaît qu'à une étape chronologiquement mais aussi logiquement plus tardive encore. Celle au cours de laquelle le fondement de l'idée de réalité est transféré de l'expérience collectivement vécue à la représentation intellectuelle. C'est alors seulement, selon lui, que la réalité n'est plus vécue et conçue comme « ce dont on fait l'expérience », mais, au contraire, comme ce qui existe par soi-même *indépendamment* du fait que l'on pourrait éventuellement en faire l'expérience.

Cette analyse — ici trop résumée, et qu'il faudrait lire en détail — est remarquable de cohérence et l'on ne voit pas sur quelles bases on refuserait d'y adhérer. Mais le processus qu'elle décrit (et qui fut vraisemblablement celui même de l'émergence de l'humain) est-il une *construction* ou une *reconstruction* du monde et des objets du monde ? Ladrière, semble-t-il, nous laisse le choix. Or, du point de vue qui doit nous occuper ici, toute la question, en fait, est là. Si la physique classique s'était révélée vraie, j'aurais, pour ma part, opté pour l'idée d'une *re*construction, et même d'une reconstruction réussie : autrement dit, d'une véritable reconstitution. L'homme, au sortir de l'animalité, aurait petit à petit *découvert*, premièrement que le monde existe (la congruence entre les expériences de chacun serait sinon inexplicable), deuxièmement qu'il est « fait » d'objets situés et localisés dans l'espace et obéissant à certaines lois. C'est là l'option réaliste dans sa version conventionnelle. Étant donné que la physique classique n'est pas « vraie » au sens d'être ainsi interprétable comme fournissant une ontologie (on en a vu les raisons dans les chapitres qui précèdent), cette option-là perd beaucoup de son poids. De fait, elle n'est même plus vraiment défendable dans sa version radicale. Devons-nous pour autant passer à l'autre extrême et concevoir le processus décrit plus haut comme une *construction* pure et simple ? Au fond, c'est là la thèse qui court en quelque sorte en filigrane dans les écrits des philosophes qui se disent « antiréalistes ». Ils l'étayent, on l'a vu, essentiellement sur la remarque que, mises à part nos (éventuelles) idées innées, nous ne connaissons, par définition même, que le monde de notre expérience. Comme, disent-ils en substance, il est absurde de discourir sur ce que l'on ne peut en rien connaître, il convient de subordonner, dans notre attirail conceptuel, la notion de réalité — donc, celle même d'existence — à celle de connaissance possible.

Si l'on adhère à cette manière de voir les choses, on dira, avec ces philosophes-là, que les notions en question sont effectivement *construites* par notre esprit. Mais un moment de réflexion montre que l'argumentation qui génère cette conclusion, contrairement aux apparences, n'est pas absolument inattaquable. Pour construire quelque notion que ce soit, il faut d'abord — et au minimum ! — exister soi-même. Aucune subtilité sémantique concernant le mot « exister » ne peut réfuter cette observation élémentaire qui s'exprime aussi en disant que la notion d'existence (ou d'être) est logiquement première par rapport à celle de connaissance, puisqu'il faut être pour connaître. Autrement dit, si par l'expression « le monde » nous entendons « le Tout », y compris notre esprit lui-même, la « construction du monde par notre esprit » devient une conception autocontradictoire (pour plus de nuances, voir Appendice 2).

Reste, bien sûr, logiquement valable l'idée que l'esprit est l'unique existant, l'unique « réalité de base ». Mais qu'entend-on alors au juste par « l'esprit » ? L'idée est-elle mieux justifiée que celle d'une réalité ultime, antérieure aux phénomènes et fondamentalement irréductible à ceux-ci ? En est-elle même essentiellement différente ? Ces questions sont délicates. Notons seulement que le fait même de les poser conduit à prendre en considération la notion de *re*construction, mais non, cette fois, dans le sens d'une reconstitution « à l'identique » de la réalité par notre esprit. Bien plutôt dans celui, aux résonances kantiennes, d'une appréhension du réel à travers le prisme de notre structure d'êtres humains.

A tout cela, ajoutons une observation qui nous fait revenir aux relations de la philosophie et de la science. Si les lois physiques n'étaient qu'organisation par nous de sensations éparses que nous éprouvons, on ne comprendrait pas qu'on puisse en *déduire* quoi que ce soit. Les idéalistes de la tendance radicale répondent en reconnaissant humblement, avec David Hume, que l'induction est tout à fait inexplicable, mais ils ajoutent aussitôt qu'elle l'est aussi dans la conception réaliste, puisqu'il y faut admettre la *persistance* des structures de ce « réel » que l'on a postulé comme existant hors de l'esprit. Le débat est du type de ceux dans lesquels arguments et contre-arguments peuvent être échangés à l'infini. J'avoue pourtant ma préférence pour un postulat de régularité — celui de la régularité des structures —, que l'on n'a besoin de faire qu'une fois pour toutes, par rapport au postulat de la régularité des diverses impressions sensibles, postulat que, me semble-t-il, l'idéaliste radical doit réitérer en toute occasion.

Pour conclure ce petit chapitre consacré à l'idéalisme, notons seulement que certains physiciens qui se veulent matérialistes pourraient tout aussi bien — et même mieux — être rangés parmi les « idéalistes » au sens large adopté ici. Il en va ainsi de tous ceux qui, fidèles à l'« orthodoxie » de l'interprétation de Copenhague de la mécanique quantique, réalisent très objectivement qu'il leur faut dès lors concéder que notre physique n'est qu'*humaine*. En effet, que signifie cette expression, sinon que tels ou tels axiomes de la physique sont à objectivité seulement « faible », au sens que l'on a défini ? Autrement dit, qu'en dernière analyse, ils fournissent des règles de calcul relatives aux résultats de mesures que l'on pourrait faire (même quand, au premier abord, ils se présentent autrement) ? Le fait que les mesures en question sont faites au moyen d'instruments garantit justement l'objectivité faible de ces règles, mais ne la change pas en objectivité forte, puisque les instruments sont définis comme tels en tant qu'ils sont utilisés pour des mesures (les diaphragmes mobiles imaginés par Bohr[1] dans ses discussions conceptuelles sont « classiques » ou « quantiques » selon l'usage qui en est fait par les opérateurs humains). Cette référence à l'homme n'implique pas l'idéalisme *radical* — celui qui nie que la notion d'être soit première —, mais il est indéniable qu'elle est plus proche des vues de Kant que de celles des matérialistes « purs et durs », puisque ceux-ci visent justement à en faire l'économie.

1. N. Bohr, *Physique atomique et connaissance humaine*, Éditions Gonthier, 1961, p. 82.

6

Seconde visite au chat
Réel et réalité empirique

Il est plus aisé de dire des choses nouvelles
que de concilier celles qui ont été dites.
VAUVENARGUES.

Le paradoxe du chat de Schrödinger (voir première partie, chapitre VII) ne porte — le croira-t-on ? — pas seulement sur les chats[1]... Sous des « habits » à peine différents, on le retrouve dès que l'on cherche à faire la théorie de l'opération de mesure : autrement dit, dès que l'on vise à donner une description conforme à la mécanique quantique de l'interaction entre une particule et l'instrument utilisé pour mesurer une propriété de celle-ci. La chose se comprend aisément. Reportons-nous à la description du principe de superposition donnée au chapitre VI de la première partie. Imaginons que dans chacun des deux canaux définis page 91 se trouve un enregistreur de particules et que les enregistreurs soient tous deux reliés à un dispositif central dont l'aiguille indicatrice se déplace vers la gauche si le passage de la particule est enregistré dans le canal A, vers

1. Comme vous vous en doutez, cher lecteur, ce n'est pas seulement par référence au chat de Schrödinger qu'un chat est reproduit en couverture. Si familier qu'il soit, cet animal a toujours été symbole de mystère. L'enfant qui questionne du regard son chat figure donc avec vérité l'homme engagé dans l'interrogation du monde et découvrant que celui-ci, tout en étant excellemment manipulable, ne peut pas être cartographié de façon pleinement exacte.

la droite en cas contraire. On voit alors que si, initialement, la particule est dans un état tel que *a* + *b* (chapitre VI), à l'arrivée, le système total, y compris l'aiguille, sera (tout comme le chat de l'apologue) dans une *superposition quantique* de deux états dans l'un desquels l'aiguille est à droite, alors qu'elle est à gauche dans l'autre. Bien entendu, ceci n'est vrai que si tous les atomes composant les compteurs, les fils, l'aiguille, l'environnement, etc. — et par conséquent ces objets eux-mêmes — obéissent à la mécanique quantique. Mais n'est-ce pas là l'hypothèse la plus naturelle ? L'idée d'aller supposer le contraire, juste pour se débarrasser du paradoxe, paraît vraiment artificielle.

Ajoutons pour faire bonne mesure qu'à première vue, même l'accord intersubjectif peut soulever des interrogations. Si, en effet, on se contente d'attribuer à l'observateur une probabilité donnée de voir l'aiguille ici ou là, on peut se demander pourquoi deux observateurs, ayant chacun une certaine probabilité non nulle de repérer l'aiguille à droite et une autre de la découvrir à gauche, la voient toujours tous deux au même endroit.

Comparées aux problèmes si complexes que la théorie permet de résoudre au moyen de savants calculs, ces questions-là paraissent élémentaires, voire enfantines. Contrairement aux apparences, certaines d'entre elles au moins sont cependant très délicates. En témoigne l'étrange multiplicité des réponses que, depuis les années 1920, les physiciens tentèrent de leur apporter sans qu'aucune se soit à ce jour réellement imposée à tous. Dans un livre comme celui-ci, on ne peut que donner un aperçu qualitatif des principales et esquisser — en quelque sorte « en pointillé » — les forces et faiblesses de chacune. Entrer davantage dans le détail supposerait la mise en œuvre de tout l'attirail mathématique et technique qu'on a fait le vœu de court-circuiter ! Mais déjà le seul fait d'être informé de la difficulté de ces problèmes sera un élément utile de réflexion.

Une première approche, historiquement importante et encore aujourd'hui considérée comme des plus intéressantes, est celle que l'on doit à Niels Bohr. Bohr, cependant, n'avait pas ces problèmes-là particulièrement dans son collimateur. Sa cible était plus « large » (si l'on ose dire) : c'était l'atome en général. Mais il se trouve que la conception bohrienne contient implicitement des réponses aux questions que l'on vient de voir apparaître.

Cela tient au fait qu'au fond, pour Bohr, le but de la physique n'était en rien la description de quoi que ce soit qui puisse être étiqueté « réalité en soi ». C'était, au premier chef, la description non ambiguë de *l'expérience humaine communicable*. De plus, Bohr avait pour credo qu'une telle description peut seulement se faire au moyen du langage courant, lequel est fait d'expressions immédiatement intelligibles (type : « l'aiguille est à tel endroit ») et est par là la source ultime d'une compréhension non ambiguë entre êtres humains. Comme l'expérience lui avait appris que, précisément, ce langage, au contenu éminemment « visualisable », est inadapté à la description des particules subatomiques elles-mêmes (pas de trajectoires, etc.), la voie lui apparut toute tracée : il *ne fallait* tout simplement *pas* tenter de parler de ces particules. Plus exactement, on devait se garder d'évoquer des propriétés (position, vitesse, etc.) qu'elles seraient supposées avoir « en soi », indépendamment du dispositif de mesure. Seul celui-ci, en effet, peut être décrit au moyen du langage courant : dans la pensée de Bohr, il *doit* donc l'être, et la particule mesurée doit être conçue comme formant avec lui un *tout conceptuellement indivisible*, ainsi qu'on l'a déjà noté (chapitre 2). Par une sorte de convention, on peut alors attribuer à cette dernière une propriété qui sera celle que le dispositif mesure : une position si ce dispositif est de mesure de position, une vitesse s'il est de mesure de vitesse, etc. Mais séparer conceptuellement ces propriétés du dispositif en question était, selon Bohr, s'agissant d'objets quantiques, un non-sens.

De cela il découle immédiatement que, considérée en soi

et pour soi, une particule n'a pas d'état. Et que, par conséquent, sa fonction d'onde, si elle en a une, ne saurait décrire ce néant d'état ! Il est bien clair que dans cette conception, le paradoxe de la mesure disparaît. Considérée comme un système quantique, cette réunion structurée d'atomes qu'est l'aiguille de l'instrument n'a pas, bien entendu, davantage d'« état » que ses constituants. Autrement dit, le sens que sa fonction d'onde peut avoir (si elle en a un) n'est assurément pas celui d'une description de cet état. En d'autres termes encore, il y a abus de langage à parler, dans les conditions ici envisagées, des états quantiques de l'aiguille et, par conséquent, également de leur superposition. Le problème s'est évaporé, et, corrélativement, celui de l'accord intersubjectif s'est évaporé lui aussi, puisque, *considérée cette fois comme élément du dispositif de mesure*, l'aiguille de l'instrument *a*, à chaque coup, une position et une seule, que chacun peut voir et (le cas échéant) toucher.

Ces problèmes ont donc été évacués, mais n'est-ce pas par un tour de passe-passe un peu étrange ? Même si l'idée de départ — la visée d'une description de l'expérience humaine, et non du réel — peut être nuancée et, pour une part, relativisée, elle n'en reste pas moins choquante aux yeux de certains « réalistes » qui la perçoivent comme une sorte de démission. A cette réserve peuvent s'en ajouter d'autres, moins « conceptuelles » et donc plus proches des soucis « de métier » des physiciens et astrophysiciens. Les premiers peuvent être gênés par l'étrange « double statut » implicitement donné par Bohr aux instruments de la mesure et à leurs diverses parties (aiguilles, diaphragmes, etc.). En tant que *servant à observer et mesurer*, ils doivent être conçus comme des objets classiques, puisqu'ils sont descriptibles au moyen du langage courant. Mais, encore une fois, ils sont composés de particules qui sont quantiques et, comme tels, Bohr n'hésite pas, on le sait, à en parler comme de systèmes eux-mêmes quantiques dans certaines discussions qu'il mène (cas des diaphragmes mobiles déjà cité[1]). Les physiciens peuvent également s'interroger sur le statut, chez Bohr, de la notion de fonction d'onde (ou vecteur dit « d'état ») : si elle ne décrit pas l'état dans lequel la particule se trouve « en soi », que décrit-elle ?

Quant aux astrophysiciens, ce qui les gêne, c'est qu'étant fait de particules, l'Univers devrait en principe relever tout entier de la mécanique quantique. Or, vu comme un système quantique, il ne peut avoir, selon Bohr, de propriétés qu'en tant que formant lui-même un « tout indivisible » avec un dispositif expérimental extérieur conçu pour la mesure de ces propriétés. Mais quel dispositif pourrait être extérieur à l'Univers ? A l'évidence, le pur schéma bohrien a trouvé ici ses limites.

Pour toutes ces raisons, le schéma en question, dont la profondeur et la fécondité continuent à être admirées, n'est malgré tout plus unanimement considéré à l'heure actuelle comme la réponse ultime et irréfutable au problème quantique des fondements. D'autres approches sont explorées, qui font de la fonction d'onde plus qu'un simple outil de calcul. Mais, du coup, tel le phénix, le problème de la mesure resurgit bien sûr de ses cendres.

Très naturellement, les approches en question se groupent en deux catégories. L'une d'elles (axée sur les théories à variables cachées non locales et les théories modifiant légèrement les équations fondamentales de la mécanique quantique) est explicitement réaliste. J'entends qu'elle pose en principes : premièrement, que cela a un sens évident d'évoquer « ce qui existe », et donc de lui donner un nom (« réalité », « monde » ou tout autre que l'on voudra) ; deuxièmement, que l'existence de cette réalité ainsi que de ses structures générales est indépendante de nos structures à nous, humains ; et troisièmement, que les structures en question sont connaissables par notre esprit, le but de la science étant dès lors de les connaître. Tout à fait à la fin

1. *Cf. supra*, p. 199, note 1.

du chapitre 4, on a déjà fait la connaissance des principaux modèles construits dans le but de satisfaire ces exigences tout en sauvegardant les prévisions quantiques. On a vu là quelques raisons de se montrer en définitive sceptique quant à l'adéquation de ces modèles au réel. On n'y reviendra pas ici.

La seconde approche refuse les bouleversements que tous ces modèles exigent, car elle ne les estime pas nécessaires. Elle prétend montrer que ce sont les lois mêmes de la mécanique quantique (plus, éventuellement, d'autres choses : relativité, structure de l'Univers..., mais sans adjonction de paramètres cachés ou autres ingrédients du même genre) qui conduisent à l'existence d'objets macroscopiques échappant au paradoxe de superposition, autrement dit à celui « du chat ».

Comme Étienne Klein l'a déjà signalé, l'argument sur lequel cette seconde approche se fonde est que les systèmes macroscopiques sont — dans le détail de leur configuration microscopique — extrêmement sensibles à l'interaction avec leur environnement. Ce fait résulte de la structure même de la théorie. Il est incontestable et a pour conséquence que, du point de vue du détail de leur configuration, ces systèmes ne peuvent — sauf exceptions très particulières — jamais être considérés comme isolés. Du fait que l'instrument qui sert à faire une mesure est toujours un système macroscopique, on doit évidemment s'attendre que cette non-isolation ait des conséquences intéressantes relativement au problème de la mesure.

Pour mettre celles-ci en lumière, le plus simple est d'utiliser la notion d'ensemble. Supposons donc que l'opération de mesure considérée au début du chapitre soit reproduite un nombre quasi infini de fois (avec chaque fois une autre particule dans l'état $a + b$, ainsi qu'un autre instrument). Demandons-nous ce qui distingue l'ensemble des systèmes finals (chacun constitué de la particule et de l'instrument) ainsi obtenu d'un ensemble où la moitié des particules serait dans l'état *a*, les aiguilles des instruments correspondants étant à gauche, et où l'autre moitié serait dans l'état *b*, les aiguilles correspondantes étant à droite. Compte tenu de la force du lien avec l'environnement, la réponse est qu'*en pratique*, rien ne distingue ces deux ensembles, comme un peu de calcul le montre. S'appuyant sur la teneur de cette réponse, les tenants de l'approche en question émirent alors l'idée que ces deux ensembles seraient identiques et que, par conséquent, dans la moitié des cas l'aiguille serait « réellement » à droite, et serait à gauche dans l'autre moitié. Pour réfuter, direntils, cette manière de voir les choses, il faudrait pouvoir *démontrer par l'expérience* la non-identité des deux ensembles. Plus précisément, il faudrait qu'il y ait des grandeurs physiques mesurables pour les valeurs desquelles les deux ensembles ne fourniraient pas la même prédiction d'observation. Or, certes, de telles grandeurs existent bien, mais elles impliquent *aussi* l'environnement, et cela d'une manière si compliquée que leur mesure est pratiquement tout à fait exclue, car elle exigerait un nombre quasi infini d'opérations élémentaires effectuées ensemble en des lieux inconcevablement éloignés.

« *Pratiquement* » : c'est le mot clé de cette approche. Il réfère à ce que nous, humains, sommes ou non capables de faire. Encore une fois, les grandeurs dont il vient juste d'être question — appelons-les les « grandeurs sensibles » — ne sont pas des vues de l'esprit. Des protocoles expérimentaux peuvent être énoncés qui nous permettraient *en principe* de les mesurer. Le seul *hic*, mais il est de taille, c'est qu'*en pratique* les protocoles en question sont infiniment trop complexes et lourds pour pouvoir jamais être mis en œuvre par des hommes. Aux yeux d'un démon technicien qui pourrait, lui, les mettre en œuvre, aucune des aiguilles indicatrices de notre ensemble ne se trouverait ni réellement à gauche, ni réellement à droite. Toutes seraient dans une

« superposition quantique » d'états. Mais voilà ! Même dans le simple champ de la technique, nous ne sommes pas des démons. Pour nous, donc, *tout se passe comme si* les aiguilles en question étaient les unes à gauche, les autres à droite. L'idéaliste radical — celui qui considère que le monde de l'expérience, qu'il a décidé d'appeler « la réalité », procède d'une construction de notre esprit — peut dès lors être satisfait, car entre les deux assertions : « les choses sont telles et telles » et « pour nous tous, tout se passe comme si les choses étaient telles et telles », il ne fait aucune différence. Ou, plus précisément, il pose que la seconde affirmation épuise le sens de la première.

La réalité ainsi comprise, nous l'appellerons la *réalité empirique*. Pour l'idéaliste radical, c'est, on vient de le voir, la seule réalité qui ait un sens. Mais tout un chacun n'est pas idéaliste et, on le sait, tous les idéalistes ne sont pas « radicaux ». C'est pourquoi le qualificatif d'« empirique » est ici des plus nécessaires. Il permet de bien distinguer cette réalité-là d'une autre notion de réalité qui, *pour le réaliste*, est pleine de sens : celle dont l'existence est logiquement première par rapport à notre existence, comme il a été précisé plus haut.

Que l'on me permette d'insister encore. Ce qui impose la distinction, c'est le fait que, pour le physicien quantique qui se veut réaliste et conséquent, la description en termes de réalité empirique — où chaque aiguille de l'ensemble est conçue comme occupant une position déterminée — ne peut être qu'un « pour nous, tout se passe comme si », la réalité vraie, la réalité indépendante étant nécessairement toute différente. Je m'explique au moyen d'une analogie. Imaginons un cicérone chargé de faire visiter une certaine église baroque et qui affirmerait que les chapiteaux, là, tout en haut de la nef, sont de marbre alors qu'il sait qu'ils sont en stuc. Mais, étant donné qu'il est pratiquement impossible de grimper si haut et de vérifier... Eh bien, mon Dieu, notre homme se dirait à lui-même qu'en définitive, ils sont *presque* de marbre ; que dire qu'ils sont de marbre, c'est décrire la réalité *à une excellente approximation*... Il est clair que ce cicérone ferait une faute de raisonnement. Ce n'est pas parce qu'il nous est, à nous, faibles humains, quasiment impossible d'aller toucher ces chapiteaux, donc de faire la différence, qu'il nous est loisible d'affirmer qu'*en réalité*, la différence est petite. De même ici. Les physiciens — il y en a, hélas — qui vont disant que, dans le cas de notre ensemble d'instruments, certains *ont* leur aiguille à gauche, les autres à droite, commettent la même faute. Tout comme dans le cas des chapiteaux, il y a, on vient de le voir, une ou des grandeurs sensibles qui, telle la mollesse du stuc contrastant avec la dureté du marbre, sont totalement différentes dans la réalité de ce qu'elles pourraient être si cette description était vraie ; et le fait que, dans la pratique, ces grandeurs soient très difficiles, voire impossibles à mesurer, ne change rien aux conséquences logiques qui découlent de leur existence. Fort heureusement, d'autres physiciens (en particulier (H. Zeh et E. Joos, le premier étant le principal instigateur de cette « seconde approche » dont nous parlons) se gardent bien de s'exprimer de cette manière. Tout au contraire, ils mettent clairement en lumière le rôle, dans leur démarche, non pas certes des consciences individuelles, mais de l'*inter*subjectivité fondamentale de la science.

A l'évidence, l'approche ci-dessus décrite du problème de la mesure est également applicable à un problème plus général, qui est de s'efforcer de rendre compte par la mécanique quantique des propriétés *classiques* (localisation approximative, etc.) des systèmes physiques macroscopiques. Elle y rencontre des succès considérables, en particulier en ce qui concerne l'explication des *formes* que les objets, y compris les grosses molécules, paraissent avoir. Bien entendu, les commentaires d'ordre philosophique du paragraphe précédent valent aussi relativement à ces développements théoriques (c'est très pertinemment qu'un des articles de

Joos sur la question est intitulé : « La théorie quantique et l'*apparence* d'un monde classique[1] »).

La prise en considération des structures classiques des corps macroscopiques nous ramène très naturellement à notre réflexion sur la « thèse des deux physiques séparées », mentionnée déjà au chapitre 2, et qui consiste à soutenir que les objets macroscopiques obéissent à une physique dite « classique » toute différente de la quantique (et, cela va de soi, plus anciennement connue). Dans sa version élémentaire (deux physiques inconciliables, chacune décrivant la réalité même des objets sur lesquels elle porte), cette thèse est très difficilement soutenable, car, on le sait, la frontière entre le « micro » et le « macro » n'est pas tranchée. Certains objets à notre échelle ont un comportement typiquement quantique, rigoureusement inexplicable à l'intérieur de la physique classique (alors que l'inverse n'est pas vrai : aucun phénomène n'est connu qui violerait les lois quantiques). La thèse des « deux physiques », version « élémentaire », ne pourrait donc être soutenue qu'en excluant, par définition même, et au coup par coup, peut-on dire, ces objets-là du champ de ceux que l'on décide de dénommer « macroscopiques ». Une telle démarche reviendrait à définir l'objet macroscopique, « par défaut », comme étant celui dans le comportement duquel on *n'a pas* détecté un aspect quantique. Mais — chacun le sent bien — le recours à une telle définition par défaut ne serait guère qu'une sorte de fuite en avant, puisqu'elle reviendrait à faire référence, en guise d'explication, à ce qui n'est pas encore bien élucidé. Une « démonstration » de ce type ferait plus penser aux anciennes cartes de l'Afrique — de grands espaces blancs portant la légende « *hic sunt leones* » — qu'elle ne laisserait espérer une avancée substantielle dans l'intelligence du réel.

Cette observation rend plausible l'idée que c'est la physique

---

1. E. Joos, « Quantum Theory and the Appearance of a Classical World », in *New Techniques and Ideas in Quantum Measurement Theory*, D.M. Greenberger ed., The New York Academy of Science (1986).

quantique qui, seule, va « au fond des choses ». Mais un point final n'est pas mis par là à l'étude du rapport entre les deux physiques, la quantique et la classique. La physique classique demeure en effet nécessaire, Bohr nous le rappelle avec insistance, ne serait-ce que pour nous permettre de nous communiquer les uns aux autres les informations qui sont lues sur les instruments (qui n'affichent pas des « fonctions d'onde » !). Dès lors, pour qui cherche à échapper à l'ambiguïté, déjà notée, et au côté un peu « métaphysique » des modèles réalistes à variables cachées (ou autres), il n'y a qu'une issue possible : celle d'une prise en considération de certaines approches philosophiques qui — comme c'est le cas de celle qui sous-tend la théorie de la mesure ci-dessus décrite — relèvent peu ou prou, fût-ce implicitement, de la mouvance idéaliste (ou du moins « flirtent » avec elle). On renvoie ici aux conceptions qui, quelle que soit l'option de chacune d'elles concernant la pertinence de l'idée même de Réel-en-soi, posent que l'objet de la science n'est pas ce Réel-là, mais bien seulement le monde des phénomènes : la réalité *empirique.*

Ainsi, tous les points abordés — ou, pour mieux dire, esquissés — dans ce chapitre nous ramènent à l'idée qu'une distinction entre réalités indépendante et empirique — ou tout au moins entre les *notions* que ces termes servent à désigner — est vraiment utile à qui vise à l'appréhension des enjeux conceptuels de la physique contemporaine. Si cette distinction fait encore, reconnaissons-le, l'objet de réserves, même dans l'esprit de physiciens bien au courant des questions ici abordées, c'est sans nul doute parce qu'ils y voient quelque chose d'un peu trop abrupt. Ils pensent, et ils n'ont pas tort, que la question est très subtile. Cette subtilité, qui est réelle, ils s'efforcent (pour certains) de la traduire par des jeux, eux-mêmes subtils, du langage, et parlent par conséquent de paradoxes, de pensée en conflit avec elle-même, etc. En la matière, l'idée de distinctions nettement tranchées entre concepts les inquiète. On peut cependant se demander s'il n'y a pas, chez eux, la peur...

d'appeler ici un chat un chat ! La distinction proposée entre deux notions de réalité ne prétend évidemment pas ramener à l'élémentaire quelque chose qui est loin de l'être. Mais elle aide à trier les vrais problèmes d'avec les faux et à y voir un peu plus clair. A ce titre, elle vaut au moins qu'on y songe...

7

Physique et réalité (ou le problème de l'être)

Le non-scientifique nous crédite, nous scientifiques, de la capacité à résoudre ce que, de par sa nature même, aucun être humain ne peut résoudre et ne sera jamais à même de résoudre.

SCHRÖDINGER.

1. Introduction

« Chassez le naturel... », on connaît le proverbe. Notre « naturel », à nous scientifiques — et, de plus, latins ! —, il n'y a pas à le chercher bien loin. C'est de prendre le mot *res*, « la chose », inconditionnellement au sérieux. En d'autres termes, la plupart d'entre nous sont viscéralement des réalistes, pour ne pas dire des « chosistes » impénitents !

Mais, après tout, est-il si évident que la vérité n'est pas là ? Est-il si sûr que cette majorité se trompe quand elle proclame ainsi son attachement à l'évidence et au bon sens ? Gardons-nous d'en juger à la va-vite, nous dira-t-on. Tout au moins tenons compte du témoignage de nos yeux !

En un sens, on aura raison de refuser de se « laisser avoir » trop aisément... Il y a matière à résistance. Tenez : prenons de nouveau pour objet la particule subatomique, l'électron par exemple, mais envisageons-la maintenant non plus sous l'angle de vue du théoricien ou du philosophe, mais sous celui de l'expérimentateur : l'homme, après tout, qui a directement affaire à elle. Pour lui, cette particule n'est pas un « être de pensée ». Elle lui apparaît comme vraiment concrète. Son outil habituel est en effet l'instrument (merveilleux) que l'on appelle une « chambre à traces ». Il s'agit d'une sorte de boîte, plus ou moins cubique, dans laquelle un électron (ou un proton, ou un muon...) individuel *laisse la trace* de son passage, exactement, dirions-nous, comme un avion à réaction dessine sa trajectoire dans un ciel bleu : en suscitant au sein du milieu qu'il traverse des modifications locales visibles à l'œil nu. Le phénomène est si « évident », si « simple » que sa description même — celle que l'on vient de donner — paraît contenir son explication. Et, aujourd'hui encore, beaucoup de jeunes expérimentateurs, constatant qu'en traversant du haut en bas une boîte de ce genre une « particule du rayonnement cosmique » a laissé une trace verticale, interprètent cela comme une preuve manifeste que cette particule est bien — et donc, juste avant son entrée dans la boîte, était déjà — un petit objet concret, localisé et se mouvant selon ladite verticale. Il y a, dans le monde de notre expérience, beaucoup de petits faits de cette nature qui plaident en faveur d'un réalisme très chosiste et qui le font avec une éloquence persuasive. De sorte qu'à ce stade, la cause paraît entendue. Au moins en ces cas le « bon sens chosiste » semble s'imposer.

En fait, vous qui avez lu les précédents chapitres de ce livre, vous vous doutez bien qu'il y a là anguille sous roche. Vous subodorez que les évidences en question ne sont pas vraiment aussi concluantes qu'elles en ont l'air. Et, bien sûr, vous n'avez pas tort. Fallacieuse, en réalité, est l'éloquence des petits faits dont il s'agit. Ce que l'on croit qu'ils prouvent avec une aveuglante clarté, au bout du compte ils ne le prouvent pas. Et s'imaginer qu'ils le font conduirait tout droit à l'impasse scientifique que constituerait l'application de la physique classique aux phénomènes subatomiques.

Pour montrer de façon concise que ces faits *ne* démontrent *pas* ce qu'ils semblent établir avec évidence, revenons à l'exemple des *traces de particules*, qui paraissait si convaincant. Si, dans notre boîte, plusieurs traces sont apparues aux verticales de points *P*, *P'*, *P''*, etc., du sol de la boîte, cela prouve de façon manifeste, pensions-nous, que, dès avant l'impact sur le « toit » de celle-ci, les particules génératrices de ces traces se mouvaient sur des verticales différentes, à l'aplomb l'une de *P*, l'autre de *P'*, la troisième de *P''*, etc. Comment échapper à cette inférence ?

Eh bien, c'est un fait que la mécanique quantique y échappe et qu'elle le fait d'une manière ingénieuse, mais tout à fait simple. Comme on le sait, elle décrit chacune des particules incidentes au moyen d'une onde plane se propageant de haut en bas, ce qui fait que ces particules n'ont au départ aucune localisation. Elles sont toutes identiques à tous égards et n'ont pas plus de trajectoires que n'en a la longue houle de l'Atlantique quand elle vient frapper nos côtes. Cela posé, calculons par le moyen des axiomes quantiques la probabilité pour que, du fait de leur interaction avec une telle onde, deux molécules du liquide que contient la boîte soient excitées (c'est là le phénomène qui engendre l'apparition dans le liquide de bulles visibles). Nous constatons (le calcul est décrit, par exemple, par Heisenberg[1]) que cette probabilité est extrêmement faible dans tous les cas, à l'exception de ceux où les deux molécules en question sont approximativement situées sur une même verticale. Dans ces derniers cas, au contraire, la probabilité est importante. La généralisation à un nombre quelconque de molécules est sans surprise et la conséquence saute aux yeux : presque toujours, les molécules excitées par une même onde seront alignées plus ou moins sur une verticale, créant la figure d'une trace. La probabilité que cette trace apparaisse à

1. W. Heisenberg, *Théorie des quanta*, Gauthier-Villars, 1972.

l'aplomb d'un point *P* quelconque est bien entendu indépendante du lieu, dans la boîte, où nous choisissons ce point *P*, ce qui explique que les traces de plusieurs particules distinctes ne nous apparaissent pas au même endroit, mais soient réparties au hasard.

On vient de voir un exemple tout à fait concret de fausses évidences chosistes pouvant tromper le scientifique lui-même. Il nous confirme ce que nous savions déjà : quand on veut se former une idée juste concernant ce qui est ou n'est pas réel, on doit accepter les données des sens, mais non pas se fier aveuglément aux interprétations simples de celles-ci qui s'offrent tout naturellement à l'esprit. Mais qu'est-ce que cela montre, en fin de compte, sinon que les notions d'être et de réalité sont loin d'être juste des thèmes pour joutes scolastiques « désincarnées » ? Le physicien, lui aussi, est amené à s'interroger, à sa manière, à leur sujet. Et, de fait, de proche en proche, c'est finalement toute la « question de l'être », posée par Hamlet à propos de l'homme, qui se trouve soulevée à nouveau, à propos cette fois du monde : non pas, bien sûr, par le seul exemple décrit ci-dessus, mais par toute la physique contemporaine au sein de laquelle il s'inscrit.

Nous voulons nous aventurer ici dans l'étude de cette question plus loin encore qu'il n'a été tenté au long des pages qui précèdent. Mais, avant cela, nous allons reprendre souffle et rassembler l'essentiel de nos idées en nous efforçant de répondre à deux « questions préjudicielles » d'ordre tout à fait général.

Question préjudicielle numéro un : le problème de l'être du monde, ou, en termes plus prosaïques, de la nature de ce qui est, est-il philosophique, scientifique ou à la fois scientifique et philosophique ?

Concernant cette question, rappelons qu'un certain nombre d'intellectuels contemporains professent une thèse dont on a vu plus haut les déficiences : celle d'un éparpillement des sciences qui les disqualifierait d'emblée relativement aux grandes questions telles que celle-ci. A l'opposé, sans le dire ou en le disant, la plupart des personnes formées dans les sciences — donc averties de leur puissance — estiment aujourd'hui, à juste titre assurément, que le problème de « ce qui est » ne peut être traité avec sérieux qu'en tenant compte précisément des sciences et de leur unité profonde. Mais, parmi ces personnes, plusieurs, appelées « scientistes », vont bien plus loin : elles jugent que le problème *ne* relève *que* de la science. Cette opinion est, elle aussi, très discutable. En effet, si on l'adopte, on ne peut sans faillir à la logique omettre de prendre en considération l'*ensemble* des informations essentielles fournies par la science elle-même, et tout d'abord par la physique. Or (on l'a vu dans cet ouvrage) certaines de ces informations ont des aspects déconcertants. En plusieurs endroits, elles mettent en échec des notions fondamentales qui paraissaient aller de soi, telles que celle de localité. Aussi, pour ne pas se perdre dans les apories, le physicien, même théoricien, trouve-t-il fréquemment très expédient de s'en tenir, durant son travail de recherche, à un point de vue exclusivement pragmatiste. Mais celui qui érigerait en principe cette attitude ne pourrait logiquement prétendre que la physique lui révèle vraiment « ce qui est ». Selon cette conception, elle lui révèle certes des vérités, mais de nature opératoire. Ce qu'elle fait connaître, c'est seulement l'ensemble des règles qu'il nous faut suivre si nous voulons prédire avec succès les résultats d'observations qui seront faites dans des circonstances déterminées (et, bien sûr, la chose reste vraie même lorsque ces règles peuvent être schématisées par des diagrammes qui *simulent* des trajectoires, comme c'est le cas en physique des hautes énergies : voir à ce sujet le dernier paragraphe de la section *Matière*, au chapitre 2, p. 147).

Déjà ceci compromet la thèse scientiste et il est clair que les données diverses — objectivité faible, effondrement du mécanisme... — que l'on a vues étayent dans le détail ce jugement. Vraiment peu plausible est donc aujourd'hui l'idée que la science dévoilera un jour ce qui est — l'être — dans son absolue vérité, et que, par conséquent, la question de l'être du monde n'est qu'un problème de physique et d'astrophysique. Il se trouve encore, il est vrai, quelques physiciens théoriciens de premier plan pour croire à une telle possibilité et y loger leur idéal. Je les appellerai ici, pour faire bref, les « dissidents ». Ils sont méritoires, tenaces et souvent brillants, mais un peu utopistes, me semble-t-il, vu les difficultés avec lesquelles toutes les théories « à objectivité forte » doivent se colleter. Même si leur espoir reste admissible et respectable en tant qu'espoir, irrecevable serait l'idée de l'ériger en certitude. L'on est bien obligé, par conséquent, si l'on veut creuser la question de l'être, de faire intervenir cet autre mode d'approfondissement des choses que l'on nomme philosophie.

Cependant, devons-nous en conclure que la physique n'a rien à dire sur la grande question de l'être du monde ? Les philosophes qui pensent ainsi — il y en a un certain nombre — se trompent indéniablement. Ainsi, on vient juste de rappeler la mise en échec par la physique de certaines notions aussi fondamentales en apparence que celle de localité. Or il est clair qu'il ne s'agit pas là d'une donnée qui serait seulement négative. Cette découverte a une face très positive qui tient à son caractère — tellement rare ! — de certitude absolue à l'intérieur de toute approche réaliste. Aucune des *ontologies* (ou « tentatives de description de ce qui est ») qui, explicitement ou sans le dire, érigent en absolus des notions telles que celle de localité, ne peut plus désormais être prise au sérieux. Les physiciens, y compris même les « dissidents » dont nous parlions, sont unanimes à reconnaître cette vérité-là. La physique contemporaine s'affirme par là comme une machine à éliminer les visions fausses d'une remarquable efficacité.

Elle joue de ce fait un rôle essentiel car, ne nous y trompons pas, les philosophes ont une tendance un peu fâcheuse à procéder par affirmations pures et simples. Beaucoup de leurs assertions, frappées comme des médailles, dans un langage sobre et profond, ont un immense pouvoir de séduction intellectuelle... qui suffit à convaincre maints autres philosophes. Aussi, lorsqu'un scientifique, partant de données expérimentalo-théoriques, montre que telle ou telle conception s'impose quasiment ou absolument (ici, ce pourra être l'objectivité faible, ou la reconnaissance d'une distinction à faire entre les notions de réalité empirique et d'être), le philosophe est-il enclin à dire : « Mais ceci est connu depuis longtemps ; voyez Montaigne, voyez Kant, voyez Hegel, X et Y... » Ce langage ne doit pas nous abuser. Il est vrai que les philosophes ont eu de brillantes idées, parmi lesquelles il *faut*, à bon escient, puiser. Mais, assez souvent, ils se sont contentés d'en affirmer la vérité, et affirmer n'est pas prouver. Pour que telle ou telle assertion soit juste et s'impose donc à tout esprit, il ne suffit pas que l'on puisse la trouver dans les écrits d'un grand auteur. A cet égard, l'exercice du métier de scientifique conduit à développer un esprit critique exigeant qu'il n'y a pas de raison de ne pas généraliser.

Ces quelques considérations permettent une réponse à notre première « question préjudicielle » : le problème de l'être du monde — de ce qui « réellement est » — relève de la philosophie et de la physique *conjointement*.

Or, puisque la philosophie a ainsi voix au chapitre, il faut se soucier de lui poser les « bonnes questions ». Et ceci nous amène à notre...

... *question préjudicielle numéro deux :* cette notion de « l'être du monde » (ou du *Réel*, ou de la *réalité indépendante*, comme nous disions au chapitre 6) a-t-elle véritablement un sens ?

Écartons tout d'abord une attitude irrecevable. Certains esprits (amateurs, eux aussi, d'affirmations bien frappées...) raisonnent ainsi. Ils posent comme évident que la réalité n'est pas distincte de l'ensemble des phénomènes et que se soucier du Réel, de l'être, c'est se gargariser d'idées brumeuses. Mais, en même temps, ils ne songent pas une seconde à appliquer leur assertion à des processus tels que le mouvement des planètes autour du Soleil, ou l'action du vent sur les vagues. Autrement dit, ils continuent sans même y penser à estimer que l'existence des processus en question est pleinement indépendante de l'homme, ce qui signifie en clair que ces processus-là au moins sont du domaine de ce Réel dont ils nient justement que la notion soit pertinente. Il saute aux yeux que la cohérence de cette attitude laisse beaucoup à désirer !

Mais restent, bien entendu, les personnes qui posent notre « question numéro deux » en pleine conscience de sa véritable portée, et que celle-ci n'effraie pas. Leur interrogation à elles mérite tout à fait d'être considérée. Répétons-la. Quand nous nous risquons à parler d'*être*, ou de *réalité indépendante du fait humain*, ne sommes-nous pas à la poursuite d'une chimère, comme, au fond, paraissent le penser bien des pragmatistes, positivistes, antiréalistes, phénoménologistes et autres héritiers plus ou moins avoués de la pensée idéaliste ? Puisque le mécanicisme, ainsi que toutes les théories à base de localité qui éparpillent l'être en atomes, se trouve aujourd'hui réfuté, puisque même le critère de réalité d'Einstein, Podolsky et Rosen — qui aurait pu servir de fondement à un réalisme non naïf — se révèle inutilisable, n'est-il pas très tentant de se jeter à l'autre extrême ? D'estimer qu'après tout, c'est l'idéalisme qui a raison ?

Il faut le reconnaître : les philosophes de la mouvance idéaliste ont vu loin étonnamment tôt, puisqu'ils développaient déjà leurs thèses à une époque où la physique classique régnait encore et où les questions d'interprétation que posent relativité et quanta n'étaient pas encore apparues. Aujourd'hui, c'est un fait (on l'a constaté) que ces nouvelles théories nous obligent à faire avec eux — même si c'est contre notre gré — un très sérieux « bout de chemin ». D'un autre côté, on a également vu qu'il paraît difficile de suivre jusqu'au bout les plus « ultras » parmi ces philosophes, et, par exemple, de désigner par le mot *antiréalisme* le dépassement du matérialisme auquel ces théories invitent. En bref, et pour ne rappeler que l'essentiel, cette sorte d'idéalisme radical qu'est, en fin de compte, l'antiréalisme contemporain, subordonne abusivement l'idée de réalité à la notion de vérité et même à celle de certitude. Il ne peut alors que « faire l'impasse » sur un problème qui est pour lui sans solution : celui que pose l'existence des pensées humaines, existence pourtant indéniable entre toutes (surtout pour un idéaliste !) et qu'il est impossible de référer à la notion de certitude, puisque la certitude se définit elle-même comme une pensée. A la « question préjudicielle numéro deux », il faut donc répondre par l'affirmative : oui, la question de l'être a bien un sens.

2. Abandon du matérialisme

Il n'en est pas moins vrai, je le répète, que la physique contemporaine nous oblige à faire avec les idéalistes un bout de chemin assez long. On a vu que ce qui est en cause, c'est la manière de concevoir les phénomènes. Revoyons ceci un peu en détail.

Dans le langage courant comme dans celui des manuels scientifiques élémentaires, le mot « phénomène » réfère — ou paraît référer — à des événements décrits tels qu'ils se produisent réellement, tout à fait indépendamment de la connaissance que nous en avons ou pouvons en avoir. Par exemple, lorsque au moyen de la mécanique « rationnelle » nous décrivons le choc élastique de deux billes, quand, par son entremise, nous calculons la position et la vitesse qu'ont, après le choc, les billes en jeu, nous concevons spontanément ces propriétés — et donc le phénomène « choc » lui-même — comme ayant une existence « en soi », indépendante du fait que nous les connaissons et sommes capables de les mesurer et de les noter.

Dans le langage des philosophies de la mouvance idéaliste,

le mot « phénomène » a un sens assez différent. Selon Kant, par exemple, ni les référents de l'appréhension spontanée ni même ceux de la science ne peuvent être de tels (problématiques) « événements-en-soi » ou « propriétés-en-soi ». Pour lui, ainsi que pour ses héritiers de l'école idéaliste néo-kantienne, espace et temps (et même causalité) n'étaient que les *formes a priori* dans lesquelles l'esprit humain se trouve contraint, par sa rationalité propre, de « couler » les données des sens, et le « phénomène » n'était rien d'autre que cette construction elle-même (des expressions telles que le mot « objectification » renvoient à une pensée de ce type).

Or même si, aux yeux des « scientifiques de base », ces vues ont longtemps pu paraître saugrenues, la convergence (au moins partielle) entre elles et celles de la physique contemporaine a fait, sur ce point, évoluer les esprits. Car, relativement aux limitations que cette physique apporte à l'usage des concepts d'*événement* et de *propriété*, les vues kantiennes bien comprises se sont finalement avérées jusqu'à un certain point prémonitoires. En physique atomique, Niels Bohr, par exemple, est, on l'a vu, tout à fait net. En dehors de la présence d'un dispositif expérimental complet destiné à mesurer les propriétés — position ou vitesse — d'une particule, ces propriétés n'existent tout simplement pas. En soi, une particule n'a ni position ni vitesse, et n'est pas le siège d'événements. Le « phénomène » ne peut donc évidemment pas être le comportement de la particule conçue en elle-même. Il est « ce qui advient » au tout indivisible formé de la particule et des instruments, eux-mêmes définis comme ce qui sert à *observer* cette particule. Et nous avons noté déjà le parallèle entre une telle définition des instruments et l'importance suprême donnée par Kant à la prise en considération de ce que l'homme peut vraiment faire et, par là, connaître — prise en considération qui, à ses yeux, doit toujours l'emporter sur tout *a priori* ontologique.

Il est vrai que, sur de telles choses, la « physique quantique des manuels » — celle enseignée aux étudiants — s'exprime assez différemment. Tout en rendant (d'ailleurs un peu du bout des lèvres...) hommage à Bohr, elle attribue aux particules elles-mêmes une fonction d'onde et, de ce fait, elle confère au moins une ombre de réalité à telles ou telles de leurs propriétés. Toutefois, cette « réalité » des fonctions d'onde n'est aucunement comparable à celle dont paraissaient jouir les ondes — lumineuses, hertziennes, sonores... — dans la physique de nos pères. On se souvient en effet que les probabilités fournies par les fonctions d'onde en question sont seulement celles que l'on a de trouver les particules en tels lieux plutôt qu'en tels autres (objectivité seulement faible), ce qui, de nouveau, nous renvoie à l'homme et à ses possibilités d'action. Et si l'on cherche enfin, avec les « dissidents », à récupérer à tout prix l'objectivité forte, on se heurte à l'écueil, cette fois incontournable, d'une non-localité qui a pour conséquence que l'image que l'on se forme — en suivant de tels dissidents — de la réalité indépendante n'a plus aucun rapport direct avec l'ordre explicite (pour parler comme David Bohm) qui correspond à l'expérience. Ce qui a pour effet que les divers modèles proposés par ces dissidents ne peuvent en fait — c'est un grave défaut — être départagés par cette dernière.

Une des conclusions de tout ceci est que, du côté d'un authentique matérialisme (qui ne serait pas une sorte d'idéalisme camouflé, type : « matérialisme dialectique »), aucune issue claire n'apparaît. Certes, l'on ne voit pas, en physique contemporaine, *une* doctrine particulière s'imposer de façon certaine. L'on peut contester Bohr « dans les détails ». Avec de l'imagination et quelque audace métaphysique, on peut même contester l'objectivité faible, comme on l'a vu faire à nos « dissidents ». Des variables cachées non locales peuvent être inventées dans ce but. Possibles sont, on le voit, bien des initiatives : certains diraient des « contorsions ». Mais, lorsque ces dernières visent à restaurer le matérialisme atomistique de nos pères (ou, disons, de tels de nos pères...), l'échec est leur lot, sans échappatoire. Elles tombent en effet de Charybde en Scylla, car les brillantes idées qui semblaient à première vue réhabiliter le matérialisme (variables cachées, par exemple) sont celles-là mêmes qui, le théorème de Bell aidant, conduisent le plus clairement à la réfutation de l'atomisme au sens étymologique du mot. Et de ceci découle que tout matérialisme vrai, tout « chosisme » authentique devient indéfendable lui aussi, car, encore une fois, toute partie de chose est nécessairement une chose. De proche en proche, de parties en parties, de « macro » en « micro », tout chosisme cohérent implique donc finalement le matérialisme atomistique et s'effondre par là avec lui.

3. Réel et réalité empirique

C'est ici le lieu de rappeler qu'il existe une manière de « digérer rationnellement » les données que l'on vient d'évoquer. Elle consiste, on l'a vu, à faire appel à la distinction entre réalité *empirique* ou *effective* et *Réel* ou réalité *indépendante* (sous-entendu : « des connaissances qu'il nous est possible d'acquérir sur elle »). Ces deux notions de réalité sont confondues par le mécaniciste, l'atomiciste et même le disciple d'Einstein. Malheureusement, elles le sont aussi, assez souvent, par le physicien quantique « orthodoxe ». L'évidente vérité est cependant que le mot unique, banal, passe-partout, de *réalité* recouvre deux concepts logiquement bien différents. Je peux l'entendre comme signifiant « ce qui *existe*, que l'on puisse ou non le connaître » : il désigne alors la réalité ici qualifiée d'*indépendante*, le Réel. Ou bien je puis le comprendre comme voulant — justement ! — dire « ce que *nous* pouvons *connaître* par nos sens, aidés de notre entendement » : dans ce cas, il désigne la réalité que je nomme *empirique* ou *effective*. Selon que leurs *a priori* philosophiques les font pencher de tel côté ou de tel autre, certains seront tentés de mettre en doute la pertinence de l'idée d'une réalité indépendante ; d'autres nieront au contraire que la notion de réalité effective ait le moindre début d'intérêt. Mais nul ne peut du moins nier que, sémantiquement parlant, les deux notions soient bien distinctes.

Or la remarque n'est pas purement académique. Les anciens Égyptiens — qui ne connaissaient, en fait de fleuves, que le leur, lequel coule du sud au nord — ne disposaient, dit-on, que d'un seul mot pour désigner les concepts de *nord* et d'*aval.* Et certains historiens rapportent que la découverte de l'Euphrate, lequel coule plus ou moins du nord au sud, plongea de ce fait leurs penseurs dans un grand abîme de perplexité : « Comment le nord peut-il donc ne pas être au nord ? » Cet apologue illustre bien les dangers de blocage tout à fait absurdes que peut faire courir à la raison le fait de ne disposer que d'un mot unique là où il se révèle qu'il en faudrait deux ou plusieurs.

La leçon, ici, devrait nous servir. Les diverses données décrites dans ce livre et que l'on vient de rappeler montrent bien, en effet, que le mot unique de *réalité* nous expose justement à de tels périls et qu'entre les notions de réalité indépendante et de réalité empirique, il est indispensable de faire la distinction. Confondre les deux n'est pas seulement une faute « de principe », blâmable aux yeux des logiciens. C'est une erreur ouvrant sur des difficultés qui peuvent être dites « pratiques » (dans la mesure où la construction de théories scientifiques cohérentes est une visée que l'on considère comme relevant de la « pratique »). Naturellement, il faut comprendre qu'en des matières telles que celles qui nous occupent, le langage nous trahit toujours quelque peu. C'est ainsi que lorsqu'il s'agit de réalité indépendante — de « ce qui existe, ou *est*, sans référence à l'humain », disons de « l'être » —, le mot même de *réalité*, qui fait penser à du solide et évoque donc le « chosisme », n'est certainement pas le terme idéal. Compte tenu de ce que l'on a lu plus haut, peut-être y faudrait-il un mot compatible plus que celui-là avec la notion d'« insondable »... mais sans pourtant, non plus, évoquer trop cette notion, car il ne faudrait pas que, du fait justement de sa puissance évocatrice, le *mot* choisi en vienne à nous dicter notre vision des choses en court-circuitant nos efforts de réflexion objective. L'indéniable, en tout cas, c'est que déjà la simple distinction entre *ce qui est*, d'une part, et la réalité effective ou empirique, d'autre part, sans être du tout une panacée face à toutes les difficultés conceptuelles, fournit une très utile grille de lecture. Et il faut alors dire — au moins si l'on désire rejoindre soit Bohr, soit même la « quantique » toute banale des manuels — que la science décrit bien la réalité empirique, mais ne nous donne au mieux accès qu'à certaines des structures abstraites d'une « réalité indépendante » qui échappe dans le détail à tous les cadres conceptuels que nous sommes en mesure de façonner.

L'attitude adoptée ici consiste donc à « prendre au sérieux » — à considérer comme valables dans leurs domaines respectifs — aussi bien l'une que l'autre de ces deux notions de *réalité*. C'est une prise de position qui tient compte de l'ensemble de ce qui précède. Elle peut être qualifiée de réaliste. Elle le peut au moins en ceci que la notion d'être, de ce qui « est vraiment », n'y est pas tenue pour une idée creuse. Mais cet être est lointain, il ne s'inscrit pas dans l'espace-temps, et il est même non descriptible par la physique. La position dont il s'agit ne peut donc être assimilée au réalisme traditionnel. On peut la nommer : *réalisme ouvert*.

4. Qu'en est-il des objets ?

Les appréciables concessions qu'il a fallu faire ci-dessus à l'idéalisme ont des implications dont certaines peuvent surprendre au premier abord. Les objets, en particulier — j'entends *les* objets au pluriel, en tant qu'entités bien distinctes les unes des autres — n'y possèdent pas une existence « en soi », comme dans le réalisme dit « naïf ».

Pour reprendre une métaphore assez pertinente[1], leur existence participe de celle... des arcs-en-ciel !

Il s'agit là, bien sûr, d'une analogie, et toute analogie est imparfaite. Mais celle-ci permet de saisir point trop mal, « en bloc », une conception des choses qui émerge très naturellement de ce qu'on a vu dans ce livre. Imaginons l'humanité entière rassemblée sur un îlot au milieu de quelque rivière et regardant un arc-en-ciel. Ces gens diront : « Cet arc-en-ciel a manifestement le même type d'existence que toutes les choses qu'il surplombe. C'est un objet en forme de demi-cercle. Par l'un des bouts, il touche un peuplier, par l'autre le toit de la ferme Untel. Il serait là, exactement au même endroit, comme les autres choses qui nous entourent, même si nous venions tous à disparaître. C'est là ce que prouve avec évidence le fait que si tels ou tels d'entre nous ferment les yeux, les autres continuent à le voir... » Auront-ils tort ? En un sens, non. Entre eux, l'accord intersubjectif sur ce qu'ils perçoivent de l'arc-en-ciel est parfaitement réalisé. Tous, effectivement, le voient reposant à gauche sur le peuplier, à droite sur le toit de ferme. Ainsi, il est logique de leur part de le classer — par définition même, peut-on dire — parmi les objets matériels — entendons parmi ces objets qui ont une position et une structure déterminées, indépendantes de la connaissance qu'on en peut avoir — puisque aucune des observations qu'il est en leur pouvoir de faire ne contredit ni ne contredira jamais cette conception. Et cependant, s'ils pouvaient quitter leur île, emprunter une automobile et circuler dans la campagne sans quitter des yeux l'arc-en-ciel, ils constateraient que relativement aux autres objets, sa position n'est pas fixe, mais dépend pour une part de la leur propre. Ils seraient donc forcés d'avouer que ce ne sont pas seulement les qualités dites « secondaires » (couleurs, par exemple) de cet objet qui sont, au moins en partie, reflets des « modes

1. N. Herbert, *Quantum Reality, beyond the New Physics*, Anchor Press/Doubleday, Garden City, N.Y., 1985.

de la perception humaine » (pour parler un peu comme Kant) ; ils devraient reconnaître qu'il en va également ainsi pour l'une au moins de ses « qualités primaires », à savoir sa position dans l'espace.

Le « réaliste » dira peut-être que ces malheureux sont victimes d'une illusion. Mais le mot est péjoratif et sa pertinence contestable. Peut-on vraiment qualifier d'illusion une conception qui, compte tenu de la nature même des possibilités humaines (ici, celle des habitants de l'île), ne saurait être contredite en aucun cas ? La mettre au même plan que toutes les erreurs réfutables serait trompeusement simplificateur. Dans leur manière de penser l'objet en question, il y a une densité de vérité qu'il est indispensable de reconnaître, même si, nous le savons, il est abusif de leur part de prendre la représentation phénoménale qu'ils se forment pour une vraie description de l'être.

L'analogie ci-dessus décrite est, nous le disions, imparfaite. Elle l'est surtout en ceci que nos îliens ne peuvent que *voir* l'arc-en-ciel, dans la mesure où un arc-en-ciel ne se manipule évidemment pas. Nous autres, dans la « vie réelle », n'avons pas à subir cette limitation. Non seulement nous pouvons *voir* les objets — les cailloux, la Lune, les étoiles —, mais nous pouvons *agir* sur un certain nombre d'entre eux. De ce fait, la « densité de vérité » de la représentation qui nous fait concevoir ces objets comme « existant réellement » se trouve encore renforcée. Pas au point, cependant, de nous *forcer* à les identifier à l'être, identification dont la physique quantique nous révèle par ailleurs l'inadéquation. Comme je l'ai noté, leur réalité peut, pour cette raison, être dite « empirique », « effective » ou « phénoménale ». J'hésiterais, quant à moi, à la qualifier de « faible », car ce serait implicitement donner à entendre que ses constituants — les objets... — ne sont rien d'autre que des *mirages à dissiper*, ce qui serait une extrapolation de mes idées à laquelle je ne souscris pas.

Il est à noter que l'on a ci-dessus parlé — au pluriel — *des* objets constituant la réalité empirique. Il n'y a pas là contradiction avec la non-séparabilité. On a vu en effet (fin du chapitre 4, troisième question, p. 186) que la non-séparabilité ne permet la transmission ni d'énergie ni de signaux. On conçoit que le caractère de globalité qu'elle impartit à la réalité indépendante ne soit, de ce fait, *pas* vraiment transmis à la réalité empirique. C'est donc à juste titre que celle-ci est représentée comme plurielle : c'est ainsi qu'elle nous apparaît, au moins dans tous les cas où nous ne nous proposons pas de mettre la globalité en évidence par des expériences expressément conçues dans ce seul but.

5. De l'accord intersubjectif

Mais, dira-t-on peut-être, si la position des objets dans l'espace est pour une part reflet de notre sensibilité, l'espace lui-même est tel, donc aussi l'espace-temps, donc aussi le temps, et tout cela pose de sérieux problèmes à la raison. Comment, dans cette approche, comprendre l'accord intersubjectif qui est qu'à chaque instant tout objet « a » une position déterminée, la même aux yeux de chacun d'entre nous ? Si l'objet existait en soi, il n'y aurait là — nous dit le réaliste traditionnel — aucun problème : tous le verraient là où il est vraiment. Mais s'il est — si sa position est — au moins pour une part une construction de notre esprit, comment expliquer que ces diverses « constructions » que chacun de nous fait de sa position paraissent coïncider et aboutir à un accord ? De plus, un chien, un chat voient ces objets *grosso modo* à la place où nous les voyons — du moins peut-on le penser — alors qu'ils ne sont pas humains : l'ancrage de la théorie sur la notion de possibilités humaines se trouve de ce fait remis en question. L'on pourrait énumérer un certain nombre de problèmes ainsi soulevés par la théorie et qu'elle partage avec la conception idéaliste. Ce sont, disons-le franchement, de vrais problèmes, que les écrits de la plupart des grands penseurs idéalistes (ou apparentés à l'idéalisme) présentent la lacune de ne pas même considérer ou de traiter à la légère (ils « expliquent » l'accord sur les mathématiques, mais ne soufflent mot de celui, banal mais si important, qui concerne les faits contingents).

Une idée de départ visant à résoudre ces problèmes-là consiste à étudier comment on les aborde d'ordinaire dans le cas moins « choquant » des qualités dites « secondaires ». Concernant celles-ci, on fait remarquer (à juste titre, cela est clair) que l'accord intersubjectif n'est rien d'autre qu'une corrélation. Il n'est pas du tout sûr que la sensation « rouge » que je ressens soit identique à celle que vous ressentez, vous, quand je vous montre un objet que je qualifie de rouge. Il n'est pas sûr que la question ait même un sens. Ce qui est établi, c'est seulement qu'il y a corrélation entre nos jugements exprimés. Or, cette corrélation, une physique tout à fait élémentaire et s'appuyant sur une physiologie des plus simplistes serait déjà à même de l'expliquer. Il lui suffirait de poser non pas certes que la propriété d'être rouge est « dans » le corps, mais que celui-ci émet ou reflète dans l'espace, vers chacun de nous, une lumière qui a une fréquence déterminée, ce qui fait que les signaux reçus par chacun de nous ont la même fréquence et sont en cela corrélés. Que le phénomène physiologique de la perception des couleurs soit en fait beaucoup plus complexe qu'il n'est ici sous-entendu n'altère pas, d'un point de vue conceptuel, la pertinence de l'argument (que l'on peut d'ailleurs transposer à l'audition, par exemple).

Or, ce détour dans le domaine des propriétés secondaires permet de bien mettre en lumière un trait de la physique quantique qui paraît significatif. Il s'agit du fait que cette physique fournit elle aussi une « explication par corrélation de perceptions », mais qui, cette fois, s'étend à la position et aux autres « qualités primaires ». Même si la fonction d'onde d'un électron est « étalée », et si donc l'électron n'a pas « en soi » une position déterminée, la théorie implique

que deux mesures de sa position effectuées à deux instants infiniment voisins, l'une par vous au moyen de votre instrument, l'autre par moi avec le mien, fourniront le même résultat. Jusqu'à un certain point, on peut donc soutenir que la physique apporte une réponse valable (bien qu'encore trop fondée sur des règles opératoires) à une question que le penseur idéaliste se contentait le plus souvent d'écarter d'un revers de main comme relevant d'un goût pervers pour le *pourquoi*.

A cette étape, un idéaliste radical, partisan du refus de la notion d'être, devrait certainement se demander si cette explication reste aussi valable dans le cadre de ses vues à lui. Certains arguments plaident contre cette idée. Si, touchant les couleurs, l'accord intersubjectif est (plus ou moins bien !) « expliqué » par la physique dite classique et sa référence à la fréquence de l'onde émise, cela est dû au fait qu'une telle onde est conçue là comme existant réellement, indépendamment des observateurs. Il en va de même de l'accord qui règne entre les îliens de l'apologue relativement à la position de l'arc-en-ciel : il s'« explique » par la théorie mathématique du phénomène, mais seulement jointe à l'idée que les gouttes de brouillard « existent vraiment » — même si, dans notre hypothèse, les îliens ne peuvent les connaître. De la même façon, on peut soutenir que les corrélations prévues formellement par la mécanique quantique fournissent véritablement l'*explication* cherchée de l'accord intersubjectif *seulement* si l'on suppose l'existence (ici cachée) d'une entité, des structures de laquelle les règles quantiques sont un reflet, quelque déformé qu'il puisse être. L'idéalisme radical, dans la mesure où il rejette l'existence d'une telle entité, ne peut donc expliquer l'accord intersubjectif de la manière indiquée.

Mais, cela dit, prenons garde ! Le pas suivant, si nous suivions la plus grande pente de notre esprit, serait dangereux. Que l'exemple de Thalès nous serve ici de leçon. Thalès de Milet fut, comme on sait, l'un des fondateurs de la pensée grecque. Outre le théorème qui porte son nom, on lui doit d'avoir, le premier, semble-t-il, en Occident (et vraisemblablement au monde), formulé l'idée de loi naturelle. Aux explications par référence aux fantaisies de Zeus, il proposa de substituer la notion d'une substance universelle que régiraient des lois qui seraient les mêmes en tous lieux. Et en cela, il fut très grand. Mais il voulut aussi préciser son idée et il en vint à enseigner que cette substance... c'était l'eau ! Manifestement, sur ce point, il fut moins heureux ! La morale à tirer de cette histoire, c'est que le souci d'une explication de l'accord intersubjectif ne doit pas nous pousser, tout esprit critique écarté, à adhérer hâtivement à cette théorie ontologique-ci ou à celle-là. De telles théories, il en existe un certain nombre entre lesquelles on ne voit pas comment choisir et qui toutes, d'une manière ou d'une autre, expliquent l'accord intersubjectif. En la matière, c'est donc le fait même qu'il a été possible d'en construire de pertinentes qui constitue l'explication demandée. Inutile dès lors d'aller naïvement, à la Thalès, se « compromettre » avec l'une d'elles en particulier. Aussi n'ira-t-on pas ici privilégier à cet égard la si surprenante théorie d'Everett, mentionnée par Étienne Klein au chapitre VII de la première partie, même s'il est bien vrai qu'elle fournit de l'accord en question une explication ontologique qui vaut d'être considérée. Son mérite principal est de nous faire « toucher du doigt » le fait que l'existence de cet accord ne nous *oblige* pas à admettre l'existence « en soi » des objets, avec toutes leurs propriétés, là où nous les appréhendons et non ailleurs ; et que cet accord n'a donc rien de paradoxal, même si les objets sont seulement des phénomènes. Mais elle est loin d'avoir réponse à tout et les autres interprétations de la mécanique quantique, celle de Wigner, mentionnée également par Étienne Klein, celle de l'onde-pilote, celle de Ghirardi, Rimini et Weber, etc., rendent elles aussi compte, à leur manière, de l'accord intersubjectif.

Pour nous convaincre que l'accord en question n'est pas une preuve suffisante de l'existence « en soi », « nouménale », des objets physiques perçus, il nous suffit par conséquent de constater (cela résulte de ce qui précède) que plusieurs de ces « descriptions possibles de l'être » ne sont pas basées sur un tel postulat et prévoient pourtant l'accord en question. C'est ce qui fait la force de l'argument, car, faut-il le redire, pour ingénieuses qu'elles soient, aucune de ces descriptions ne s'impose. Toutes sont *ad hoc* par tel ou tel endroit, et toutes donnent ainsi l'impression d'être plus ou moins des métaphysiques au sens dépréciatif du terme, c'est-à-dire des spéculations assez osées. Aussi l'approche proposée dans ces pages les « renvoie-t-elle dos à dos » (pour recourir à une métaphore peu obligeante que les philosophes affectionnent sans doute à l'excès...). Elle pose que l'être est très au-delà de ces modèles, comme de tout autre que nous pourrions concevoir. Le fait que ces modèles convergent dans une explication de l'accord intersubjectif lui apparaît seulement comme une preuve de non-contradiction. La preuve que, contrairement aux apparences, l'idée, commune à ces modèles, d'une « globalité » quantique essentielle — logiquement antérieure à la multiplicité des apparences et à l'éparpillement de l'être en objets —, *n'est pas* en contradiction avec le fait que nous tombons d'accord pour *voir* une multitude d'objets, et les voir chacun en un lieu précis.

6. Problèmes en suspens

Quand un auteur cherche à parler de façon simple de problèmes qui sont complexes, il ne saurait, quoi qu'il en ait, être totalement véridique : plus son entreprise est réussie, plus il laisse son lecteur dans le fallacieux sentiment qu'en la matière qui est traitée, les choses sont finalement *réellement* simples...

Avons-nous réussi ? Je ne sais. Mais, dans l'hypothèse où la réponse serait un *oui*, même relatif, resterait à tenter de contrebalancer l'effet pervers qu'on vient de mentionner. Le mieux, pour cela, est encore de se montrer ouvert et franc et de ne point dissimuler les sérieux problèmes qui restent en suspens. En voici un échantillon :

a) Encore l'accord intersubjectif : l'explication réaliste tout à fait banale — « nous voyons tous la table au même endroit simplement parce qu'elle *est réellement* à cet endroit » — semble si simple que toute idée de la remplacer par une explication construite et savante paraît relever du byzantinisme. On sait cependant qu'il existe des arguments généraux et philosophiques qui déjà battent en brèche cette explication, même s'agissant d'objets « macro ». Le point est : qu'appelle-t-on explication ? Selon certains, il n'y aurait d'explications vraies — d'explications « non métaphysiques » — que celles qui se présentent comme des généralisations faisant référence à une loi. Selon cette conception, les aboiements d'un chien peuvent être valablement expliqués par l'hypothèse qu'un étranger approche de la maison : en effet, l'hypothèse rattache — sans métaphysique implicite — ces aboiements particuliers à la loi générale selon laquelle les chiens aboient le plus souvent lorsque des personnes inconnues s'approchent. Dans l'explication « réaliste banale » de l'accord intersubjectif, il y aurait au contraire un élément « métaphysique » tacite, à savoir justement l'idée que la table est « réellement » là où elle est vue, et cet élément rendrait cette explication frelatée, si ce n'est franchement illusoire...

Dans ces conditions, il est satisfaisant qu'en ce qui concerne, par exemple, un électron, la physique quantique nous propose une autre explication, ainsi qu'on l'a vu. Malgré cela, lorsqu'il s'agit d'objets macroscopiques, l'explication réaliste banale paraît tellement évidente que nous la tenons volontiers pour indétrônable. De sorte que le problème de savoir à quel niveau dans l'échelle « micro-macro » il convient de passer d'une explication à l'autre reste quelque peu en suspens.

b) Les sens à donner au verbe être *et au verbe* avoir.

Inévitablement, ces sens dépendent du type de réalité auquel on songe. Ces mots ont un sens fort lorsque, à bon ou à mauvais escient, on prétend discourir sur le Réel. Ils ont un sens différent, référé en définitive à la communauté humaine, lorsqu'on les applique consciemment à la réalité empirique seule. La différence se répercute d'ailleurs sur l'idée de causalité. Plus généralement, l'étude des possibles interventions de cette notion de causalité dans les descriptions de la physique quantique en révèle des aspects assez problématiques...

c) Le problème du et *et du* ou. Même s'agissant seulement de la réalité *empirique*, les théories de la mesure du type de celle résumée au chapitre 6 (influence de l'environnement) n'expliquent pas tout. Elles nous prouvent bien qu'au sein d'un ensemble statistique de systèmes physiques, tels nous apparaissent dans tel état, et tels autres dans tel autre état. Mais justement : des systèmes théoriquement identiques entre eux avant la mesure nous apparaissent comme non identiques après. Des paramètres de différenciation semblent jaillir là, pour ainsi dire, du néant... Encore à l'heure actuelle, les théories dont il s'agit présentent à ce niveau de sérieuses lacunes. Les articles qui développent ces conceptions ne font pas tous état de ces dernières, mais une critique un peu stricte ne peut manquer de les apercevoir.

d) La question de l'idéalité du temps. Tant que l'on a cru au temps universel, on a pu dire que le passé n'existe plus, que l'avenir n'est pas encore, donc que le présent seul existe. Avec l'avènement de la relativité, il a fallu changer de point de vue, puisque des événements qui sont dans le futur pour tel observateur sont dans le passé pour tel autre et sont dans le présent pour un troisième. Continuer à considérer que seuls les événements présents existent obligerait donc à penser que des événements, lointains certes, mais actuels et donc existants, n'existent plus, ou pas encore, pour quelqu'un d'autre en déplacement par rapport à nous. Ce serait relativiser la notion même d'existence en la faisant dépendre de l'observateur. Une autre solution consiste à poser la coexistence de tous les événements de l'espace-temps. De toute façon, comme le dit Schrödinger d'une manière si saisissante, « la dictature du vieux Cronos est ébranlée[1] ». Il est vrai qu'en exploitant le fait, apparemment tout contingent, que l'Univers est, dans les grandes lignes, isotrope, les cosmologistes sont parvenus à définir une sorte de temps universel qu'ils appellent le temps cosmique. Mais on ne voit cependant pas comment on pourrait ériger ce temps cosmique en absolu, j'entends : en faire une sorte de noumène préexistant à toute appréhension d'aucune sorte, dans lequel toute appréhension, toute perception viendrait simplement se loger. En effet, la non-séparabilité rend maintenant caduques toutes les tentatives de description de la réalité indépendante en termes d'objets localisés et jette par là un doute sérieux sur la pertinence de l'idée de l'existence « en soi » de notre espace, qu'elle nous invite bien plutôt à penser comme une « forme *a priori* de notre sensibilité », un peu selon les vues kantiennes. Mais concevoir ainsi l'espace semble, compte tenu de la relativité, bien difficile — on l'a noté — si l'on ne pose pas, parallèlement, une sorte d'idéalité du temps.

D'un autre côté, on imagine bien que présenter la conclusion qui précède comme faisant l'unanimité chez les experts serait fortement abusif !

e) Rôle éventuel de la conscience. Il s'agit d'un des points qui furent le plus ardemment débattus et au sujet desquels, encore aujourd'hui, la controverse n'est pas éteinte. Comme il est difficile à discuter sans un minimum de technique, on se contentera ici de l'effleurer. Certains physiciens de tout premier plan, tel Wigner (comme le notait Étienne Klein au chapitre VII de la première partie), ou peut-être Pauli dans tels ou tels passages de sa correspondance, ont posé que la *réduction du paquet d'ondes* lors d'une mesure nous oblige à admettre une influence active de la conscience sur la réalité physique. Bohr, en revanche, est toujours resté

1. E. Schrödinger, *L'Esprit et la matière*, Éd. du Seuil, 1990.

réticent envers cette conception, soulignant volontiers la parfaite *objectivité* de la physique, même quantique ; c'est-à-dire, précisait-il, le fait que nulle référence n'y est faite à un observateur individuel et que, par conséquent, aucune ambiguïté ne peut surgir dans la communication de l'information. Cependant, il est à noter que c'est là la définition même de ce que nous avons appelé « objectivité seulement faible ». Il en résulte que, chez Bohr aussi, la conscience a son rôle à jouer, même si ce n'est pas le même que chez Wigner. Il est vrai que chez Bohr, il n'est, encore une fois, nulle part question de conscience *individuelle*. Il n'en reste pas moins qu'indirectement cet auteur impartit une certaine fonction à l'esprit humain puisque, on le sait, selon ses vues, l'instrument n'est vraiment défini comme tel (et donc descriptible au moyen des schémas classiques) que du fait qu'il *nous* sert à mesurer. De sorte que, comme chez Kant, c'est finalement l'esprit qui structure les phénomènes. Je dis bien *l'esprit*, et non pas *le cerveau*, car, en tant que système physique, le cerveau n'est qu'un simple composé d'atomes : souvenons-nous que dans une approche bohrienne véritablement cohérente les systèmes atomiques ne peuvent posséder par eux-mêmes des propriétés dynamiques (positions, vitesses, formes, etc.)

Aujourd'hui, la situation a un peu évolué, mais, en définitive, sans doute pas tout à fait autant que certains responsables de l'évolution en question le pensent. On a mentionné au chapitre 6 et de nouveau évoqué ci-dessus la très intéressante théorie qui vise à rendre compte de l'apparence classique du monde par référence au rôle de l'environnement et, sinon à résoudre, du moins à neutraliser le paradoxe dit du chat. Elle est interprétée par certains[1] comme ramenant au statut de phénomène purement physique la « réduction du paquet d'ondes » (entendons : l'« onde » du « système *plus* instrument ») opérée par l'observateur. En un sens, cette affirmation est correcte, mais

1. W. Zurek, *Physics Today*, octobre 1991, p. 36.

elle ne l'est de façon stricte que si l'on s'entend bien sur la signification des mots, en particulier de l'adjectif « physique ». N'oublions surtout pas que, comme on l'a vu au chapitre 6, toute la théorie en question porte et ne peut porter que sur la réalité empirique, c'est-à-dire sur une réalité vue, construite et interprétée à partir des capacités sensorielles et intellectuelles de l'être humain et des limitations de celles-ci. Certes, édifiée comme elle l'est à partir de la notion de vecteur d'état de l'Univers (par des sortes de « mises entre parenthèses » de tout ce qui échappe inéluctablement à nos mesures), cette théorie ne s'inscrit pas dans un schéma d'« idéalisme radical ». Elle prend *racine*, en quelque sorte, dans la notion d'une réalité indépendante. Et pourtant, *ce dont elle traite*, ce qui, dès lors, vaut d'y être appelé « réalité physique » c'est la réalité empirique. Quand l'un ou l'autre de ses auteurs nous dit que les phénomènes de conscience sont des phénomènes « purement physiques », il peut donc seulement vouloir dire qu'ils sont des phénomènes *de même nature* que tels ou tels de ceux qu'il a convenu d'appeler « physiques » dans ce sens. Mais ne pourrions-nous pas aussi bien les appeler « moraux » ? L'idée est d'autant moins forcée que, pour parler des effets de l'environnement qui, dans cette théorie, engendrent les apparences classiques, les auteurs de cette dernière n'ont pas trouvé de manière plus exacte de s'exprimer que celle consistant à dire que l'environnement « mesure » continuellement le système. Notre tendance spontanée serait de nous dire : « Ce n'est là qu'une métaphore » ; mais c'est simplement que, dès que nous n'y prenons pas garde, nous pensons dans les termes du dualisme cartésien et croyons que nous discourons de la réalité indépendante. En fait, qualifier la théorie dont il s'agit de panpsychisme serait en fin de compte plutôt moins faux que de la qualifier de théorie matérialiste.

Ainsi, l'une des raisons qui font que le débat perdure est sans doute qu'il est en partie mal posé. Mais, de là à trouver la vraiment bonne manière de le poser...

f) Rapports éventuels avec le sacré. Les problèmes du fondement de la physique ont-ils quelque rapport avec ceux, partiellement liés entre eux, qui touchent au sens et au sacré ? Einstein aurait sans aucun doute répondu *oui*, et il y a des physiciens actuellement vivants — parmi lesquels des Prix Nobel — qui pensent comme lui. Reconnaissons pourtant que la question ne se pose qu'à qui *se* la pose. Le brillant chercheur aveugle à l'idée de sacré peut avoir la conscience aussi tranquille à cet égard que son homologue, le grand mystique fou de Dieu seul. Ils sont même plus intéressants — celui-ci comme celui-là — que certains bricoleurs de synthèses entre le sacré et le rationnel trop commodément obtenues par glissements de sens. En effet, même si les deux voies du sacré et du rationnel peuvent, en définitive, être pensées comme serpentant vers la même cime, elles sont totalement différentes. Elles sont très semblablement escarpées, mais ont chacune leur esprit propre. Et c'est selon cet esprit seul que les étapes de chacune doivent être franchies.

Il n'empêche : pour qui juge que les deux voies sont nécessaires à la préservation de l'intégralité de la conscience humaine (comme l'histoire récente semble le montrer), une cohérence minimale s'impose, ne serait-ce qu'afin d'éviter les « schizophrénies » individuelles et de société, génératrices de totalitarismes intellectuels ou religieux. En trouvera-t-on ici les éléments ? Qui sait ? Mais cette quête de cohérence est délicate et personnelle. Elle n'aboutit pas aux mêmes vues chez tous, et tenter l'examen des diverses idées émises par les uns et les autres ferait, cela va de soi, sortir du cadre précis et « factuel » que l'on a voulu donner à ce livre. Pour ce qui est des miennes propres, ami lecteur, vous les avez peut-être déjà entr'aperçues, à travers le tri des sujets dont une analyse critique m'a paru ci-dessus nécessaire. Si la fantaisie vous prenait de les connaître d'une manière plus détaillée, le mieux serait de vous reporter à des textes déjà existants (à certains appendices à *Penser la science*, en particulier).

8

Réalisme ouvert

L'être est.
PARMÉNIDE.

Sur un sujet un peu inhabituel, une centaine de pages truffées de détails et de suggestions, c'est beaucoup ! Pourtant, c'est bien ainsi que se présentent les précédents chapitres de cette seconde partie du livre. Un recentrage net et concis sur l'articulation logique *des idées contenues dans cette partie peut légitimement être attendu.*

Il se trouve que rien ne répond mieux à une demande de ce type que le texte, nécessairement court et synthétique, d'un exposé effectivement *donné à un auditoire à l'occasion d'un colloque ou d'un séminaire. C'est pourquoi est ici transcrite quasiment telle quelle une communication présentée en 1987 à un congrès philosophique : en l'occurrence, celui sur* le réalisme *organisé à Neuchâtel par l'*Association Ferdinand-Gonseth. *Elle servira de résumé à la partie qui s'achève ici*[1].

---

1. Mes remerciements vont à la revue *Dialectica* qui a publié ce texte dans son numéro 43 (fascicule 1-2, 1989) et a accepté qu'il soit ici reproduit.

1. Introduction

La notion de réalité est avant tout, bien sûr, une notion philosophique. Mais les méthodes employées ici pour l'aborder seront essentiellement celles d'un scientifique. En particulier, seront restreintes le plus possible les vues dont je demanderai qu'elles soient adoptées d'emblée comme point de départ. Ici, le dessein est de procéder au maximum comme on le fait dans les sciences, c'est-à-dire en formulant certaines hypothèses de travail et en étudiant leurs conséquences. Avec l'idée qu'on rejettera celles de ces hypothèses dont les conséquences sont manifestement fausses.

En liaison avec ceci, une remarque préliminaire sera utile. Les hypothèses en question n'ont rien de spécialement original et il serait prétentieux de forger des mots pour les exprimer. On utilisera donc des mots tels que *réalisme*, etc., qui ont déjà été beaucoup utilisés. De ce fait, malheureusement, ces mots ont reçu maintes acceptions différentes. Pour éviter les malentendus, il conviendra donc de définir les expressions qui seront le plus employées. Et je dois préciser qu'ici, les mots utilisés devront toujours être pris dans le sens ainsi spécifié *et dans aucun autre*.

Vient d'être avancée l'intention de restreindre au maximum les vues posées comme point de départ ou, si l'on préfère, comme *a priori*, préalablement à toute analyse basée sur des faits. Impossible cependant de se dispenser entièrement de tels points de départ. Mais, quant à moi, j'estime pouvoir les fonder sur une seule idée, que j'énonce ainsi : je rejette le solipsisme et, par généralisation, *je rejette* également cette sorte de *solipsisme collectif* qui consiste à considérer que *seuls* existent les êtres humains, et que tout ce que ceux-ci voient, sentent et ainsi de suite (y compris leurs échanges d'information) n'est qu'un pur ensemble d'apparences structurées dans leurs esprits. Je sais très bien que, en toute logique, le solipsisme n'est pas une théorie réfutable.

Néanmoins, comme presque tous les philosophes, je refuse de l'accepter. De la même manière je refuse le « solipsisme collectif » ci-dessus décrit. Là encore, je sais bien que mon refus est implicitement partagé par beaucoup.

Partant de ce dernier refus, je me vois obligé d'admettre qu'il y a « quelque chose » qui ne se réduit pas à l'ensemble des êtres humains. C'est le fait d'admettre cela qui va constituer ici notre unique *a priori.* Pour pouvoir par la suite nous y référer, il nous faut lui donner un nom. Je l'appellerai « position réaliste », ou encore « réalisme ouvert » pour tenter de le distinguer d'autres positions réalistes. J'énonce donc :

2. Position réaliste (ou « réalisme ouvert »)

Il y a quelque chose (est-ce l'ensemble des objets, l'ensemble des atomes, l'ensemble des événements, les idées platoniciennes, Dieu... ? on ne précise pas ceci à ce stade, on dit simplement « quelque chose ») dont l'existence (le fait d'être) *ne procède pas* de l'esprit humain, tout en influençant (selon des modes et en des proportions qu'on ne précise pas non plus à ce stade) les observations de celui-ci.

Définition

C'est ce « quelque chose » que, par définition et faute d'une expression meilleure, nous appellerons « réalité indépendante » ou, plus brièvement, « réalité » tout court.

Remarque 1

Comme toute expression condensée celle de « réalité indépendante » peut prêter à malentendu. Il ne s'agit pas de prétendre que la réalité dont il s'agit est indépendante des actions humaines si l'on entend par là qu'elle resterait inchangée au cours de celles-ci. Tenant compte du fait que « toute information se paye » nous ne prétendrons même pas qu'elle reste totalement inchangée lorsque notre *information* s'enrichit. Comme il appert des lignes qui précèdent, il est seulement posé que son *existence* ne procède pas de l'esprit humain.

Remarque 2

Comme on le voit, la définition précédente est extrêmement peu restrictive — recouvre un nombre immense de possibilités — du fait, précisément, que c'est seulement l'*existence* et non pas la *nature* de la réalité qui est posée. Tout à fait forte est, en revanche, la spécification que cette existence est indépendante des aptitudes, opératoires et cognitives, de l'être humain. En particulier, sont rejetées les dépendances inavouées que dissimule parfois l'usage de la forme passive, comme par exemple les références à des précisions « qui ne peuvent pas être atteintes ». Car qui, sinon l'homme, est supposé atteindre à ces précisions ou être incapable de ce faire ?

Remarque 3

La réalité ainsi définie est-elle connaissable, entièrement, partiellement ou pas du tout ? Les philosophes sont divisés sur les questions de ce genre. En particulier, nombre d'entre eux posent *a priori* que cette réalité n'est pas connaissable, même « en droit », « telle qu'elle est vraiment ». Ils affirment, au contraire, que l'esprit humain ne peut aspirer à décrire que les *phénomènes*, c'est-à-dire les choses, événements, etc. tels qu'ils sont organisés par l'expérience humaine collective. On remarquera qu'au départ il n'est ici pris position ni pour ni contre cette thèse. Toutefois, il est de fait que les philosophes qui la défendent mettent parfois l'accent sur le *seul* apport humain et on peut observer que, de la part de ceux d'entre eux qui n'adhèrent pas au « solipsisme collectif » défini plus haut, la chose frise l'erreur de logique. Lorsque l'on évoque l'expérience humaine il faut demander : expérience de quoi ? Si c'est l'expérience de nos sensations, de nos perceptions et ainsi de suite, il faut demander si ces sensations, perceptions, etc. trouvent leurs origines exclusivement dans l'esprit humain. Et si l'on répond par la négative, il faut bien admettre qu'il y a « quelque chose », un « je-ne-sais-quoi » qui ne procède pas de l'esprit humain. Certes, à ce stade, l'on peut *poser a priori* que ce « quelque chose » « n'est pas intéressant », « n'est le sujet ni de la science ni même de la philosophie » et ainsi de suite. Mais ce sont là, précisément, des prises de position *a priori*. Comme je me refuse à multiplier ces dernières plus que nécessaire, et comme je considère que celles dont il s'agit ici *ne sont pas*, maintenant, nécessaires compte tenu du savoir actuel, j'écarte, pour ma part, l'objection préjudicielle consistant à *poser* que la réalité ci-dessus définie n'est rien dont on puisse (ou doive) s'occuper.

Remarque 4

Beaucoup des philosophes auxquels la précédente remarque fait allusion utilisent le mot « réalité » pour désigner l'ensemble des phénomènes dont le tout constitue l'expérience humaine collective (sujet, selon eux, de la science). A une telle définition du mot « réalité » il n'y a, en soi, rien à redire. Pour éviter toute espèce de malentendu il convient cependant de bien souligner que manifestement tel *n'est pas* le sens (défini plus haut) qui, par convention, est ici conféré au mot réalité.

3. Hypothèses de travail à soumettre à l'épreuve des tests

La réalité est-elle descriptible ? L'on peut aujourd'hui faire mieux que de répondre à cette question par une option *a priori*. On peut, encore une fois, essayer diverses hypothèses et juger celles-ci sur la base de leurs conséquences. C'est ce qui va être tenté. Que l'on comprenne donc bien que le fait, pour moi, d'énoncer, ci-dessous, quelques hypothèses ne signifie aucunement mon adhésion à telle ou telle. Il reflète simplement la nécessité qu'il y a, si l'on veut discuter une idée quelconque, à commencer par l'énoncer.

Hypothèse du réalisme physique

On appellera ainsi l'hypothèse selon laquelle *la réalité (au sens ci-dessus défini, bien sûr) est descriptible, au moins « en droit », par la physique, éventuellement complétée par les autres sciences.*

Pour décrire il faut des mots, donc des concepts. L'hypothèse du réalisme physique implique donc que certains au moins des concepts de la physique désignent des éléments de la réalité indépendante. Quelle est la nature de ces concepts-là ? *A priori* il existe à cet égard plusieurs possibilités constituant autant de sous-hypothèses. On donnera aux deux principales les noms de *réalisme proche* et de *réalisme mathématique.*

Sous-hypothèse du réalisme proche

Les concepts désignant les éléments de la réalité sont tous, soit des concepts familiers soit des concepts dérivés de concepts familiers par simples combinaisons et/ou passages à la limite.

Très schématiquement, on peut dire que le réalisme proche ramène plus ou moins la réalité à des *choses*, c'est-à-dire la réduit à être une collection d'objets localisés (molécules, électrons, photons, composantes locales d'un champ et ainsi de suite) interagissant par des forces. Et l'on peut soutenir avec Niels Bohr que jusqu'à l'avènement (non compris) de la relativité, la physique (y compris la mécanique) est restée plus ou moins compatible avec le réalisme proche (l'idée de force est empruntée à l'expérience kinesthétique, celle de point matériel s'obtient intuitivement à partir de celle de petit grain, de même que celle de masse à partir de celle de poids, celles d'accélération, d'énergie cinétique, etc. se construisent par combinaisons simples des idées de position de temps et de masse et ainsi de suite).

Pour rester implicite dans nombre d'esprits, cette hypothèse du réalisme proche n'en est pas moins admise — voire érigée en évidence — dans beaucoup de milieux liés aux sciences et aux techniques. Elle y prend les couleurs du *mécanicisme*, c'est-à-dire d'une ontologie selon laquelle le monde est fait comme une horloge, système complexe certes, mais dont les diverses parties — ressorts, roues dentées et ainsi de suite — sont descriptibles de façon simple et par le seul moyen des concepts familiers. Même des physiciens de très haut renom n'hésitent pas à propager le réalisme proche dans le grand public par leurs ouvrages de vulgarisation. Et cependant, ils savent très bien que cette conception est fausse. Ainsi, par exemple, la relativité nous a appris qu'en tout cas ce n'est pas à l'aide des concepts familiers d'espace et de temps que l'on peut décrire le réel. Et la physique dite « des particules » a abondamment renchéri. Les transformations masse-énergie qu'elle nous révèle sortent par exemple tout à fait du cadre des concepts familiers. Elles impliquent en effet que de simples propriétés des choses, tels leur mouvement, leur énergie, puissent se transformer en choses et vice-versa, ce qui brise ces cadres conceptuels.

A la fin de ce que les physiciens appellent l'âge classique — ou préquantique — le réalisme physique avait donc pris chez ses tenants sérieux du monde de la physique la forme du « *réalisme mathématique* ». Voici ce que j'entends par cette expression.

Sous-hypothèse du réalisme mathématique

Le réalisme physique est vrai mais la description correcte de la réalité requiert, entre autres et au premier chef, l'emploi de concepts non familiers, empruntés aux mathématiques.

Notons que c'est là une idée ancienne. Pythagore, Platon, Spinoza, Galilée l'ont plus ou moins explicitement proposée. Einstein l'a défendue. Si du temps était disponible, j'insisterais avec plaisir sur le caractère, je dirais lumineux, de cette conception du réel. Mais les minutes passent et nous laisserons ceci en pointillé. De plus nous allons voir bientôt que l'arrivée du quantique a entraîné un net recul de toute visée réaliste, réalisme mathématique inclus.

Avant d'en arriver là, il n'est pas mauvais de rappeler que la conception du réalisme physique n'est pas la seule qui ait été envisagée. S'y oppose la *conception positiviste-phénoménaliste*, laquelle fait sienne l'idée qu'aussi bien la science que la connaissance vulgaire sont indissolublement liées à l'expérience humaine... Et que donc leur propos ne peut être, comme déjà noté, que la description des phénomènes, *c'est-à-dire* des choses, événements, etc. tels qu'ils sont perçus et organisés *par l'expérience humaine collective*.

Comme vous le savez, l'avènement de la mécanique quantique a coïncidé avec un très considérable regain d'intérêt, de la part des physiciens, pour l'attitude dont il s'agit. Et ce regain d'intérêt, ou pour mieux dire, cette *conversion de fait* à une position phénoménaliste, se manifeste dans toute son ampleur quand on considère ce que les physiciens quantiques ont *fait* plus encore que ce qu'ils ont dit. Cela tient à ce qu'il y avait de vraies raisons objectives à cette conversion. La chose est claire quand on compare les mécaniques classique et quantique. Une première différence entre elles est que la première est déterministe alors que la seconde met en jeu des probabilités intrinsèques, non liées à notre ignorance. Mais cette différence n'est pas la plus importante. Une mécanique « pseudo-classique » peut très bien être imaginée dans laquelle, par exemple, la direction de chute d'un crayon initialement posé sur sa pointe serait *purement* aléatoire (et non déterminée, comme elle l'est en mécanique classique proprement dite, par des paramètres inobservés). Il est naturel de considérer que dans une telle mécanique l'orientation finale du crayon gisant sur la table serait une propriété *possédée* par le crayon, c'est-à-dire tout à fait indépendante de la question de son éventuelle observation. Or en mécanique quantique usuelle, si, pour tenir compte du domaine privilégié d'application de cette dernière (à savoir le domaine atomique et subatomique), nous remplaçons (par exemple) le crayon par une particule à spin, et sa chute par la traversée d'un champ magnétique inhomogène, nous constatons que les choses ne se présentent pas ainsi. Là aussi, le résultat final de l'expérience est, en général, aléatoire. Là aussi, la connaissance des conditions initiales permet d'évaluer des probabilités (et seulement des probabilités) pour que, par exemple, la particule *soit trouvée* après traversée, en tel ou tel lieu avec un spin ayant telle ou telle spécification. Mais on ne peut plus dire que cette particule *se trouve* en ce lieu avec son spin ainsi fixé et que ce soit là une propriété qu'elle *possède* indépendamment de l'observation. Si nous disions cela, le fait que la mécanique quantique usuelle n'admet pas la prise en considération d'ensembles non quantiques aurait pour conséquence inévitable que nous ferions des prédictions erronées concernant certains résultats d'expériences (recombinaisons des faisceaux). Le point est technique, ce qui fait qu'il serait vain d'essayer de le comprendre sur la seule base d'idées générales ou philosophiques. Mais il est, comme l'on dit, incontournable (quitte, bien sûr, à admettre l'existence d'ensembles non quantiques et donc de variables cachées, voir plus loin). Il nous prouve que nous n'avons plus droit ici à l'interprétation réaliste habituelle. Il reflète le fait général que l'électron *n'est pas* une onde pas plus qu'il n'*est* un petit grain. Il nous montre qu'en fait nous devons nous rabattre sur l'interprétation « positiviste » selon laquelle la physique nous permet seulement de prédire ce que nous observerons. Du moins ceci est-il vrai tant que nous gardons (ou plutôt tentons de garder) les particules et leurs propriétés comme référents. La chose est fort bien illustrée par la citation suivante de Wigner :

> Les lois de la mécanique quantique fournissent seulement des connexions, de nature probabiliste, entre résultats d'observations successives. Assurément, les lois de la mécanique classique peuvent, elles aussi, être formulées en termes de telles connexions. Mais elles peuvent *aussi* être formulées en termes de réalité objective. Le point important est que les lois de la mécanique quantique peuvent seulement être formulées en termes de telles connexions[1].

Cette citation souligne le caractère phénoméniste de la physique quantique et elle nous initie à l'existence de ce que, par opposition au réalisme mathématique — qui est encore une tentative de description « ontologique » —, on pourrait appeler un « positivisme mathématique », doctrine dans laquelle le rôle des mathématiques est conçu comme consistant essentiellement à établir les connexions que Wigner évoque.

Il y a, à mon avis, une manière très claire d'exprimer la différence entre le réalisme mathématique et le positivisme du même nom. C'est de distinguer deux types d'objectivité. Nous dirons d'un énoncé qu'il est à *objectivité forte* si, tels ceux de la physique classique (thermodynamique exceptée), il ne fait aucune référence, même implicite, ni aux aptitudes des expérimentateurs (et à leurs limitations) ni à des instruments de mesure définis par le fait qu'*ils servent* à faire des mesures. Nous dirons d'un énoncé qu'il est à

1. E. Wigner, *Symmetries and Reflections*, Indiana University Press, Bloomington, Indiana, 1967.

objectivité faible si, tout en faisant référence aux observateurs ou à des instruments définis comme il vient tout juste d'être précisé, ou encore à des phénomènes implicitement compris comme n'étant rien d'autre qu'« apparences valables pour tous », il est valable pour n'importe quel observateur. Dans ce langage, ce que Wigner nous fait remarquer par la citation qui précède, c'est d'une part que tout énoncé à objectivité forte peut être formulé en termes d'objectivité faible mais non l'inverse, et d'autre part que les lois de la mécanique quantique sont seulement à objectivité faible, alors que, manifestement, le réalisme physique, étant une visée de description de la réalité en soi, exigerait que les lois naturelles soient formulées en termes d'objectivité forte.

De toute évidence, l'objectivité faible correspond à une intersubjectivité étendue à tous les êtres humains susceptibles de faire des mesures. En vue de ce qui suit, précisons bien que lorsque le mot *intersubjectivité* sera utilisé, ce sera comme exact synonyme de l'expression *objectivité faible*.

4. Discussion

Maintenant le décor est planté et la discussion peut être abordée. Comme déjà noté, la position du réalisme ouvert est très vaste. A l'intérieur de cette position nous avons distingué celle du réalisme physique, déjà beaucoup plus particulière, puis deux versions de cette dernière, le réalisme proche, qui a eu les faveurs de beaucoup d'hommes de science et de philosophes des sciences du passé (et qui, dans sa version mécaniciste, a encore celles de nombre de scientifiques non physiciens), et le réalisme mathématique, qui a joui de celles d'Einstein. Il convient maintenant de discuter ces vues, non pas, encore une fois, à partir d'idées *a priori*, mais sur la base de leur compatibilité ou de leur non-compatibilité avec les données de la physique contemporaine.

Pour prendre les choses dans l'ordre, il faudrait commencer par une discussion du réalisme proche. Mais celle-ci a déjà été faite. Nous avons constaté qu'au vu de nos connaissances actuelles cette hypothèse n'est plus tenable. A elle seule, cette constatation ne permet pas d'éliminer l'hypothèse du réalisme physique. Restent à considérer d'une part sa version « réalisme mathématique » (dont on n'a fait qu'une discussion préliminaire) et, d'autre part, une sous-hypothèse non encore explicitée et qui est une sorte d'intermédiaire entre le réalisme proche et le réalisme mathématique. Il s'agit de l'idée selon laquelle, à défaut de pouvoir attribuer des propriétés en soi (entendons des propriétés *possédées* par les systèmes physiques considérés, voir plus haut) aux particules et autres systèmes subatomiques, il serait cependant possible, sans contradiction avec les données de la mécanique quantique usuelle, d'attribuer de telles propriétés à des systèmes un peu — ou beaucoup — plus complexes, tels que molécules, cristaux, objets macroscopiques divers et instruments de mesure en particulier.

Cette dernière hypothèse — appelons-la « macro-objectivisme » pour simplifier — renvoie à des développements de physique théorique qui sont récents, extrêmement techniques, en pleine expansion et dont il ne saurait être question de présenter ici un examen systématique. Je prendrai seulement un exemple de ces développements, choisi parmi ceux dont il a été prétendu — et cela même par certains des participants au présent colloque — qu'ils permettraient de réconcilier la physique moderne avec ce que j'appelle ici le réalisme physique et l'objectivité forte. Je montrerai qu'en fait il n'en est rien, et que la prétention dont il s'agit repose sur un malentendu.

L'exemple dont il s'agit est celui de l'œuvre du physicochimiste théoricien Hans Primas. Contrairement à beaucoup de physiciens théoriciens, qui se satisfont d'un langage purement opérationaliste ou qui plaquent arbitrairement des noms évoquant le réalisme (« état », par exemple) sur des concepts essentiellement opérationnels (e.g. « préparation des systèmes »), Primas a le souci d'établir solidement la *cohérence* de notre manière réaliste de nous exprimer sur les choses. De fait, il n'hésite pas à parler d'« états ontiques », à souligner que nous ne sommes pas de l'espèce *homo faber* mais bien de l'espèce *homo sapiens* et ainsi de suite. Et l'on comprend donc qu'une lecture un peu rapide de ses écrits puisse donner l'impression, d'une part qu'il adhère à l'ontologie décrite ci-dessus sous l'appellation « réalisme physique », et d'autre part qu'il a établi la validité de l'ontologie en question face à la physique quantique. De fait, toutefois, une lecture plus attentive conduit sans ambiguïté à des conclusions différentes. En effet Primas reconnaît, et même a souligné, l'existence de la non-séparabilité quantique (dans son langage : les « imbrications EPR »). Il montre explicitement que cette non-séparabilité interdit tout retour à un réalisme classique. Et de ce fait, ce qu'il réussit à faire (par le moyen de développements théoriques très remarquables dont le détail peut être passé ici sous silence) c'est d'abstraire de la mécanique quantique, par le moyen d'approximations convenables, une sous-théorie qui *peut être formulée conformément aux prescriptions* de ce qu'il appelle un « réalisme modéré » (à savoir : que tout ce qui est *pratiquement réel* apparaisse comme réel dans la sous-théorie). Mais — et c'est là le point que je désire souligner — Primas est le premier à reconnaître que ce processus d'abstraction est de nature tout humaine. De sorte que c'est une simplification tout à fait abusive que de prétendre qu'il nous a ramené à l'objectivité forte et au réalisme physique. De fait, il écrit textuellement[1] : « les phénomènes observables sont créés en faisant abstraction de certaines corrélations EPR. En faisant usage d'abstractions différentes on observe des phénomènes différents. Chaque abstraction *crée sa propre réalité* [souligné

1. H. Primas, *Chemistry, Quantum Mechanics and Reductionism*, Springer-Verlag, Heidelberg, 1981, p. 253.

par nous]. Ce concept de réalité est objectif *puisqu'il est intersubjectif* [souligné par nous] ».

Ainsi donc l'objectivité que Primas atteint est seulement une objectivité faible. L'identifier à l'objectivité forte comme le font non certes Primas lui-même (comme on vient de le voir) mais tels ou tels de ses commentateurs, c'est faire une confusion, qui certes n'a pas d'inconvénients dans le domaine de la pratique de la science mais qui, sur le plan philosophique, est de nature à engendrer de graves erreurs. Il en va de même relativement à, semble-t-il, tous les développements théoriques un peu similaires évoqués plus haut. Ils aboutissent très bien à l'obtention d'une certaine objectivité de langage dans la description de, par exemple, tels ou tels objets macroscopiques mais ce n'est là qu'une objectivité seulement faible.

Reste encore à discuter le réalisme mathématique proprement dit. Je connais deux ou trois manières par lesquelles l'on tente parfois de le défendre.

L'une d'elles consiste seulement à souligner l'importance des mathématiques dans la physique. Mais à l'évidence, l'existence du positivisme mathématique défini plus haut prive cet argument de tout pouvoir de conviction.

Une autre consiste à faire référence à ces formes très récentes de la physique quantique que sont l'*algèbre des observables* et la *logique quantique*. Primas, par exemple, s'y réfère beaucoup. Mais, nous l'avons vu, cela le conduit à une objectivité qui n'est que faible. Et de fait, pour des raisons liées à la non-séparabilité, il semble impossible d'aller par cette voie jusqu'à l'objectivité forte.

Une autre manière encore se fonde sur un formalisme mis au point par Richard Feynman. A première vue, là aussi, l'impression peut prévaloir que l'objectivité forte serait reconquise. Feynman parle en effet de trajectoires, tout comme le faisaient les physiciens classiques. A y regarder de plus près l'on voit cependant que pour calculer la probabilité d'un événement pouvant se produire par deux (ou plusieurs) voies différentes, Feynman prescrit tantôt d'additionner les probabilités relatives à chacune des voies et tantôt au contraire de procéder par l'addition de quantités autres, appelées « amplitudes de probabilité » ; et l'on constate que dans son formalisme le choix de l'une ou de l'autre de ces prescriptions dépend du fait qu'il se trouve ou non en place un dispositif permettant en principe à un observateur humain de savoir quelle voie a empruntée la particule (ou le système de particules). Ainsi, par un cheminement un peu détourné, l'objectivité faible réapparaît.

Est-ce à dire qu'il y a une totale incompatibilité entre le réalisme physique et les « règles de prédiction » qui constituent la partie tout à fait solide de la mécanique quantique ? Énoncée de cette manière la proposition est trop brutale. De fait il existe des théories quantiques — théorie de la relativité des états (Everett), théorie de l'intervention de la conscience (Wigner), théorie de la réduction spontanée (Ghirardi, Rimini, Weber), théorie des variables cachées ou de l'onde-pilote (de Broglie, Bohm, Hiley, Bell) — qui sont formulables en termes d'objectivité forte. Ces théories sont cohérentes. Elles méritent notre attention. Les physiciens qui prétendent en exclure certaines en se fondant sur la logique quantique font une erreur (implicitement ils postulent l'impossibilité d'ensembles non quantiques, et en toute rigueur cette impossibilité n'existe pas). Malheureusement, ces théories sont d'une totale stérilité sur le plan de la prédiction expérimentale. Il avait été espéré que certaines au moins permettraient de lever l'obstacle de la non-séparabilité. Mais le théorème de Bell est venu ruiner cet espoir, avec la conséquence que toute théorie prétendant s'insérer dans le réalisme physique conduit nécessairement à de très graves difficultés lorsque l'on tente de la concilier avec les données relativistes. En outre ces théories sont multiples et le choix entre elles paraît difficile, sinon impossible, sur des bases expérimentales. Pour toutes ces raisons, les théories en question ne paraissent guère prometteuses à la majorité des physiciens. Je les range pour ma part parmi les belles métaphysiques. Plus précisément, j'y vois des exemples des métaphysiques qui pouvaient naturellement naître dans des esprits de physiciens. Mais à aucune d'elles je ne puis attribuer la crédibilité d'une vraie description scientifique.

5. Le réel voilé

Reste à expliquer ma position personnelle. Je le ferai en considérant successivement deux questions :

1) devons-nous conserver le « réalisme ouvert » ?

2) si oui, que pouvons-nous dire concernant nos rapports avec la réalité indépendante qui en constitue le référent ?

A la première question j'ai déjà répondu par l'affirmative. Aux arguments déjà donnés (Introduction, remarques 1 à 4), je désire seulement en ajouter deux, qui sont :

a) absurdité de la thèse opposée, qui pose finalement que le verbe *être*, au sens de « il y a », ne s'applique à rien. Ceci est évidemment faux. Je ne sais si j'existe en tant que personne. Peut-être ne suis-je que le rêve de quelque Être supérieur, ou que sais-je encore. Mais je ne peux dire sans incohérence que c'est le néant qui, en ce moment, s'adresse à vous. Donc « quelque chose » au moins *est*. Et il me semble bien présomptueux, comme je l'ai dit, d'aller penser que tout l'Être se résume à cette seule petite étincelle de conscience ;

b) il y a une différence entre science d'une part et construction d'un jeu, ou d'une philosophie, d'autre part. Dans le second cas, seule la condition de cohérence est imposée à notre esprit. Dans le premier, outre cette condition, il y a celle de compatibilité avec l'observation des faits. Des théories tout à fait cohérentes sont assez souvent réfutées ainsi. En d'autres termes « quelque chose » nous résiste. Et il ne sert à rien, encore une fois, d'aller dire que ce « quelque chose » c'est l'expérience et que donc c'est encore nous. Certes, il y a sans doute beaucoup de *nous* dans l'expérience. Les philosophes qui le soulignent ont assurément raison de le faire. Mais, en outre, il y a nécessairement aussi dans l'expérience une contribution qui ne provient pas de nous seuls.

Passons maintenant à la seconde question. Que puis-je dire concernant nos rapports avec la réalité indépendante ? Je sais déjà que cette réalité n'est pas connaissable « telle qu'elle est », sans quoi le réalisme physique serait vrai, et on l'a, ci-dessus, écarté. Dirai-je alors qu'elle est totalement *in*connaissable ? Je dis plutôt qu'elle est voilée. Pourquoi, et que puis-je entendre par là ?

Je vous le dis d'emblée : je ne peux pas donner une définition rigoureuse du mot « voilé ». Pour faire saisir ce que j'ai dans l'esprit, je puis seulement user d'arguments de plausibilité, dont d'ailleurs je ne revendique aucunement la paternité mais qui me paraissent valables. L'un de ceux-ci, bien sûr, est l'argument connu du « non-miracle » (Putnam). « Si le réalisme était faux, les succès de la science tiendraient du miracle. » Il faut noter que cet argument est impuissant à étayer la thèse du *réalisme physique* car il est très concevable que nos observations et les concepts au moyen desquels nous les formulons ne soient que de lointains reflets et de très enfantines interprétations de ce qui est (la non-séparabilité constitue, encore une fois, une sérieuse indication en ce sens). Mais il plaide toutefois en faveur, non seulement de l'*existence* d'une réalité qui ne se réduit pas à nous, mais aussi de l'idée que cette réalité n'est pas *totalement* disconnectée de tout ce qui surgit dans nos esprits.

Un deuxième argument de plausibilité — un peu plus spécifique que le premier — se fonde sur le caractère non immédiat des concepts que la physique a dû retenir pour ses descriptions. Du temps de Kant, la physique utilisait les notions d'espace euclidien et de temps universel et ce philosophe pouvait soutenir qu'il s'agissait là non de données extérieures mais de cadres *a priori* de notre sensibilité. Ce point de vue ne peut plus être défendu maintenant que la physique a remplacé les notions en question par celle d'espace-temps, puisque, justement, celle-ci *n'est pas* un cadre *a priori* de notre sensibilité. On peut, il est vrai, avancer que l'espace-temps n'est rien d'autre qu'un cadre commode que nous fournit, non certes notre sensibilité mais notre structure mentale interne. Il n'en est pas moins vrai que la transition d'un cadre à l'autre n'a pas été faite sans motifs et par simple goût de la nouveauté. Elle s'est donc effectuée sous l'emprise de données théoriques elles-mêmes motivées, au moins pour une part, par l'expérience, c'est-à-dire par des « messages » non entièrement issus de notre seul esprit.

N'oublions pas enfin que même les connaissances d'ordre négatif participent de la connaissance. La non-séparabilité est une connaissance négative. Elle nous dit seulement que la réalité indépendante ne peut valablement être conçue comme obéissant à un principe de séparabilité qui peut être énoncé de façon précise. L'information est pauvre. Mais en revanche elle est certaine.

De façon générale, je dirai donc qu'en ce qui concerne la réalité indépendante, la physique joue un rôle un peu comparable à celui joué par les paraboles dans les religions : celui de laisser deviner sous une forme déguisée une vérité qui — à tort ou à raison, mais ici à raison — est tenue comme ne pouvant être exprimée *que* sous une forme déguisée.

Donc maintenant, je crois que je peux expliquer ce que je veux dire quand, au lieu d'affirmer que la réalité indépendante est *inconnaissable*, je dis seulement qu'elle est *voilée*. Je veux dire, en fait, deux choses :

Premièrement : encore une fois je considère que le point de vue du *réalisme ouvert* est correct et même inévitable : le verbe « être » a un sens. Et en même temps je sais — et cela cette fois à partir de la physique contemporaine et des arguments que j'ai résumés devant vous ici — quelque chose que les réalistes d'autrefois ne pouvaient pas savoir : je veux dire le fait que la réalité, au sens ontologique du terme, n'est pas identifiable aux objets, aux événements, etc., bref à ce qui est descriptible : aux *phénomènes*. Dès lors, il suffit de réunir ces deux informations pour conclure qu'en un sens il y a quelque chose *au-delà* des phénomènes. Cette conclusion n'est ni de la nature d'un savoir scientifique ni tout à fait non plus de celle d'un savoir philosophique. Elle ne comporte pas de preuve rationnelle rigoureuse (mais pas non plus, je le souligne, de réfutation rationnelle si l'on exclut celles fondées sur d'arbitraires présupposés). Et pourtant elle me paraît assez solidement étayée pour mériter beaucoup de considération ;

Deuxièmement : j'estime, sur la base des raisons ci-dessus données, que même si les grandes lois de la physique ne décrivent pas la réalité telle qu'elle est, elles n'en constituent pas moins un aperçu humain *sur la réalité*. Et je considère donc qu'elles révèlent un je ne sais quoi d'indéfinissable concernant la structure de cette réalité.

Ceci est ma manière de m'opposer au réductionnisme. Car je dis : si la physique d'une part échoue à nous fournir une description complète de la réalité et d'autre part réussit cependant à nous donner sur elle certaines lueurs, pourquoi telles ou telles autres approches, comme la musique, la peinture, la poésie ou le sacré, ne nous en donneraient-elles pas aussi ?

6. La réalité empirique

Faute de temps je serai bref et schématique sur ce sujet. Comme je l'ai dit, les choses ne sont *pas* des éléments de la réalité indépendante. La physique nous montre qu'elles sont bien davantage des vues que nous, humains, nous prenons de cette réalité. Elles sont des *phénomènes*, dans le sens étymologique. Eh bien, ce que j'appelle « réalité empirique », c'est justement l'ensemble de tous ces phénomènes. En un sens, c'est ce qui apparaît à la pensée quand celle-ci, par une sorte de simplification abusive, réifie l'ensemble des « règles de prédiction d'observations » qui composent le positivisme mathématique. Et nous sommes contraints à cette réification ! Même quand nous parlons de molécules. Selon moi, c'est à cette réalité empirique que la complémentarité de Bohr s'applique. Comme nous l'avons vu plus haut, c'est également à elle et à elle seule que le terme *ontique*, employé par Primas, peut s'appliquer. De façon générale, comme déjà noté (remarque 4 ci-dessus), un certain nombre de philosophes, et même de physiciens, croient devoir écarter de leur esprit la notion de réalité indépendante, telle que définie au début du présent exposé, et beaucoup de ceux-ci utilisent le mot « réalité » dans un sens qui, de fait, coïncide avec celui ici donné à l'expression « réalité empirique ». Notons que ceci leur permet de se proclamer « réalistes ». Cependant, il est clair que ce réalisme-là n'a rien à voir avec celui — professé également par beaucoup de physiciens et de penseurs — que j'ai appelé « réalisme physique ». Lorsque les tenants de l'un et de l'autre réalisme annoncent leur accord, nous devons être assez lucides pour voir qu'il ne s'agit, hélas, que d'un accord purement verbal, dissimulant un désaccord sur les idées.

7. Postface

On me pardonnera je l'espère si, en l'« épilogue » que voici, je tente d'un peu m'élever au-dessus du terrain des pures techniques, tant celles de la physique que celles de l'épistémologie. Je le ferai de deux manières.

D'abord je noterai — sans insister — que, comme il va de soi, l'idée de réalité indépendante ne se ramène pas à la notion de matière — notion aujourd'hui extrêmement floue, de l'aveu même des physiciens. Dans la mesure — faible — où l'on peut tenter de se figurer cette réalité voilée, cet Être, je préfère la concevoir comme une sorte de matrice suprême, au sein de laquelle pensée et réalité empirique s'engendreraient l'une l'autre, en quelque sorte, réciproquement.

Ensuite je ferai retour à la question posée il y a quelques instants. Si la physique, d'une part ne nous fournit pas une description complète de la réalité indépendante et, d'autre part, réussit cependant à nous donner sur elle certaines lueurs, pourquoi telles ou telles autres approches — je pense au sacré, à la musique, à la peinture, à la poésie (avec, au premier chef, celle dont le sentiment, tout spontané, est éveillé en nous par la nature) — ne nous donneraient-elles pas de tels aperçus, de telles lueurs, elles aussi ? Voyez-vous, j'estime qu'en fait nous sommes là au cœur d'un problème très grave. Nos contemporains semblent, pour beaucoup, avoir perdu le *bon* contact avec quoi que ce soit qu'ils pourraient, de façon sensée, nommer l'*être*. Soit qu'ils aient fait l'erreur de le banaliser en le réduisant à une mécanique, soit que, niant d'instinct cette vision désespérante, ils aient au contraire opté pour le refus de la notion elle-même. Mais ce fut là tomber de Charybde en Scylla et de ce second choix (celui de la plupart des « hommes de culture » du XXe siècle) nous voyons aujourd'hui les effets pervers : réduction de l'homme aux dimensions du technicien ou du jongleur — à la condition d'*homo faber* en quelque sorte —, frileuse retraite vers les seules « valeurs » paraissant résister encore, celle de la vanité consommatrice et celle de l'action pour l'action, naufrage concomitant des « mass media » dans l'exaltation de la pure violence gratuite, etc.

Les forts éléments positifs qui animent *aussi* — certes — la société actuelle n'effacent pas à eux seuls ces rides. Alors qu'au contraire, dès que nous faisons nôtre l'idée — finalement fort raisonnable comme on l'a vu — d'une « réalité indépendante », très lointaine mais vers laquelle nous pouvons peut-être quand même, individuellement, jeter quelques ponts (à chacun de nous de les découvrir), c'est la coloration même de tous nos problèmes de base qui se trouve changée et revivifiée. Il est frappant de constater qu'une idée quasiment identique à celle-ci — l'idée d'un être pensé comme un horizon qui appelle — est précisément celle qui, à tous les niveaux de la vie sociale, a longtemps été la grande inspiratrice de la culture occidentale. Sous diverses formes (celle, notamment, selon laquelle le compositeur ou l'artiste a pour but premier de chanter la gloire de Dieu), c'est elle qui, par exemple, a suscité les plus magnifiques des œuvres d'art. Et puis, sous la pression, en particulier, d'un certain réductionnisme que l'on croyait scientifique, il s'est produit que les gens ont identifié le « niveau de base » du réel aux objets, aux neurones, aux molécules, etc. L'idée ancienne que l'art pouvait, d'une certaine manière, nous faire progresser dans l'intimité avec l'être a alors paru intenable. De sorte que, aujourd'hui, l'art s'est replié sur de simples positions de jeu, et a, le plus souvent, perdu toute ambition autre que celle de faire du neuf. Je pense que l'évolution actuelle des connaissances de la *physique* ouvre, en un sens, comme une brèche dans le mur de cette prison semi-volontaire. Qu'il soit caillou, neurone, atome ou quark, l'*objet* n'est certainement pas l'*être*, comme Ferdinand Alquié l'a si bien dit. On peut donc, de nouveau, parler d'une véritable profondeur de l'être sans que ce langage soit absurde. Et j'ai un espoir non déraisonnable de voir un jour renaître, en conséquence, un art qui ne soit plus seulement la poursuite éperdue de la nouveauté mais qui renoue avec la quête de ces lointains qu'il est de la nature humaine de toujours souhaiter entrevoir.

APPENDICE 1

La non-divisibilité par la pensée en mécanique quantique conventionnelle

En se livrant à de nombreux calculs, on peut gagner.

SUN TSU

(stratège chinois, VIe s. av. J.-C.).

Il a été affirmé au chapitre 4 de la deuxième partie que la réalité dont on pourrait penser que l'équation de Schrödinger nous fournit une description ne saurait être divisible par la pensée.

Si l'on veut comprendre le *pourquoi* de cet état de choses, l'on ne peut évidemment y parvenir sans un minimum d'information sur la théorie elle-même. Mais quiconque possède déjà la notion (vraiment élémentaire !) de *fonction d'une variable* peut acquérir sans grande peine ce minimum. Pour fixer les idées, supposons que deux particules arrivent l'une vers l'autre de telle manière qu'elles doivent « entrer en collision » (mots empruntés bien sûr au langage corpusculaire). Avant le choc, on décrira chacune d'elles par une fonction de ses coordonnées que l'on appelle la « fonction d'onde » (le vecteur d'état introduit en VI-2, première partie, n'est qu'une sorte de « version abstraite » de la fonction d'onde). Mais — et c'est là le *hic* ! — au lieu de décrire la paire que ces particules constituent en formant la *somme* de ces fonctions d'onde en chaque point (ce qui, schématiquement, correspondrait au traitement *classique* d'un phénomène ondulatoire), on la décrit mathématiquement en formant le *produit* de ces fonctions. Autrement dit, la règle quantique (justifiée par — et seulement par — l'accord avec l'expérience de l'ensemble de ses conséquences) consiste à combiner les « états individuels » (vecteurs d'état ou fonctions d'onde) de chaque particule exactement comme l'on a procédé en VI-2 pour combiner l'« état interne » (représenté là par une minuscule) et l'« état du point de vue spatial » (représenté là par une majuscule) d'*une* particule seulement.

La suite de l'histoire se comprend aisément. Puisque l'on connaît la fonction d'onde de la paire avant le « choc », on peut, grâce à l'équation de Schrödinger, trouver par le calcul ce que cette fonction d'onde devient après. Mais, comme la plupart des équations du même type, celle de Schrödinger n'a pas la propriété de systématiquement transformer un produit de deux fonctions ayant chacune ses variables propres (les coordonnées de la particule décrite) en un simple produit de deux de ces fonctions. Comme on l'a déjà vu au chapitre VI de la première partie en ce qui concerne les vecteurs d'état, la fonction d'onde « finale », après « choc », se présentera en général sous la forme d'une *somme* de tels produits, exactement comme c'est le cas pour le vecteur d'état représenté par la dernière des formules de la section VI-2 (avec, toujours, la correspondance : minuscule/première particule, majuscule/deuxième particule).

Dans ces conditions, est-il possible que dans l'état « final » chaque particule ait encore « sa » fonction d'onde ? Évidemment non, car s'il en était vraiment ainsi, la fonction d'onde de la paire serait nécessairement le produit de ces deux fonctions, tout comme dans l'état initial, et l'on vient juste de voir que ce n'est pas le cas. Il faut en conclure que cela *n'aurait pas de sens* d'aller parler des fonctions d'onde « finales » de chacune des deux particules. *Seule la paire* en possède une.

Il n'empêche : lorsqu'un temps assez long s'est écoulé, il est bien sûr possible de détecter expérimentalement chaque particule en des lieux éloignés l'un de l'autre (plus ou moins aux endroits où un calcul classique indique qu'on a des chances de les trouver). Cela montre bien qu'à ce moment-là, la paire n'est pas rassemblée en un même endroit. Disons qu'elle est « étalée » dans l'espace. Et pourtant, au moyen de la notion de fonction d'onde, nous ne pouvons décrire *que* cette paire et non pas chacun de ses deux éléments, comme on vient de le constater. Autrement dit, si, conformément à notre hypothèse de travail, nous refusons de même *penser* une réalité plus « fine » que la fonction d'onde, cette paire, tout étalée qu'elle est, nous apparaît comme indivisible, même par la pensée.

Ajoutons pour être complets qu'en mécanique quantique conventionnelle, il n'existe aucun artifice qui permette de restaurer cette divisibilité par la pensée à laquelle l'électrodynamique classique, tout ondulatoire qu'elle fût, était conforme (à tout instant, la connaissance des champs aux divers points de l'espace y donne *ipso facto* la connaissance du tout qu'ils forment). Il est vrai (les lecteurs physiciens le savent) qu'il existe en mécanique quantique une notion plus compliquée que celle de fonction d'onde et dont l'emploi permettrait au moins de *parler* des deux particules séparément, même après le choc (on l'appelle « matrice densité »). Mais ce serait une illusion d'aller penser que la divisibilité par la pensée se trouve de ce fait restaurée. En effet, ce qui se passe alors, c'est que, même si l'on connaît parfaitement les forces en jeu, la description par ce moyen de chacune des deux particules séparément ne donne pas (c'est ainsi, les formules le montrent) une information complète relativement aux quantités mesurables concernant la paire. Manque tout ce que l'on observera concernant la corrélation. On peut résumer cela en disant qu'en mécanique quantique, *même lorsque l'on connaît exactement les lois de force*, la connaissance des parties, si loin qu'elle soit poussée, est insuffisante à fournir une connaissance du tout. Rien d'analogue n'existe en physique classique, comme on l'a dit, et on retrouve manifestement là un avatar de cette non-divisibilité par la pensée à laquelle, par l'entremise de l'ingénieuse notion de matrice-densité, on avait un instant cru pouvoir échapper.

APPENDICE 2

Petites questions philosophiques

Il faut une échelle à l'esprit. Une échelle et des échelons.

JOUBERT.

A quoi serviraient des idées qui ne feraient pas jaillir des questions ? Voici des esquisses de réponses à des questions souvent posées :

1) *Au vu de la physique quantique, peut-on, pour faire bref, dire que le Réel est « non séparable » ou « non-local », au sens qui a été donné dans le texte à ces expressions ?*

Attention ! En toute rigueur, seuls peuvent s'exprimer ainsi ceux qui, comme nos « dissidents », posent en axiome que le Réel-en-soi est scientifiquement connaissable. Si, au vu des données de la physique, on juge raisonnable de penser qu'il ne l'est pas, ou même seulement qu'il est « voilé », on ne saurait, en saine logique, lui attribuer une propriété (celle-ci ou n'importe quelle autre) que l'on prétendrait *déduire* de la science. Ce qu'on peut dire en revanche — ce qui est dit ici et dans d'autres ouvrages —, c'est que *toute prétention à donner du Réel une description séparable, ou « locale », fondée sur la science, donc sur l'expérience, est contredite par la science même.* Cette proposition-là est, du point de vue du contenu, assez voisine de la première, mais il est vrai que c'est elle et elle seule qui se déduit rigoureusement de ce que la physique révèle. On notera que ce qui la différencie de l'autre et la rend tout à fait inattaquable, c'est son caractère négatif. Elle ne nous informe pas d'une propriété qu'aurait positivement le Réel. Elle se contente de nous dire qu'au cas où l'on prétendrait donner de lui une description, même qualitative et sommaire, ne contredisant aucun élément scientifiquement vérifié de notre expérience collective communicable, cette description ne saurait comporter, fût-ce implicitement seulement, la « séparabilité » ou « localité » dudit Réel.

2) *L'argument que, pour penser, il faut bien être, et que, par conséquent, la notion d'existence prime logiquement celle de pensée, débouche-t-il sur une preuve d'existence d'un moi personnel ?*

La réponse est *non.* Les nombreux philosophes qui, depuis plus d'un siècle, se sont adonnés à une analyse critique du *cogito* se sont pour la plupart bien convaincus qu'une telle preuve est impossible. Aussi le texte (chapitres 5 et 7) ne prétend-il en rien démontrer l'existence d'un moi personnel inséré dans le temps, doué d'identité, de mémoire, etc. Le primat logique de la notion d'être sur celles de pensée et de certitude se situe à un niveau plus primordial où de telles spécificités n'entrent pas en ligne de compte ; ce qui fait que l'argument qui consiste à le souligner n'est pas atteint par les critiques que tant de philosophes ont adressées (à raison ou à tort) au vieux *cogito* cartésien. Et ce qui fait aussi, notons-le en passant, que le primat dont il s'agit n'a aucunement pour conséquence le célèbre — mais combien vulnérable ! — dualisme cartésien matière-pensée.

3) *Que faut-il penser de l'objection formulée à l'égard de Kant par ses successeurs, qui consiste à dire qu'en considérant d'une part les objets empiriques, d'autre part les objets en soi, ce philosophe introduit dans notre vision conceptuelle un dédoublement superfétatoire ?*

Qu'adressée à Kant cette critique a quelque chose d'assez juste dans la mesure où, en effet, Kant parle souvent *des* objets en soi, au pluriel. Mais, manifestement, on ne saurait l'étendre au couple Réel-réalité empirique dont il est question dans le corps de ce livre, puisque, comme on vient de le rappeler, le Réel, bien que structuré, ne peut en aucune manière être conçu comme « séparable » et comme « local », c'est-à-dire comme formé d'objets au sens empirique du mot.

APPENDICE 3

Réponse

... des images substituées aux objets réels que la nature nous cachera éternellement.
Henri POINCARÉ.

Il est tout à fait faux de dire que je repousse les thèses réalistes avec des arguments positivistes. *Primo*, je ne repousse pas en totalité la thèse réaliste, puisque j'en conserve l'idée de base, à savoir que la notion même d'un « Réel-dont-l'existence-ne-dépend-pas-de-la-nôtre » possède un sens. *Secundo*, les éléments de la thèse réaliste traditionnelle que je repousse, comme la séparabilité, je ne les écarte pas du tout à partir d'affirmations caractérisant spécifiquement la philosophie positiviste (comme, par exemple, celles consistant à poser qu'il n'y a pas de connaissance véritable hors la connaissance scientifique, qu'il n'y a pas de jugements synthétiques *a priori*, que toute théorie doit, en droit, pouvoir être ramenée à un ensemble d'énoncés protocolaires, etc.). J'opère ma déduction à partir de données d'expérience tout à fait objectives, tel le fait que la mécanique quantique « marche » et qu'elle prédit une violation des inégalités de Bell. Je ne vois pas en quoi ceci serait spécifiquement « positiviste ». En effet, même l'antipositiviste le plus farouche est bien obligé de convenir de la vérité de ces assertions. Le seul endroit où je fais appel à un argument ayant une petite saveur positiviste est celui où j'invoque le fait qu'il existe plusieurs modèles réalistes, tous très étranges, et conduisant tous aux mêmes prédictions expérimentales, pour dire que, du coup, il n'y a aucune raison d'adhérer à aucun d'entre eux en particulier. Mais je pense que cet argument est bon en soi, et ce n'est pas parce qu'il serait accepté par les positivistes que je devrais m'interdire d'y faire appel.

Réciproquement, il est simpliste de dire que je repousse les thèses positivistes avec des arguments réalistes. La vérité, c'est que je ne fais aucun usage des arguments réalistes « traditionnels » tels que : « bien sûr, les électrons existent », « nous ne verrions pas les objets ici ou là s'ils n'y étaient pas réellement », « il y a un "vrai" espace, qui est l'arène où se déroulent les phénomènes », etc. Il est vrai que je défends ma thèse du réalisme « ouvert », thèse difficilement acceptable par la majorité des positivistes bon teint, en faisant appel à l'argument selon lequel la notion de certitude ne peut primer celle d'existence, puisque la certitude est une pensée et que, pour penser, il faut être. Mais, de nouveau, j'emploie cet argument parce qu'il me paraît bon, et il m'est tout à fait égal qu'il soit également trouvé bon par les réalistes traditionnels. La thèse en question n'est pas en contradiction avec l'idée selon laquelle on ne peut se rallier à aucun *modèle* réaliste car elle n'entraîne aucunement que la réalité en soi puisse être descriptible par la science.

Conclusion : la critique mentionnée à la fin du chapitre VI (première partie) ne tient vraiment pas la route...

TROISIÈME PARTIE

Questions d'un auteur à l'autre

Étienne Klein : *La mécanique quantique a d'emblée suscité des questions d'ordre conceptuel ou épistémologique dont la profondeur n'a pas échappé à ses pères fondateurs. Ce débat quantique, qui n'est pas clos, a connu plusieurs phases. Son contenu s'est modifié et affiné. A vos yeux, quelles en sont les « grandes étapes » ?*

Bernard d'Espagnat : Schématiquement, j'en vois trois. La première, allant plus ou moins de 1923 (Louis de Broglie, ondes de matière) à 1932 (livre de John von Neumann), correspond à la phase de création. Après une « préhistoire » représentée par la découverte du quantum d'action, l'« invention » du photon et le modèle atomique de Bohr, c'est l'époque d'un immense bouillonnement d'idées. C'est véritablement le temps où nous voyons à l'œuvre des « Argonautes de la pensée », comme disait Paul Valéry en parlant des Grecs de la grande époque. Je veux dire que c'est le moment où un tout petit noyau de chercheurs — les « pères fondateurs », comme nous disons —, alliant audace et sens critique, a enfin réussi à « faire le saut » ; à percer l'énigme de l'atome, à prévoir l'aspect ondulatoire de la matière, à jeter les bases d'une théorie des champs quantiques, etc. — et cela, grâce à l'extraordinaire révolution conceptuelle que vous avez décrite en première partie.

La seconde phase, en gros de 1933 à 1964, fut celle de l'exploitation intensive. Je risque le mot tout en sachant qu'il prêtera aux plus malveillants contresens (ha-ha ! ils pensaient déjà à la bombe !), parce qu'il exprime bien le grand souci des physiciens de cette époque : utiliser le merveilleux outil quantique pour expliquer et pour prévoir. L'entreprise, comme vous le savez, fut menée à bien au-delà de toute espérance. Ainsi, par exemple, il m'a été dit par des physiciens parmi mes aînés (Wigner, entre autres) qu'à l'époque des premières découvertes expérimentales relatives aux *noyaux* d'atomes (Chadwick, Joliot...), un sentiment très répandu était qu'en ce domaine nouveau l'outil ne fonctionnerait plus. Eh bien, on se trompait ! Raffinée, vêtue de nouveaux habits, la mécanique quantique fut finalement, dans ce champ-là comme dans celui de l'atome, la seule théorie à véritablement « marcher ». Pour nuancer ce que je viens de dire à propos de l'« exploitation », je noterai que, certes, la curiosité des physiciens de cette époque s'exerça aussi sur la structure même de la théorie. Mais — c'est un fait — beaucoup plus sur sa structure mathématique que sur les problèmes conceptuels qu'elle pose. En ce domaine, le prestige de Bohr fit longtemps accepter les yeux fermés sa solution. Combien n'ai-je pas connu de physiciens naïvement persuadés, sans y aller voir, que cette dernière était conforme aux conceptions vaguement mécanistes *a priori* tenues par eux pour seules valables ! Les lucides, tels Bohm ou Einstein lui-même, qui prirent à bras-le-corps le problème de la cohérence avec le réalisme conventionnel, se virent marginaliser.

En un sens, cette phase de l'« exploitation », nous y sommes toujours. L'outil quantique n'a encore jamais été pris en défaut et la plupart des théoriciens s'emploient exclusivement (et avec grand succès) à le perfectionner afin de pouvoir l'appliquer à l'intelligence et à la prévision de phénomènes nouvellement apparus ou susceptibles d'apparaître. Cela, dans des domaines tels que la physique des hautes énergies, celle des solides, l'optique quantique, etc. Mais je pense néanmoins que l'on peut placer le début d'une troisième phase au moment (1964) où Bell mit en avant son théorème. Depuis lors, en effet, cette espèce de repos dont je viens de parler sur le mol oreiller de l'incuriosité conceptuelle n'est plus ressenti comme étant tout à fait de mise. Bravant le risque de ne pas paraître suprêmement sérieux aux yeux des « experts de la tête d'épingle », selon votre formule si juste, nombre de physiciens ont donc maintenant renoué avec l'état d'esprit des pères fondateurs qui, au-delà de la *fécondité* du formalisme, cherchaient aussi à le *comprendre.* J'en sais même, en vérité, qui naguère ne nourrissaient pour l'épistémologie de la physique qu'un assez solide mépris et qui, maintenant, se sont mis à y réfléchir...

***Étienne Klein** : Vous avez bien connu John Bell. Comment son article de 1964 a-t-il été accueilli par les physiciens ?*

Bernard d'Espagnat : Bell possédait à un très haut degré les qualités du physicien théoricien telles que peut les rêver le directeur du CERN (son employeur), ou de Stanford, ou de n'importe quel grand centre de physique des hautes énergies. Il comprenait vite (très vite !) ; il savait inventer et perfectionner des modèles ; aux expérimentateurs (qui le sollicitaient beaucoup) il expliquait comme il convenait les arcanes des théories qu'ils se proposaient de tester... Mais il avait, de plus, une exigence intérieure qu'à vrai dire aucun directeur de tels organismes n'a jamais souhaité voir se développer dans les équipes sous son contrôle. Pour lui-même, il voulait la *clarté conceptuelle.* Et c'est cette exigence-là qui le conduisit finalement, au terme d'une recherche toute personnelle, menée strictement « en privé », à la découverte de son théorème.

Il faut comprendre qu'une exigence de cette sorte peut inquiéter les « comités d'évaluation ». Dans un domaine — la physique théorique — où les concepts (vous l'avez montré ci-dessus) sont plus ou moins insaisissables, elle risque de brider la recherche par l'imposition d'idées toutes faites. Et, chez les esprits de peu d'étendue, c'est effectivement ce qu'elle fait. Ceci pour excuser — un peu ! — l'attitude des nombreux physiciens qui, lors de l'apparition du théorème de Bell, ne surent pas en voir l'importance. Car c'est un théorème « spécial ». Au moins dans la présentation que Bell lui-même en a donnée, il n'a de contenu véritable que pour celui qui pense que la notion de ce qui *est* a un sens premier en physique (ou qui, au minimum, admet que l'opinion mérite d'être considérée) et qui ne se contente pas de poser cette option en termes vagues mais veut savoir si, oui ou non, la physique actuelle est compatible avec elle, et dans quel sens. Ce souci n'étant pas majeur chez les physiciens contemporains, il n'est pas surprenant que les échos du théorème de Bell n'aient, au début, été que faibles. Encore aujourd'hui, ce théorème n'est énoncé qu'avec réticence (souvent en petits caractères) par les plus récents manuels. Très tôt, cependant, quelques physiciens en comprirent toute la portée. A ce titre, il faut mentionner tout spécialement le physicien-philosophe de Boston, Abner Shimony, et ses trois collègues plus jeunes, Clauser, Horne et Holt : à eux quatre, ils ont, dès 1969, généralisé très utilement ce théorème, le rendant ainsi susceptible de mises à l'épreuve expérimentales.

> ***Étienne Klein*** *: Chacun sait que vous avez vous-même joué un rôle déterminant, à cette époque, notamment en faisant connaître le résultat de Bell et en expliquant son importance. Pourriez-vous nous raconter comment les choses se sont passées ?*

Bernard d'Espagnat : En 1964 — l'année même de l'article de Bell —, je venais juste de terminer un livre (*Conceptions de la physique contemporaine*, Paris, Hermann) contenant entre autres choses une conclusion que l'étude de la mécanique quantique des systèmes (en particulier des paires de spins) m'avait révélé être vraie. Il s'agissait de la *non-séparabilité* de *toutes* les versions standard de cette mécanique (voir Appendice 1). Quand Bell m'a pour la première fois fait part de son résultat à lui, j'ai d'abord pensé qu'il s'agissait de la même idée. Mais il m'a vite montré que non, et que son résultat était, en un sens, très nettement plus général, puisqu'il était valable même dans l'hypothèse (par moi pas même envisagée) d'une incomplétude (au sens einsteinien) de la mécanique en question.

Ceci, bien sûr, explique mon intérêt précoce pour la

découverte de Bell. Je le manifestai en particulier en 1970 en invitant Bell et Shimony à la session de l'École d'été de Varenna que la Société italienne de physique m'avait demandé d'organiser sur le thème des fondements conceptuels de la mécanique quantique. Là, les premiers projets de tests expérimentaux furent envisagés. Les résultats de ces expériences apparurent les années suivantes. Ils n'étaient pas pleinement concluants, pour diverses raisons dont la moindre n'était pas le fait qu'ils divergeaient d'un groupe expérimental à l'autre. La précision statistique des mesures était à l'évidence insuffisante. Une nouvelle impulsion s'avérait nécessaire. Aussi Bell et moi organisâmes-nous à l'École d'Erice (Sicile), en 1976, un « atelier » consacré cette fois uniquement à cette question. L'un de nos invités fut le physicien Alain Aspect, dont le sous-directeur de l'Institut d'Optique, Christian Imbert, m'avait fait faire la connaissance. Alain Aspect revenait juste d'une période de coopération — en Afrique, je crois —, et se proposait de mettre une thèse en chantier. Très intéressé, dès qu'il en eut vent, par le problème posé par Bell, il vint à Erice avec déjà en tête le projet, qu'il nous exposa, d'un très ingénieux montage expérimental susceptible d'améliorer grandement la statistique et, plus généralement, la fiabilité des résultats (ce qui effectivement fut le cas, comme chacun sait).

Comparé aux coûts de la moindre expérience faite aux grands accélérateurs du CERN — souvent avec des effectifs de plusieurs centaines de personnes —, celui de l'expérience d'Aspect était, cela va de soi, dérisoire (appareillage bien plus léger, effectifs plus légers encore : peut-être une dizaine de personnes au plus). Il ne fut pas nul, cependant, d'autant que le montage, très délicat, s'étendit sur plusieurs années. En l'assumant, l'Institut d'Optique montrait quelque audace, surtout étant donné l'attitude d'indulgent scepticisme adoptée, je l'ai dit, par la majorité des physiciens. Je me rappelle qu'à un moment qui me fut dit être critique sur le plan des crédits, je pris même sur moi d'alerter un théoricien américain à l'« orthodoxie » reconnue et de grand renom,

Arthur Wightman, qui coucha par écrit son intérêt pour l'entreprise ; la chose — disons — ne « nuisit pas » au déblocage d'une rallonge qui aida à la bonne fin. L'épisode montre bien que le scepticisme n'était pas pleinement général. Chez beaucoup, il résultait d'ailleurs d'un regrettable malentendu qui n'est pas encore tout à fait dissipé. Certains physiciens persistent à penser (et même à écrire !) que Bell a *postulé* l'existence de variables cachées, et s'imaginent par conséquent que son théorème ne concerne qu'une catégorie, à leurs yeux désuète, de théories, celles à variables cachées. Ceci est faux. Ce que le théorème de Bell et les expériences d'Aspect réfutent, c'est toute la classe des théories *réalistes locales*, qu'elles soient ou non à variables cachées explicites. Mais peu de gens lisent les textes originaux et lorsqu'une erreur commence à être recopiée, elle fait très vite boule de neige.

Cependant, permettez-moi quand même d'ajouter que quand il s'agit d'une découverte véritable, ce type de semi-méconnaissance ne dure jamais très longtemps. A l'heure actuelle, la communauté physicienne est pratiquement unanime à reconnaître le très grand intérêt du théorème de Bell sur lequel vous m'interrogez.

Étienne Klein : *Avez-vous été surpris par le résultat de cette expérience d'Aspect établissant la non-séparabilité quantique ? Fut-il en tous points conforme à ce que vous attendiez ?*

Bernard d'Espagnat : Non, je n'ai pas été surpris. A mes yeux, la non-séparabilité quantique était une des principales révélations que la mécanique quantique nous avait procurées sur le monde, ou, pour mieux dire, sur nos rapports avec le monde. Je m'attendais donc bien qu'elle ne soit pas remise en cause. Mais, cela dit, avant Bell et avant Aspect je n'avais rien de vraiment solide (n'en déplaise aux mânes de Bohr !) à objecter à ceux de mes collègues qui soulignaient qu'*en droit*, l'idée einsteinienne de l'incomplétude offrait une échappatoire concevable. J'ai donc été doublement satisfait : que l'expérience test soit faite, et de me voir par elle conforté dans ma position ; contrairement, je dois dire, à plusieurs chercheurs de mes amis, tôt intéressés eux aussi à l'affaire et qui, en toute légitimité, pariaient plutôt sur l'autre cheval. Mais ce qui compte, ce n'est bien évidemment pas d'avoir *deviné* plus ou moins juste ; c'est de disposer d'éléments objectifs solides en faveur de telle vue ou de telle autre : comme, grâce à Bell, Shimony, Clauser, Aspect et quelques autres, c'est maintenant le cas pour nous.

Étienne Klein *: Ce résultat n'a-t-il qu'une portée d'ordre philosophique ou bien devrait-il « résonner » dans toute la physique ? Que devrait-il changer à la pratique même du métier de physicien ?*

Bernard d'Espagnat : L'expression « qu'une » me gêne un peu. Après tout, les États anglo-saxons ont conservé la vieille appellation de « PhD » *(philosophical degree)* pour désigner, en physique comme ailleurs, le doctorat. Autre « symbole » : une des plus prestigieuses des universités à dominance scientifique de ces contrées s'appelle Berkeley, hommage rendu (par ses fondateurs, j'imagine, ou ceux de la ville) au philosophe idéaliste du même nom. En ces pays, les physiciens sont, comme ailleurs, aujourd'hui infidèles à la tradition que ces vieux termes nous rappellent (je soupçonne la majorité des « gens de Berkeley » d'ignorer même que l'évêque Berkeley a existé...). Mais ils ont tort. Pour tout dire, entre la physique fondamentale et la grande — la « pérenne » — quête philosophique, je refuse le tracé d'aucune frontière nette. Selon moi, une découverte, disons, en physique des hautes énergies, ou encore en astrophysique, ne mérite tout à fait l'épithète de « fondamentale » que si elle a une portée philosophique.

C'est dans cet esprit-là que je répondrai à votre question. Les physiciens sont comme les autres hommes. Quand un à-peu-près, une allégorie « marche » bien, ils ont tendance, petit à petit, à hypostasier son contenu ; à ne plus parler entre eux — et aussi bien à leurs élèves — que comme si ce contenu était vraiment l'ultime *chose*. Les physiciens des hautes énergies, amenés journellement à utiliser les *diagrammes de Feynman* (qui symbolisent des calculs de prévisions d'observations), tombent régulièrement dans ce travers, qui consiste là à penser les diagrammes en question comme des images fidèles d'objets existant en soi. Cela n'est pas dangereux pour la pratique de leur recherche (ils ont à l'arrière-plan de leur esprit les garde-fous appropriés), mais c'est un appauvrissement conceptuel qui peut, à la longue, conduire à une appréciation inadéquate — exagérée ou au contraire sous-estimée — de l'intérêt de tel ou tel objectif de la recherche. La chose peut être assez grave, vu les sommes considérables que cette recherche met en jeu. La résonance à long terme, pour ce qui est de la physique, du théorème de Bell et de ses vérifications, sera, je pense, de ramener progressivement la communauté physicienne à un sens à la fois plus profond et plus exact — enfin, *selon moi* plus exact — de ses authentiques visées.

Encore faut-il bien voir que des domaines aussi fondamentaux que celui-ci ne sont que trop propices aux essais maladroits et, en conséquence, infructueux ; et que les vraies percées y sont encore plus rares que dans les autres domaines de la physique. Je ne prônerai donc pas de conversions précipitées.

Étienne Klein : *Vous êtes connu comme étant l'un des rares physiciens qui puissent se vanter de connaître en profondeur à la fois la physique et la philosophie. Une grande partie de votre œuvre est d'ailleurs consacrée à la mise en relation, parfois même à la confrontation de ces deux sphères. Avez-vous toujours eu une égale appétence pour ces deux disciplines, ou bien est-ce votre métier de physicien théoricien qui a déclenché en vous, à partir d'un certain moment, des interrogations philosophiques ?*

Bernard d'Espagnat : Il n'y a pas eu de moment. Dès l'enfance, je me suis posé, sans véritablement les dissocier, des questions, évidemment naïves et un peu sottes, sur la nature et la beauté. Je préservai ma dignité en n'en soufflant mot à personne, mais je revois encore les paysages qui me les inspiraient. Plus tard, au lycée, grâce surtout à la géométrie, j'ai découvert les joies de l'invention démonstrative et l'éclat de l'argument net. Du coup, j'ai aspiré très ardemment à comprendre ce qui existe plutôt que seulement rêver et fantasmer à son sujet. En simplifiant, c'est là l'origine de ma vocation de physicien. Mais vous voyez bien qu'étant donné le point de départ que je viens d'évoquer (embryon de « vie intérieure » que je me gardai bien de renier), c'est avec un esprit critique déjà quelque peu en alerte que je me devais d'aborder la voie de la physique. Il n'était pas question pour moi de faire *aveuglément* confiance aux chatoyantes promesses de la science pure, comme le firent au même âge beaucoup de mes futurs collègues.

En conséquence, très tôt, dès le lycée, j'ai pris quelque intérêt à la philosophie. L'idée cependant ne m'est jamais venue de changer mon orientation. Si j'avais une conviction — celle-là même que j'ai encore —, c'était bien que ma visée de connaissance comportait un impératif : celui de prendre en compte non pas seulement l'œuvre de Descartes, Newton, Leibniz et quelques autres penseurs célèbres, mais tout le savoir objectif *actuel* concernant le monde. Et j'ajoute que, bien sûr, j'étais tout à fait disposé à jouer pleinement le jeu. Si la physique m'avait révélé l'être, j'aurais adhéré à cette description-là de l'être. J'exigeais seulement (c'est bien le moins !) que la description en question satisfît aux critères de non-ambiguïté et de rigueur que la science s'impose à elle-même. Comme vous le savez, j'ai constaté que cette exigence-là n'était point satisfaite. Du coup, les mises en question de la philosophie ne furent plus simplement pour moi les jeux d'une préciosité ignorante, comme je les avais un moment, je l'avoue, soupçonnées de l'être. Sous cet angle-là, oui, je puis dire que c'est bien mon métier de physicien qui m'a amené — ou ramené — au questionnement philosophique.

***

Bernard d'Espagnat : *La physique qu'on enseigne au lycée, et même parfois à l'université, est à objectivité forte. Le modèle de Bohr y est très souvent présenté comme une image de l'atome tel qu'il est en soi. Dans les premiers cycles universitaires, l'équation de Schrödinger, quand par chance elle est mentionnée, est volontiers dite n'être qu'une correction technique mineure apportée par les spécialistes à ce modèle. Du coup, l'enseignement de la chimie tel qu'il est dispensé devient incompréhensible pour les étudiants. Comment réconcilier l'enseignement avec la physique contemporaine ? Comment le faire, tout en tenant compte du fait que les jeunes auront besoin de la physique classique dans leur métier, et que, sur le plan pédagogique, il leur faut au départ un langage net, fondé sur des notions pour eux accessibles, sans que ce soit au prix de ces « luxations de neurones » que vous évoquiez ?*

Étienne Klein : Lorsqu'on aborde des questions touchant à l'enseignement, il est facile et donc tentant d'inventer, à coup de belles et grandioses idées, un « monde meilleur ». Mais il convient d'emblée de faire preuve de pragmatisme et de lucidité. En ce domaine plus qu'en tout autre, on bute immanquablement sur des difficultés d'ordre pratique, matériel ou humain, qui imposent une borne aux meilleures volontés et obligent toujours à rogner sur ses ambitions initiales. N'attendez donc pas de moi que je prône la révolution.

Si vous m'y autorisez, je limiterai le cadre de ma réponse aux premiers cycles universitaires et aux écoles d'ingénieurs (je participe, modestement mais fidèlement, depuis quelques années, à l'enseignement de la physique dans l'une de ces dernières). En premier lieu, je crois qu'il ne faut pas renoncer à enseigner la physique « à objectivité forte ». Les étudiants ont besoin de bases solides dans les domaines traditionnels de la physique, parce que ces derniers sont riches d'applications industrielles. A ce titre, comme vous le notez, elles leur seront indispensables dans leur métier. Une bonne maîtrise de la physique classique permettant *effectivement* de construire des ponts, de dessiner des moteurs d'avion ou de calculer des lignes à haute tension, il ne faut pas « lésiner » sur l'enseignement de la mécanique, de la thermodynamique, de l'électromagnétisme — bref, de toutes ces disciplines de la physique dont les bases étaient déjà connues à la fin du XIXe siècle. Mais il faut aussi, dans le même temps, alerter les étudiants sur le fait que le domaine de validité, ou, si l'on préfère, le cadre opératoire de ces formalismes n'est pas d'extension infinie ; et qu'on ne peut pas en extraire, aveuglément ou par excès de confiance, une vision du monde à prétention universelle. J'ai remarqué que de nombreux ingénieurs acquièrent, sans doute par « extension spontanée » de la formation qu'ils ont reçue, une conception mécaniciste du monde, celle-là même dont vous avez justement montré qu'elle n'est plus tenable aujourd'hui. Tout l'art doit donc consister à montrer aux futurs ingénieurs que la physique dont ils se servent avec les succès que l'on voit n'est pourtant pas l'ultime, et que sa « vérité » s'arrête à l'atome.

Si, par chance, ces écoles d'ingénieurs dispensent aussi des cours de physique contemporaine (ce n'est pas toujours le cas), par exemple de physique quantique ou de physique des particules, il faut tenter de ne pas se limiter à l'exposé du formalisme. La chose est beaucoup plus facile à dire qu'à faire. Le programme à traiter est souvent très lourd, et la mission prioritaire des enseignants est tout de même de préparer du mieux qu'ils peuvent les élèves à un examen final qui, lui, ne requiert le plus souvent qu'une connaissance habile du formalisme. Bien sûr, on peut certainement recommander aux enseignants de ne pas hésiter à faire des digressions historiques ou philosophiques sur les concepts ou les théories qu'ils présentent, mais il est clair que cet aspect des choses est condamné à rester marginal dans le cadre d'un cours traditionnel de physique.

Vous citez l'exemple de l'atome de Bohr qui, cela est vrai, est souvent présenté comme une image acceptable de l'atome. Je dirai à son propos ce que je dirais de tout autre modèle utilisé en physique : il ne faut en parler que si, à un moment ou un autre, on le soumet à la critique. On se doit d'énoncer ses points faibles (surtout ceux qui condamnent le modèle, s'il en existe !) et ses limites intrinsèques. On pourrait aisément mettre en pratique, à propos de l'atome de Bohr, ce que j'appellerais volontiers une « pédagogie négative » (comme il y a une théologie négative), c'est-à-dire commencer par le présenter tel qu'il est, puis recenser par une critique serrée tous ceux de ses aspects qui ne résistent pas à cette critique. Très vite, on s'aperçoit alors que l'image première est détruite, et que ce qui en reste est très exactement l'atome tel que vu par la physique contemporaine. Après tout, les physiciens du début de ce siècle n'ont rien fait d'autre que cela !

Nous avons dit dans ce livre que la physique quantique correspond à une crise de la représentation. Cela ne veut pas dire qu'il faille bannir toute forme de représentation, bien au contraire. On peut utiliser « à rebours » les vertus pédagogiques indéniables des modèles, images et autres métaphores en les soumettant à un impitoyable travail *iconoclaste*. Il s'agit en quelque sorte de se servir des images pour *illustrer* les limites de l'image. Plutôt que de dire ce qu'est l'atome, montrons par des images *ce qu'il n'est pas* ; dessinons des ondes et utilisons-les pour montrer que la lumière n'est pas de nature purement ondulatoire (*idem*, bien sûr, avec les « petites boules »). Cette manière de faire est séduisante, parce qu'elle apprend à se méfier des idées intuitives, qui justement n'ont plus cours dans le domaine quantique. De plus, elle est efficace, puisqu'elle provoque aussitôt la question : *qu'est-ce donc, si ce n'est pas ça ?* Or, la meilleure pédagogie est sans doute celle qui se montre la plus prompte à faire naître les interrogations de ce genre.

Il faut tenter de donner aux étudiants une formation qui ne soit pas purement technicienne. A nous, enseignants, de faire en sorte qu'ils ressentent que la physique ne vaut pas que par ses applications, qu'elle a d'autres facettes — j'ose dire : une « belle âme » — qui méritent considération. Pour atteindre ce but, je n'ai personnellement rien trouvé de mieux que de leur recommander la lecture de vos livres — et aussi de quelques autres, souci de diversité oblige...

*
* *

Étienne Klein : *Des physiciens comme Stephen Hawking parlent des « plans divins de l'Univers » auxquels la physique moderne donnerait accès. Que veulent-ils dire par là ? Que pensez-vous de ces discours à prétention universelle que tiennent certains physiciens éminents ?*

Bernard d'Espagnat : L'expression « plans divins de l'Univers » peut être prise dans son sens littéral. C'est ce que font tels ou tels physiciens éminents. J'en connais un (appelons-le X, je n'ai pas mission de parler pour lui) qui m'a clairement dit un jour que, tout comme Newton jadis, il voyait dans la physique et l'astrophysique le dévoilement progressif, voulu par Dieu, des desseins divins sur la Création. Le cas de Hawking me paraît toutefois différent. Certes, il parle d'un accès aux « *God's blueprints of the Universe* ». Mais, contrairement au mot français « plan », compris en général comme synonyme du mot « visée », le mot *blueprint*, qui désigne le dessin industriel, ne fait que secondairement référence à l'idée de volition. L'expression *God's blueprints of the Universe*, si elle peut s'entendre au sens de X, me semble n'être en fait, chez Hawking, comme le plus souvent chez les physiciens anglo-saxons actuels, qu'une métaphore commode pour évoquer ce que nous appelons, nous (métaphoriquement aussi), les « rouages ultimes de l'Univers » (en dépouillant le mot « rouage » de sa résonance mécanistique — c'est pourquoi il s'agit d'une métaphore) ; ou encore ce que certains désignent par l'expression « le point de vue de Dieu », sans que cela implique qu'ils croient en Dieu.

Quant à ce que je pense, moi, de ces discours, je soulignerai d'abord que nous avons encore pas mal de liberté en ce domaine, et je me garderai par conséquent d'être tranchant. Cela dit, celle des deux positions dont je me sens personnellement le moins proche est celle de (ou que je viens d'attribuer à) Stephen Hawking. L'expression « *God's blueprints* » dont il se sert montre sans ambiguïté que Hawking ne pense pas ici aux apparences, mais bien à ce que vous comme moi avons, dans les chapitres qui précèdent, appelé réalité « indépendante » ou « en soi » ; et comme le mot « Univers », dans le contexte de son livre, réfère à l'évidence aux phénomènes observés, il me paraît hors de conteste que cet auteur ne distingue pas entre réalité-en-soi et réalité empirique, et pense donc, comme les réalistes traditionnels, que le réel-en-soi est dévoilable, aussi bien dans ses structures que dans le détail des objets. Vu toutes les données de la physique dont nous avons fait plus ou moins le tour dans le présent livre, cette opinion, que Hawking appuie principalement sur l'*astro*physique, me semble contestable. Elle me paraît refléter un orgueil humain que les données dont je viens de parler privent tout à fait de bases fiables : du moins quand on est exigeant en matière de cohérence.

Étant donné les similarités qui, malgré tout, existent entre la conception de Hawking et celle rappelée en premier (celle de « X »), je fais évidemment à l'égard de celle-ci des réserves du même type que celles qui précèdent. Elles sont cependant beaucoup moins prononcées, et cela pour essentiellement deux raisons. La première est que la composante « orgueil humain » m'y paraît être moins accentuée. En effet, je ne pense pas que ni X lui-même ni aucun physicien « croyant » ait jamais pensé, pas plus que Newton autrefois, mettre Dieu même en équations. Ce qui fait que, de leur point de vue, un élément ultime de ce qui « suprêmement est » nous demeure malgré tout voilé, au moins ici-bas. La seconde raison est que rien n'incite à croire que X et les physiciens qui pensent comme lui confondent réalité-en-soi et réalité empirique. Un dévoilement partiel, par la science, de certaines structures rationnelles du réel-en-soi ne me paraît pas à exclure, et si c'est seulement cette idée-là que X a en tête, je n'ai pas vraiment d'objection. Autrement dit, entre les vues de X et les miennes propres, il y aurait, je pense, des possibilités de convergence. Mais « convergence », bien sûr, ne veut pas dire « identité ». Comme on sait, mes conjectures personnelles concernant la notion de Dieu sont, sur la question « peut-on vraiment parler de *volonté divine* ? », nettement différentes de celle de X rapportées plus haut (voir *Penser la science, Un atome de sagesse* et *Une incertaine réalité*).

Sur ce sujet, notez enfin qu'entre penser, comme X, en termes de dévoilement par l'homme de plans divins, et prétendre, comme certains, que l'examen du monde par la science *prouve* ou *indique* un Créateur, il y a une marge importante. X part de sa foi en un Dieu unique transcendant, et, *cela posé*, il lui paraît plausible que son travail de physicien opère un dévoilement des plans de Dieu. Sur le plan de la rigueur scientifique, cela prête moins à contestation que de partir des données de la science pour prouver ou suggérer un Créateur : car les indications allant dans ce sens, s'il est bien vrai, me semble-t-il, qu'elles existent (peut-être surtout du côté des inventions apparemment gratuites, voire « enjouées », de la biosphère), sont malgré tout ténues et surtout très, très ambiguës.

Permettez-moi de terminer sur une note plus personnelle. Comme je l'ai dit ailleurs, plutôt qu'à la notion de « plan », je choisis quant à moi d'associer l'idée de Dieu à celle de la *réalité indépendante* dont j'ai parlé : voilée car non purement rationnelle, non immergée dans l'espace-temps, et, pour l'homme, partiellement accessible aussi par le canal de l'affectivité. J'aime pouvoir penser sans que ce soit absurde que dans la mentalité prégaliléenne, celle qui faisait de Dieu au moins autant une cause finale (ce vers quoi l'on tend et tout tend) qu'une cause efficiente, celle que dans la peinture les primitifs italiens reflètent si bien, il y avait quelque chose non pas seulement de charmant mais aussi de vrai.

Reste, bien sûr, que la (si porteuse !) assimilation de cette réalité indépendante à une *personne* est intellectuellement fort téméraire. On peut hésiter à la faire. Ses tenants, cependant, disposent d'un argument sensé car la réalité indépendante, puisqu'elle subsume tout, paraît devoir être plus subtile que tout. Or, de tous les êtres qu'il nous est donné de connaître, les humains, les *personnes* sont de beaucoup les plus subtils...

***Étienne Klein** : Certains auteurs prétendent que les études qui sont actuellement menées sur le chaos classique pourraient résoudre les problèmes d'interprétation de la mécanique quantique. Qu'en pensez-vous ?*

Bernard d'Espagnat : Que cela est hors de question ! Non, certes, que je conteste l'importance des études entreprises sur le chaos et des résultats obtenus par elles. Ceux-ci sont tout à fait considérables. Mais il s'agit de deux domaines différents. Les études du chaos peuvent être conduites sur la base de la mécanique classique pour la pure et simple raison que dès que l'on a affaire à des systèmes un peu plus gros que les atomes, la physique classique, pour étudier leur comportement, constitue une bonne approximation ; et cette émergence des apparences classiques du monde commence maintenant à être bien comprise par la physique quantique elle-même (voir chapitre 6). Mais il est impossible de renverser les rôles. Seules peuvent s'imaginer le contraire les personnes qui ignorent les spécificités de la mécanique quantique, ne retiennent d'elle que ses aspects qualitatifs, avec son indéterminisme en première ligne, et conjecturent — à tort — que celui-ci peut être identifié à l'indéterminisme *de fait* caractérisant certains systèmes classiques instables. Mais il n'existe aucune théorie quantitative sérieuse pour étayer ces conjectures, et mille données diverses sont incompatibles avec elles. A première vue, les tentatives d'interprétation stochastique de la mécanique quantique pourraient faire illusion à cet égard, mais leurs interprétations réalistes, en termes d'agitation d'objets localisés, sont inexorablement condamnées par le théorème de Bell (lui encore et lui toujours !).

*
* *

> **Bernard d'Espagnat :** *On pourrait croire que la connaissance de la solution aux questions d'ordre épistémologique est une condition* sine qua non *du développement de la science. C'est pourtant le contraire qui a eu lieu. L'histoire de la physique au* XX*e* *siècle montre que celle-ci s'est en grande partie développée à partir de l'accord général qui s'est établi quant aux bonnes règles de prédiction à appliquer, malgré des divergences persistantes relatives à leur interprétation. Mais, aujourd'hui, la continuation dans cette voie commence à présenter des caractères inquiétants. En d'autres termes, on pourrait poser, très schématiquement, la question suivante : Qu'est-ce qui est le plus important aujourd'hui pour faire progresser la physique : avancer dans la voie de la grande unification des interactions fondamentales, qui pousse à construire des accélérateurs toujours plus puissants, ou bien « s'attarder » à résoudre les questions d'ordre épistémologique que pose la physique contemporaine ? Ou bien y a-t-il d'autres possibilités encore ? Qu'en pensez-vous ?*

Étienne Klein : Les deux démarches sont nécessaires, parce qu'elles sont complémentaires. J'ai l'impression que l'activité de la physique est un processus intrinsèquement dynamique. Elle n'avance que si on l'active, un peu comme la bicyclette qui s'écroule si on cesse de pédaler. Il est vital pour la communauté des physiciens que des projets ambitieux la maintiennent « sous tension » et dessinent pour elle un horizon en direction duquel elle peut se tendre. Si l'on examine comment les choses se sont passées durant les dernières décennies, on se rend compte que ce sont les grands accélérateurs qui fixent le *tempo* de la recherche en physique des hautes énergies. Ils ponctuent le rythme des découvertes ; c'est pour eux et autour d'eux que s'organisent les grandes collaborations internationales rassemblant chacune plusieurs centaines de physiciens. Jusqu'à quand cette course aux hautes énergies se poursuivra-t-elle ? Je l'ignore. Certes, l'énergie et les performances de ces machines augmentent régulièrement, mais leur coût aussi. Les contraintes budgétaires viennent tempérer la « loi du faire ». Les grands projets sont très âprement discutés. Ils deviennent non seulement des défis scientifiques et techniques, mais aussi des enjeux politiques et stratégiques.

Mais, parallèlement à cette physique « lourde », comme on l'appelle, il faut maintenir une réflexion audacieuse sur les fondements conceptuels de la physique, analogue à celle que vous-même menez depuis plusieurs années. Il ne faudrait pas oublier de « penser la science », comme le propose le titre de votre dernier livre, sous prétexte que, par ailleurs, on se donne beaucoup de mal pour la faire avancer. Personne n'attend de la prochaine machine, par exemple du projet LHC du CERN, s'il se réalise, qu'elle réponde aux questions que nous avons évoquées dans ce livre. Un collisionneur, si performant soit-il, ne jouera jamais le rôle de bréviaire philosophique, et la physique ne saurait, sans perdre son âme, se réduire à la seule quête de plus hautes énergies. Rappelons que l'expérience d'Aspect, qui a été d'une importance cruciale pour le sujet qui nous occupe dans ce livre, s'est développée en marge de cet axe privilégié de recherche. « La nature ouvre sa richesse non par force, mais par finesse », dit avec raison le Babar du poème hilarant que Shimony écrivit (en français, s'il vous plaît !) à propos des variables cachées, avant que l'expérience ait tranché à leur sujet. D'ailleurs, nous ne résistons pas au plaisir de reproduire intégralement en note[1] ce petit chef-d'œuvre de la littérature scientifique, d'autant plus que vous avez vous-même aidé à sa publication.

Mais revenons à notre sujet. Ce qu'il faut éviter, me semble-t-il, c'est que la seule pensée technicienne envahisse comme un gaz toute la pensée scientifique. La physique des hautes énergies exige, comme son nom l'indique, que ceux qui la pratiquent y consacrent beaucoup... d'énergie ! Il ne faudrait pas que l'ampleur — certains disent la « démesure » — des projets condamne en ce domaine à une sorte d'activisme fébrile, peu fécond sur le plan intellectuel, et réduise à la portion congrue la dimension contemplative et réflexive du métier de physicien. Mais ces vœux ne sont pas faciles à réaliser. Comme le remarquait déjà Simone Weil : « On n'acquiert ni avancement, ni réputation, ni Prix Nobel en *s'arrêtant.* »

---

1. Babar et les Variables cachées[1]

Tout le monde cherche les variables cachées –
Hélas, avec quel insuccès !
Elles sont timides, elles sont petites,
De courte durée, toujours en fuite.
Elles sont partout en déguisement,
Empruntant bien des vêtements
Aux particules élémentaires.
Pour décider ce qu'on doit faire,
Une assemblée de quarante mille
Savants se tient à Célesteville.
« Haute énergie ! » Rataxès crie,
« Pour pénétrer le dernier nid
De créatures si décevantes ».
« Hourrah ! les rhinocéros chantent,
Agrandissons les cyclotrons ! »
Babar pourtant conseille : « Non,
La nature ouvre sa richesse
Non par force, mais par finesse.
On verra les variables cachées
Aux rayonnements polarisés. »
« Il a raison », dit Gregory,
Et la vieille dame fièrement sourit.
Toute l'assemblée acclame son plan
Et autorise avec élan
Un projet international,
Créant le Centre mondial
Des appareils ingénieux.
Les techniciens méticuleux
Olur et Hatchibombotar,
Sous la conduite de Babar,
Commencent la grande expérience.
Pour en connaître les conséquences –
Variables cachées, oui ou non –
Lisez la prochaine livraison.

Abner SHIMONY.

1. In *Foundations of Quantum Mechanics*, Proceedings of the International School of Physics « Enrico Fermi », Course 49. Edited by B. d'Espagnat, Academic Press, New York, 1971.

Commentaire de Bernard d'Espagnat : L'homme est un animal doué d'intelligence et qui a un besoin d'idées nouvelles en quelque sorte viscéral. Il faut éviter une évolution qui supprimerait toute éclosion d'idées nouvelles autres qu'instinctives et émotionnelles. Autrement dit, pour contrebalancer les explosions du rock, du rap, du pop-art, etc., et le paradoxal conformisme qu'elles créent, il est indispensable que demeure actif et vivace un pôle de haute et difficile rationalité non platement utilitariste. Voilà, à mes yeux, l'exigence de base. Mais, d'autre part, l'homme n'est pas non plus un pur esprit. Quelque ambiguë que soit la notion de réel (comme on l'a vu), il est nécessaire, par conséquent, que cette rationalité ne soit pas confinée aux mathématiques pures : qu'elle garde le contact avec le réel. Par là, j'entends beaucoup de choses, mais, parmi elles, cette qualité extraordinaire qu'a eue la « grande physique », jusqu'à maintenant, d'être à la fois pure (visant la connaissance pour elle-même) et en même temps riche en applications inattendues. Je ne voudrais pas que mon intérêt pour les questions conceptuelles de base, que je souhaite voir partagé par les jeunes physiciens mes collègues, agisse en tant qu'incitation à les faire se détourner en masse des voies royales de la physique : j'entends de celles dans lesquelles les chances ne sont pas nulles de voir se perpétuer l'équilibre heureux que je viens juste de rappeler.

***

Étienne Klein : *Il semble que la question du sens préoccupe beaucoup nos contemporains. Considérez-vous que la physique moderne donne des arguments pour contester l'insignifiance de l'homme dans l'Univers ?*

Bernard d'Espagnat : A mes yeux, ceux qu'elle fournit vont plus loin encore et, sur le plan philosophique, sont plus profonds que ceux que les astrophysiciens fondent sur le fameux « principe anthropique ». En tout cas, ils sont différents, et, avouons-le, pas très aisément compatibles. Certes, comme tout le monde à présent, je reconnais que, compte tenu des lois de la physique, l'homme ne pouvait apparaître que dans un univers suffisamment vieux et grand, tel qu'est le nôtre, et que même alors, son apparition n'aurait pu avoir lieu si les valeurs, semble-t-il contingentes, de telles ou telles constantes physiques avaient été très légèrement différentes de ce qu'elles sont. Ceci déjà est prodigieux et doit, je pense, nous inspirer le sentiment de respect et de révérence dont nous ne savons véritablement à quoi il s'adresse, mais que nous éprouvons quand même lorsque nous entrons par exemple dans un temple grec. Mais, justement pour cette raison, je crains pour ma part qu'aller, dans la tentative d'analyse, au-delà de ces faits et de ce sentiment ne nous expose à quelques risques de simplification facile. Et, à l'égard du « principe anthropique fort », j'éprouve pour cette raison un petit peu de réticence.

Ce que la physique quantique nous suggère est, selon moi, bien différent. Si l'apologue de l'arc-en-ciel, présenté ici au chapitre 7 de la deuxième partie, contient une part de vérité, cela signifie en effet que l'objet quel qu'il soit, quark, quasar ou caillou, n'est pas véritablement un « en soi » : qu'il est le réel « tel que vu par la conscience » (humaine seulement ? animale aussi ? ne me demandez pas de résoudre toutes les questions... J'ai déjà avancé, dans ce chapitre 7, une « explication » de l'accord *intersubjectif* : je ne me risquerai pas à définir, de surcroît, la liste exhaustive des *sujets*). Mais si les objets sont cela, la chose signifie que notre culture occidentale s'est trompée en en faisant implicitement des sortes d'absolus. Et, dans ces conditions, la question de la place de l'homme dans ce « monde d'objets » qu'est l'Univers se pose évidemment d'une façon différente de celle sous l'angle duquel nous — savants aussi bien qu'hommes de la rue — avons pris le pli de l'envisager. Dans cette perspective plus élaborée, il est bien clair que la place en question est tout le contraire d'insignifiante !

***

Bernard d'Espagnat : *Comment se fait-il donc que, hormis les chercheurs et les ingénieurs, les gens, même cultivés, soient d'une ignorance aussi crasse en ce qui concerne les sciences, y compris leurs bases les plus élémentaires ?*

Étienne Klein : Je ne suis pas assez âgé pour me rendre compte si les choses, de ce point de vue, sont allées en s'aggravant ou non. J'observe qu'effectivement l'« illettrisme scientifique » de beaucoup de personnes cultivées ne porte pas ombrage à leur réputation de gens de culture. On se moquerait férocement de tout individu socialement intégré qui ne connaîtrait de nom ni Molière, ni Mozart, ni Modigliani (s'il en existe ?), tandis qu'il demeure de très bon ton, dans certains cercles mondains, de pouvoir avouer « qu'on a toujours été très nul en maths » — le comble de cette forme de snobisme étant de cultiver, avec une léthargique ferveur, son ignorance scientifique dans l'espoir qu'elle devienne symbole revendicatif de... culture ! S'il fallait caricaturer la situation, je dirais qu'on en arrive à l'idée, qui eût désespéré Blaise Pascal, et qui vous désespère aussi sans doute, que l'esprit de finesse est le refus ou le déni, voire l'*éviction* de l'esprit de géométrie. Mais je veux croire que cet état d'esprit demeure très marginal.

Si vous le voulez bien, j'analyserai surtout le cas de la physique. Non que je considère que la science se réduise à cette seule discipline, mais parce qu'elle est le sujet de notre livre. Faut-il jeter la pierre à ceux qui ignorent tout de la physique ? Je m'en garderai bien, car ils sont sans doute davantage victimes que coupables. J'accorde de très larges circonstances atténuantes à ceux qui négligent de s'intéresser à la physique, dès lors qu'elle ne les touche pas directement, et ce pour au moins deux raisons. D'abord, il y a eu ce que Michel Cazenave appelle la « *paresse négligente* » de trop de penseurs, qui auraient dû être plus nombreux à venir décrypter les messages les plus profonds des sciences physiques, puis à les diffuser, quitte à laisser pour un temps les querelles scolastiques dont ils font leurs délices. Songez qu'un philosophe comme Sartre — qui a fortement marqué ma génération, puisqu'il était, à la fin des années soixante-dix, l'« incontournable » du programme des classes de philosophie, trônant en tête du hit-parade des sujets de baccalauréat — ne s'est pratiquement pas soucié de science, ni même d'épistémologie. Il ne s'est jamais intéressé, que je sache, à l'univers physique en tant que tel, comme si les bouleversements qui ont changé notre point de vue sur la nature du réel, et dont il a été l'exact *contemporain*, pouvaient rester sans écho dans la discipline qui l'a tant mobilisé. Ensuite, symétriquement, il y a eu une « *négligence paresseuse* » de la part de beaucoup de physiciens qui se sont consacrés presque exclusivement à l'aspect opératoire de la physique, sans trop s'interroger sur le problème des origines de cette dernière et des conséquences qu'elle entraîne. De ce fait, leur discipline a pu donner l'impression qu'elle souffrait d'un « défaut d'intellectualisation » (défaut pris au sens de « manque »), qui lui-même a apporté de l'eau au moulin de ceux qui, confondant science et technologie, refusent d'accorder au savoir scientifique une place d'honneur dans la culture. Par ailleurs, les physiciens n'ont peut-être pas su expliquer assez tôt au public non scientifique le contenu, les enjeux et la beauté de la science. Il est vrai que leur tâche en ce domaine n'est pas facile. D'abord, la physique moderne, nous l'avons dit, n'est pas transcriptible *in extenso* en langage courant, et les concepts familiers n'y ont plus cours : ce sont certainement deux entraves à toute tentative de vulgarisation. Ensuite, jusqu'à très récemment, les médias audiovisuels ne s'étaient guère montrés coopératifs. Sans doute y a-t-il d'autres obstacles. Toujours est-il qu'on comprend que même les gens cultivés peuvent avoir le sentiment qu'ils ont été « tenus à l'écart ». Sans compter qu'en matière de science, il faut aux autodidactes un grand courage et beaucoup de persévérance.

C'est sans doute — pour parler comme Kant — ce « sommeil dogmatique » doublement répandu, celui des philosophes et celui des physiciens, qui a abouti à la situation de rupture que nous constatons. Le fossé entre ce qu'il faut bien appeler deux « formes » de culture est maintenant si large qu'il devient difficile à franchir, dans un sens comme dans l'autre. L'enseignement de la physique à l'université ne consacre que peu de temps — voire pas de temps du tout — aux questions épistémologiques. Si vous m'autorisez une confidence, je vous dirai que je n'ai découvert l'existence et l'ampleur du débat quantique que tardivement, par hasard et grâce à vous. Lors d'un séjour à l'hôpital, j'ai reçu en cadeau votre livre *A la recherche du réel.* Je l'ai aussitôt lu dans une espèce de fièvre (au propre comme au figuré...). A cette époque, j'étais élève dans une grande école d'ingénieurs et, à ce titre, je suivais des cours de physique. Mais jamais on ne m'y avait parlé de la controverse Bohr/Einstein, ni même de toute autre question non strictement contenue dans le formalisme ! Votre livre me révéla que la physique, quand elle est prise dans son entier, est un vrai levain de culture. Depuis lors, dans cette même école d'ingénieurs, les choses ont changé — je le dis avec plaisir —, grâce à l'enthousiasme d'un professeur : une séance plénière du cours de physique quantique, intitulée « amphi-philo », est exclusivement consacrée aux problèmes conceptuels — pour le plus grand bonheur, je crois, des élèves.

C'est pourquoi, malgré ce peu honorable « état des lieux » que vous notez, je demeure optimiste. Je perçois un « frémissement », comme disent les ministres de l'Économie lorsqu'ils croient voir poindre la fameuse « reprise » : de plus en plus de gens, me semble-t-il, s'intéressent à la science et se disent prêts à lui consacrer les efforts nécessaires, justement parce qu'ils se rendent compte qu'elle n'est pas « culturellement neutre » ; votre travail de pionnier est peut-être en train de porter ses fruits ; les scientifiques sont de plus en plus sollicités (parfois à tort et à travers, il est vrai, mais, après tout, c'est à eux qu'il revient de bien utiliser ce « devoir d'expression » qui leur est imposé) ; des livres sortent nombreux, qui souvent sont lus.

J'ai l'impression — mais il se peut que je prenne mes désirs pour des réalités — que la physique devient petit à petit un thème d'actualité. Bien sûr, cela ne suffira pas à faire disparaître le « déficit » en connaissances scientifiques dont vous parlez, mais c'est un pas important. Pour tout vous dire, je crois que la physique ne deviendra objet — ou plutôt « sujet » — de culture que si elle témoigne de sa capacité à nourrir l'*imaginaire*. Il n'est pas nécessaire, pour cela, qu'elle s'enrobe d'ésotérisme chatoyant ou s'attelle à des histoires paranormales, puisque, dans son expression la plus orthodoxe, elle est déjà le lieu de toutes les surprises et l'occasion des plus grands étonnements. C'est le message, plus exactement *l'enseignement* qu'il convient maintenant de dispenser. J'ose espérer que l'avenir appartiendra davantage aux pédagogues avisés qu'aux gourous de toutes sortes, à l'effort joyeux plus qu'aux paresses excitantes.

Bernard d'Espagnat : *Est-ce à cause de cette ignorance que les philosophes « purs » contemporains qui, épisodiquement, s'aventurent dans la critique de l'apport vrai des sciences (ce qui est, après tout, une des attributions de la philosophie), procèdent en général par voie de condamnations sommaires et généralisées et, régulièrement, jettent le bébé avec l'eau du bain ?*

Étienne Klein : Sans doute, encore que ce type de rejet catégorique ne me semble plus être la règle (je ne reviendrai pas sur le « frémissement » dont je parlais plus haut). La science s'étant séparée de la culture et la culture ayant dédaigné la science, il se peut qu'une rivalité se soit installée entre elles, qui invite (ou incite) aux critiques réciproques. Dans certains cas extrêmes, elle peut favoriser les caricatures de l'une par l'autre : les scientifiques ne sont que des « bricoleurs sans scrupules », diraient les uns ; la philosophie n'est qu'un « tintamarre cérébral », rétorqueraient les autres.

Mais, après tout, si la science a eu ses scientistes, la philosophie a bien droit à quelques *ultras*.

Il ne me paraît ni choquant ni condamnable que la science soit ainsi attaquée dès lors qu'on lui laisse la possibilité de se défendre. Je préfère la critique à l'indifférence, d'autant que, comme vous l'avez rappelé, il entre dans la vraie mission de la philosophie de s'aventurer en science.

Lorsque vous parlez de ces philosophes contemporains qui, s'intéressant aux sciences, « jettent le bébé avec l'eau du bain », j'imagine que vous avez en tête l'exemple de Paul Feyerabend qui, dans son livre *Contre la méthode* (Le Seuil, 1979), s'est livré à une critique radicale et virulente de la nature de la science, arguant que, pour cette dernière, « tout est bon ». Afin d'éviter tout malentendu, il faut préciser qu'il ne veut pas dire, par cette formule à l'emporte-pièce, que, pour la science, toutes les théories se valent, mais simplement que toutes les méthodes sont bonnes pour arriver au résultat. La science n'aurait pas de vraie méthodologie : les jugements esthétiques, les jugements de goût, les préjugés métaphysiques, bref tous les désirs subjectifs imprégneraient tant la démarche scientifique qu'on ne pourrait plus dire que celle-ci se réfère à une quelconque rationalité. Partant de ce constat, Feyerabend déduit qu'il devient absurde de prétendre que la science est organisée selon des règles fixes et universelles. Elle ne posséderait, selon lui, aucune caractéristique intrinsèque qui la rendrait supérieure aux mythes antiques ou au vaudou (par exemple). En définitive, chacun de nous serait libre de choisir entre la physique théorique, la magie, l'astrologie ou n'importe quelle autre forme de savoir.

Je ne partage pas, vous vous en doutez bien, la plupart de ces conceptions quelque peu provocatrices (donc stimulantes), même si je reconnais qu'il est difficile d'élaborer une description des méthodes et des normes de la science qui soit universelle et anhistorique. Une telle description est-elle d'ailleurs nécessaire ? Gaston Bachelard expliquait justement que « *c'est en changeant de méthode que la science devient de plus en plus méthodique* ».

De même, je reconnais qu'il arrive parfois que la rigueur des scientifiques soit une rigueur opportuniste, adaptée à la situation complexe qu'ils traitent. Mais, pour faire court, j'opposerai à certains excès de la thèse de Feyerabend le simple fait que la science, à la différence par exemple des mythes antiques, est capable, grâce à la systémisation de l'esprit critique qu'elle organise et à sa modestie devant les faits, de s'améliorer. Feyerabend semble oublier le caractère opérationnel de la science. Ensuite, je ne vois pas comment on peut suivre Feyerabend lorsqu'il prétend, par exemple, que le choix entre la mécanique classique et la théorie de la relativité serait un choix subjectif. En effet, et en dépit de la beauté que lui trouvait Einstein, on n'imagine pas que la relativité se serait imposée si les mesures ne l'avaient pas confirmée contre la mécanique classique. Ce sont d'ailleurs les succès expérimentaux de la théorie qui ont fini par briser les oppositions intellectuelles de toute sorte (en particulier subjectives) que son formalisme avait suscitées.

L'ignorance dont vous parlez pourrait certainement servir de canal « large bande » à la propagation de tous les discours proches de celui de Feyerabend. Mais je dois confesser, en ce domaine, ma propre ignorance. Je n'ai pas une idée claire de l'écho que de telles thèses rencontrent en réalité : j'imagine volontiers que ceux qui ne s'intéressent pas à la science, ou qui la méconnaissent, ne sont pas nécessairement les plus prompts à dénigrer la valeur de ses apports. Mais je conçois bien que, par le biais d'un relativisme rénové, de telles thèses pourraient — indirectement — pactiser avec un irrationalisme diffus de fort mauvais aloi.

***

Étienne Klein : *Les auteurs de plus en plus nombreux qui évoquent (ou invoquent) la non-séparabilité quantique l'associent souvent à une « influence » à distance.*

Cette expression est-elle légitime et quel statut convient-il de lui donner ?

Bernard d'Espagnat : Bien que le mot « influence » soit plus vague que celui de « cause », les deux concepts sont évidemment sinon identiques, du moins voisins. Or, chacun sait combien le second a, depuis Hume et Kant, fait l'objet d'études élaborées, menées à un très haut niveau de « technicité philosophique », si j'ose ainsi m'exprimer. Elles ont toutes montré combien, sous des apparences d'évidence première, la notion, en fait, est délicate à cerner, voire à définir. Dans ce livre, nous avons décidé une fois pour toutes d'éviter toute technicité. Je glisserai donc sur tout ceci ; tout en étant le premier à admettre que, du coup, ce que je vais dire sera forcément incomplet. Les spécialistes de la causalité resteront un peu sur leur faim et devront compléter d'eux-mêmes les quelques notes que voici.

Incomplet pour incomplet, vous m'autoriserez, je pense, à développer surtout les aspects de la question qui mettent d'emblée la physique en jeu. En premier lieu, je pense donc devoir montrer que l'« analogie du phare » est boiteuse. Vous savez en quoi elle consiste. Imaginons un mur circulaire centré sur un phare immensément puissant et supposons le diamètre du cercle extrêmement grand. Rien même ne l'empêche (en principe !) de l'être assez pour que la petite zone lumineuse — le « spot » — créée sur ce mur par le phare dans sa rotation ne se déplace sur le mur à une vitesse supérieure à celle de la lumière. Pourtant, aucun de nous ne prétendra que la relativité — qui dit que la vitesse de la lumière est une vitesse limite pour la propagation des influences — serait par là mise en difficulté (nous voyons bien que ce qui va ici plus vite que la lumière n'est pas du tout une influence). Or, certains tirent argument du fait que ni les paires de particules étudiées par Bell et Aspect, ni le « spot » du présent schéma ne permettent l'envoi de signaux plus rapides que la lumière pour mettre les deux « expériences » en parallèle. Et leur thèse est que, vu ce parallèle, l'usage du mot « influence » est abusif dans ce cas-là comme il l'est dans ce cas-ci.

Mais cet argument n'est pas juste, car le parallèle n'est que partiel. Dans le cas du spot, la corrélation observée entre les éclairages de deux point éloignés, A et B, situés sur le mur, est due à un système de causes communes (les paramètres déterminant l'orientation de la lanterne). Ces causes communes — qui diffèrent d'un événement à l'autre, puisqu'elles changent continûment — provoquent, à tel ou tel instant donné, les éclairages momentanés de l'un ou l'autre de ces points (ou d'autres). Notons que la transmission de cet effet (du phare au spot) se produit, cela est clair, à la vitesse de la lumière, et non pas plus vite. Et voici maintenant le point essentiel. Pour quelqu'un *connaissant parfaitement à chaque instant l'état de ces causes communes*, la probabilité que le point A soit éclairé à un instant donné ne dépend *que* de ces causes-là et *est, par suite, indépendante de ce qui se passe au point B*. Or, c'est justement une indépendance définie de cette manière-là que le théorème de Bell montre être violée dans le cas des paires Bell-Aspect (voir, par exemple, *A la recherche du réel*).

Mais, cet argument une fois écarté, a-t-on pour autant véritablement le droit d'affirmer que dans le cas, disons, de l'expérience d'Aspect (le cas des paires de particules, voir chapitre 4), une véritable influence à distance est exercée par un événement se produisant dans l'un des détecteurs sur l'événement analogue qui se produit dans l'autre ? La seule réponse correcte me paraît être que c'est là un problème non pas de physique, mais de convention linguistique. La violation dont il vient juste d'être question (la non-séparabilité, autrement dit) est quelque chose de nouveau en physique et aussi dans l'ordre des concepts. Par certains traits elle rappelle beaucoup les influences matérielles de tel événement sur tel autre qui nous sont familières depuis toujours. Par d'autres traits elle en diffère. Si vous insistez sur les ressemblances, vous considérerez que les « influences » dont nous parlons existent bien, et même qu'elles peuvent aller plus vite que la lumière. Si vous insistez sur les différences, votre position sera inverse (mais, pour autant, dans une interprétation réaliste, vous ne pourrez pas faire retour à la causalité locale chère à Einstein). Si, enfin, vous considérez avec moi que le Réel est antérieur à l'espace aussi bien qu'au temps, donc que la notion de distance n'y a pas cours, vous ne pourrez évidemment pas parler d'influence *à distance* s'effectuant au sein de ce Réel. Le mot « influence » pourra alors quand même être conservé, mais ce sera à l'intérieur d'un discours volontairement simplifié et tacitement allégorique permettant de faire rapidement saisir au profane en quoi les données ici discutées présentent des caractères à la fois très nouveaux et essentiels.

> ***Étienne Klein** : Vous postulez l'existence d'une réalité « indépendante » : le faire, n'est-ce pas se mettre d'emblée dans le camp du dualisme et rejeter* a priori *toute forme de monisme ?*

Bernard d'Espagnat : Écoutez, dans certaines courses cyclistes, l'arrivée a lieu au même endroit que le départ. Mais dans l'argumentation rationnelle, c'est différent : les prémisses y sont dissociables des conclusions. Certaines personnes, qui ont parcouru mes textes un peu vite, m'ont hâtivement attribué des idées lues par elles ailleurs. Elles ont cru que mon *point de départ* était je ne sais quel postulat d'une réalité *conçue a priori par moi comme transcendante* (c'est-à-dire dépassant nos possibilités d'action et de connaissance rationnelle : inaccessible ou voilée). Elles se sont tout à fait trompées. Comme je l'ai précisé souvent (ici aux chapitres 7 et 8, et aussi dans l'Appendice 2), mon point de départ n'est pas celui-là. Il consiste en l'affirmation (évidence ou postulat ? Appelez-la comme vous voudrez) que la notion d'existence est logiquement antérieure à celle de connaissance, car il faut être pour connaître. Il s'ensuit d'évidence que la notion d'un existant a un sens en soi, non subordonné à une référence à la possibilité de la connaissance de tels ou tels de ses parties ou aspects. Mais notez bien (pour la réponse à la question posée, c'est essentiel) que mon point de départ s'arrête là. A part cette existence même (si vous voyez en cela un postulat), je ne postule *rien* concernant cet existant : ni qu'il est transcendant, ni qu'il ne l'est pas ; ni qu'il est « spirituel », ni qu'il est « matériel » (ni bien sûr qu'il est « mixte » !), etc., etc. En particulier, il n'est donc aucunement question pour moi de rejeter *a priori* toute forme de monisme. Par exemple, un « paradigme » des thèses monistes est celle du matérialisme atomistique selon laquelle tout ce qui existe 1°) est connaissable, au moins en droit et 2°) se réduit en définitive à des assemblages structurés de petits grains. Or cette thèse est *pleinement compatible* avec mon point de départ.

Mais, direz-vous, vous niez sa validité ! Oui, certes, mais c'est *à l'arrivée*, c'est-à-dire *a posteriori*, compte tenu de ce que la physique nous apprend (voir ici mon chapitre 1). Et, de fait (chose qui peut surprendre), la teneur précise de ces connaissances scientifiques que nous possédons aujourd'hui me pousse même à aller, comme vous le savez, plus loin. Je dis que, de plus en plus, il apparaît comme hautement vraisemblable (ici, je ne dis pas « certain », car je n'ai pas de théorème qui me permettrait de le faire) qu'en définitive cet existant dont je parle n'est pleinement connaissable ni par la science ni, plus généralement, par la raison. Mais, de nouveau, ne mélangeons pas le lieu de départ et celui d'arrivée, les prémisses (postulats ou évidences) et les conclusions. Ce que je viens de dire se situe au point d'*arrivée*. Ce n'est pas un *a priori*.

Ce point d'arrivée implique-t-il un dualisme ? Pas vraiment ni nécessairement. Cela dépend de ce qu'on entend par ce mot, et du point de savoir si l'on fait ou ne fait pas certaines hypothèses complémentaires. En tout cas, il est clair, d'après ce qui précède, que le dualisme, lui non plus, n'est pas chez moi un postulat *a priori*.

D'où provient alors la méprise (si fréquente qu'elle m'inquiète vraiment) ? Certainement du fait que j'emploie des mots — réalité indépendante, être, etc. — qui *font penser* (à tort, je le répète) à une prise de position *a priori* en faveur de la transcendance. Mais quoi ? Pour s'exprimer, il faut des mots et, hélas, je n'en vois pas d'autres. Tous les autres — « Dieu », « la matière », « les choses », « les événements » — impliquent, eux, clairement (et non par extrapolation), soit dans un sens, soit dans un autre, une de ces prises de position *a priori* que, justement, c'est mon grand souci d'éviter... Instruit par cette difficulté à me faire entendre (dont les symptômes se manifestent à moi de temps à autre), je prends désormais la précaution, chaque fois que j'utilise les mots « réalité indépendante », de bien souligner qu'ils ne se réfèrent pas à une réalité pensée *a priori* comme transcendante et donc indépendante de notre action, mais bien à une réalité dont, au départ, il est posé que son existence et ses attributs généraux sont indépendants de notre existence à nous, hommes. J'espère qu'à force, ce message tout simple sera reçu !

Remerciements

Ma reconnaissance va d'abord et surtout à Bernard d'Espagnat. C'est un privilège, un honneur et un plaisir de collaborer avec lui.

Je tiens à remercier Jean Staune, qui a eu l'idée de ce livre, ainsi qu'Annie Faure, Jean-Michel Besnier, Gabriel Chardin et Philippe Leconte, qui ont lu avec soin des versions très préliminaires de mon manuscrit, à un stade où cela demandait à la fois du courage et une conception élevée de l'amitié. Leurs critiques ont été très utiles.

Enfin, j'exprime ma reconnaissance à mes étudiants de l'École Centrale : tantôt ce sont leurs remarques malicieuses et leurs stimulantes questions qui me poussent à regarder de plus près les arcanes quantiques ; tantôt c'est leur indolence courtoise qui m'apparaît comme une invitation à revoir ma présentation du sujet. Même s'ils ne le savent pas, la première partie de ce livre leur doit beaucoup.

Etienne Klein,
Genève, novembre 1992.

Table

Deuxième partie par Bernard d'Espagnat

Troisième partie

Composition réalisée
par C.M.L., Montrouge

Achevé d'imprimer en janvier 1993
sur presse CAMERON
dans les ateliers de B.C.A.
à Saint-Amand-Montrond (Cher)
pour le compte de la librairie Arthème Fayard
75, rue des Saints-Pères - 75006 Paris

35-8983-5

ISBN 2-213-03039-1

Dépôt légal : janvier 1993.
N° d'éditeur : 2335. — N° d'impression : 93/024.

Imprimé en France